Leitfäden und Monographien der Informatik

Brauer: **Automatentheorie**
493 Seiten. Geb. DM 58,—

Loeckx/Mehlhorn/Wilhelm: **Grundlagen der Programmiersprachen**
448 Seiten. Kart. DM 42,—

Mehlhorn: **Datenstrukturen und effiziente Algorithmen**
Band 1: Sortieren und Suchen
324 Seiten. Kart. DM 42,—

Messerschmidt: **Linguistische Datenverarbeitung mit Comskee**
207 Seiten. Kart. DM 36,—

Niemann/Bunke: **Künstliche Intelligenz in Bild- und Sprachanalyse**
256 Seiten. Kart. DM 38,—

Pflug: **Stochastische Modelle in der Informatik**
272 Seiten. Kart. DM 36,—

Richter: **Betriebssysteme**
2., neubearbeitete und erweiterte Auflage
303 Seiten. Kart. DM 36,—

Wirth: **Algorithmen und Datenstrukturen**
Pascal-Version
3., überarbeitete Auflage
320 Seiten. Kart. DM 38,—

Wirth: **Algorithmen und Datenstrukturen mit Modula - 2**
4., überarbeitete und erweiterte Auflage
299 Seiten. Kart. DM 38,—

Leitfäden der angewandten Informatik

Bauknecht/Zehnder: **Grundzüge der Datenverarbeitung**
Methoden und Konzepte für die Anwendungen
3. Aufl. 293 Seiten. DM 34,—

Beth / Heß / Wirl: **Kryptographie**
205 Seiten. Kart. DM 25,80

Bunke: **Modellgesteuerte Bildanalyse**
309 Seiten. Geb. DM 48,—

Craemer: **Mathematisches Modellieren dynamischer Vorgänge**
288 Seiten. Kart. DM 36,—

Frevert: **Echtzeit-Praxis mit PEARL**
216 Seiten. Kart. DM 32,—

Gorny/Viereck: **Interaktive grafische Datenverarbeitung**
256 Seiten. Geb. DM 52,—

Hofmann: **Betriebssysteme: Grundkonzepte und Modellvorstellungen**
253 Seiten. Kart. DM 34,—

Holtkamp: **Angepaßte Rechnerarchitektur**
233 Seiten. DM 38,—

Hultzsch: **Prozeßdatenverarbeitung**
216 Seiten. Kart. DM 25,80

Kästner: **Architektur und Organisation digitaler Rechenanlagen**
224 Seiten. Kart. DM 25,80

Kleine Büning/Schmitgen: **PROLOG**
304 Seiten. Kart. DM 34,—

Fortsetzung auf der 3. Umschlagseite

Leitfäden und Monographien
der Informatik

H. Niemann/H. Bunke
Künstliche Intelligenz in
Bild- und Sprachanalyse

Leitfäden und Monographien der Informatik

Unter beratender Mitwirkung von

Prof. Dr. Hans-Jürgen Appelrath, Zürich
Dr. Hans-Werner Hein, St. Augustin
Dr. Rolf Pfeifer, Zürich
Dr. Johannes Retti, Wien
Prof. Dr. Michael M. Richter, Kaiserslautern

Herausgegeben von

Prof. Dr. Volker Claus, Oldenburg
Prof. Dr. Günter Hotz, Saarbrücken
Prof. Dr. Klaus Waldschmidt, Frankfurt

Die Leitfäden und Monographien behandeln Themen aus der Theoretischen, Praktischen und Technischen Informatik entsprechend dem aktuellen Stand der Wissenschaft. Besonderer Wert wird auf eine systematische und fundierte Darstellung des jeweiligen Gebietes gelegt. Die Bücher dieser Reihe sind einerseits als Grundlage und Ergänzumg zu Vorlesungen der Informatik und andererseits als Standardwerke für die selbständige Einarbeitung in umfassende Themenbereiche der Informatik konzipiert. Sie sprechen vorwiegend Studierende und Lehrende in Informatik-Studiengängen an Hochschulen an, dienen aber auch den in Wirtschaft, Industrie und Verwaltung tätigen Informatikern zur Fortbildung im Zuge der fortschreitenden Wissenschaft.

Künstliche Intelligenz in Bild- und Sprachanalyse

Von Dr.-Ing. Heinrich Niemann
Professor an der Universität Erlangen-Nürnberg
und Dr.-Ing. Horst Bunke
Professor an der Universität Bern

Mit zahlreichen Bildern

 B. G. Teubner Stuttgart 1987

Prof. Dr.-Ing. Heinrich Niemann

Von 1960 bis 1966 Studium der Elektrotechnik an der Technischen Universität Hannover, Studienaufenthalt 1966/67 an der University of Illinois in Urbana mit einem Stipendium der Studienstiftung des Deutschen Volkes. Von 1967 bis 1972 wissenschaftliche Tätigkeit, zuletzt als Leiter einer biokybernetischen Arbeitsgruppe, am Fraunhofer Institut für Informationsverarbeitung in Technik und Biologie in Karlsruhe, von 1973 bis 1975 Dozent im Fachbereich elektrische Nachrichtentechnik an der Fachhochschule Gießen, und seit 1975 Professor für Informatik an der Universität Erlangen.

Prof. Dr.-Ing. Horst Bunke

Geboren 1949 in Langenzenn (Bayern). Von 1968 bis 1974 Studium der Informatik an der Universität Erlangen-Nürnberg und dort wissenschaftliche Tätigkeit von 1974 bis 1984. 1980/81 Forschungsaufenthalt an der Purdue University, West-Lafayette, USA. 1983 Vertretung einer Professur an der Universität Hamburg. Seit 1984 Professor für Informatik an der Universität Bern.

CIP-Kurztitelaufnahme der Deutschen Bibliothek

Niemann, Heinrich:
Künstliche Intelligenz in Bild- und Sprachanalyse / von Heinrich Niemann u. Horst Bunke. – Stuttgart: Teubner, 1987.
  (Leitfäden und Monographien der Informatik)
  ISBN 978-3-519-02261-9   ISBN 978-3-322-96664-3 (eBook)
  DOI 10.1007/978-3-322-96664-3
NE: Bunke, Horst:

Gesamtherstellung: Zechnersche Buchdruckerei GmbH, Speyer
Umschlaggestaltung: M. Koch, Reutlingen

Vorwort

Der vorliegende Band behandelt Verfahren der Künstlichen Intelligenz (KI) in der Bild- und Sprachanalyse, also in einem Teilgebiet der Mustererkennung (ME). Die Definition und Abgrenzung von Begriffen wie KI und ME wird in der Literatur nicht einheitlich gehandhabt; es ist aber wichtig daran zu erinnern, daß beide aus ihrer Frühzeit gemeinsame Wurzeln haben. Die Fähigkeit zur Erkennung von Mustern, und ganz allgemein zur Wahrnehmung der Umwelt mit geeigneten Sensoren, wurde als wesentliche Voraussetzung für autonom agierende "intelligente" technische Systeme angesehen. Einerseits wurde in ersten Veröffentlichungen über KI immer wieder die ME als ein zu lösendes Problem genannt, andererseits wurde als wichtiges Problem in der ME die Einbeziehung von Wissen über das Problem und die zu erkennenden Muster gefordert. Die Wichtigkeit der Wissensverarbeitung in der ME läßt sich in Forschungsanträgen schon aus dem Ende der fünfziger Jahre nachlesen. Zu dieser Zeit war der Stand der ME natürlich noch nicht so weit entwickelt wie heute, er stand praktisch auf der Stufe der Extraktion und Klassifikation von Merkmalvektoren. Leider wird immer noch vielfach ME mit diesem Anfangsstand der Technik verwechselt und nicht die generelle Aufgabe, namlich die automatische Verarbeitung, Auswertung und Interpretation sensorischer Information gesehen. Inzwischen sind auf dem Sektor der Wissensverarbeitung in der KI solche Fortschritte erzielt worden, daß man in der ME die Nutzung von Wissen nicht mehr nur fordern sondern tatsächlich auch durchführen kann. Es ist der Zweck dieses Bandes, eine Einführung in die relevanten Techniken zu geben.

Das Buch wendet sich an Fachleute, die sich mit der Vorgehensweise vertraut machen wollen und an Studenten, die vertiefte Kenntnisse in der Bild- und Sprachanalyse erwerben wollen. Vom Leser werden gewisse Grundkenntnisse in Mathematik, Logik und Informatik erwartet wie sie etwa einem Vordiplom in Informatik entsprechen.

In einer Einführung wird ein Gesamtüberblick über die Vorgehensweise bei der

Bild- und Sprachanalyse gegeben, während der eigentliche Schwerpunkt des Buches bei der Wissensrepräsentation, -nutzung und -akquisiton liegt, also die Verarbeitung auf unterer Ebene nicht weiter behandelt. In den folgenden vier Kapiteln wird auf die Verwendung der Logik, der Relationalstrukturen und semantischen Netze, der Regelsysteme sowie kurz auf einige weitere Ansätze zur Wissensrepräsentation und -nutzung eingegangen. Kapitel 6 behandelt das Problem der Kontrolle eines Analyseprozesses, wobei insbesondere auch auf das Bewertungsproblem eingegangen wird. Die Möglichkeiten zur Wissensakquisition werden im nächsten Kapitel behandelt, wobei der automatische Wissenserwerb (das Lernen) im Vordergrund steht. Die Kapitel 8 und 9 schließlich geben als Beispiele eine genauere Erörterung zweier realisierter Anwendungen wissensbasierter Analyseverfahren aus den Bereichen der Auswertung nuklearmedizinischer Bildfolgen und des Verstehens kontinuierlich gesprochener Sprache

Die Autoren danken dem Teubner Verlag, vertreten durch Herrn Dr. Spuhler, sowie dem Herausgeber, Herrn Prof. Claus, für die Unterstützung bei der Fertigstellung des Buches. Sie danken ferner Frau R. Mast, Frau U. Müller und Frau T. Wille für die Reinschrift des Manuskripts sowie den Herren A. Cieslik, J. Fischer und A. Ültschi für die Erstellung der Zeichnungen.

Erlangen und Bern, im Frühjahr 1987   H. Niemann und H. Bunke

Inhalt

1   Einführung   1

      1.1   Anliegen   1
      1.2   Systemstruktur   5
      1.3   Vorverarbeitung   14
      1.4   Segmentierung von Bildern   18
      1.5   Segmentierung von Sprache   25
      1.6   Anwendungen   28
      1.7   Bibliografischer Rückblick   29

2   Formale Logik   31

      2.1   Grundlagen des Prädikatenkalküls 1. Ordnung   31
      2.2   Umformung in Klausel-Form   37
      2.3   Substitution und Unifikation   41
      2.4   Resolutionsregel   43
      2.5   Beweisen von Theoremen durch Resolution   46
      2.6   Konstruktives Beweisen   50
      2.7   Logisches Programmieren und Horn-Klauseln   53
      2.8   Aufgaben   59
      2.9   Bibliografischer Rückblick   60

3   Relationalstrukturen und semantische Netze   63

      3.1   Graphen und Relationalstrukturen   64
      3.2   Semantische Netze - Konzepte und Instanzen   68
      3.3   Semantische Netze - Relationen und Vererbung   75
      3.4   Wissensnutzung in Relationalstrukturen
              und semantischen Netzen   81
              3.4.1   Vergleich von Relationalstrukturen   81
              3.4.2   Wissensnutzung in semantischen Netzen   83
      3.5   Semantische Netze und Prädikatenkalkül   87
      3.6   Aufgaben   90
      3.7   Bibliografischer Rückblick   91

4   Regelsysteme   93

      4.1   Wissens- und Datenbasis   93
      4.2   Interpreter   98
              4.2.1   Vorwärtsableitung   99
              4.2.2   Rückwärtsableitung   104
      4.3   Erweiterungen   110
      4.4   Zusammenhänge mit Prädikatenkalkül und
              semantischen Netzen   112
      4.5   Aufgaben   116
      4.6   Bibliografischer Rückblick   117

5   Andere Repräsentationsformalismen   120

      5.1   Grammatiken   120
              5.1.1   Formale Grammatiken   120
              5.1.2   Syntaktische Regeln   122
      5.2   Relaxationsverfahren   126
      5.3   Prototypen   127
      5.4   Diskriminantenfunktionen   128
      5.5   Markov Modelle   129

	5.5.1 Definition	129
	5.5.2 Wahrscheinlichkeit einer Beobachtung	130
	5.5.3 HMM in der Sprachverarbeitung	131
5.6	Aufgaben	134
5.7	Bibliografischer Rückblick	135
6	**Kontroll- und Suchalgorithmen**	**137**
6.1	Aufgabe und prinzipielle Vorgehensweise	137
6.2	Planung	139
6.3	Bewertung	140
	6.3.1 Alternative Transformationen	141
	6.3.2 Segmentierungsergebnisse	141
	6.3.3 Unsichere Aussagen	143
	6.3.4 Ungenaue Aussagen	146
	6.3.5 Ungenaue Schlussfolgerungen	148
	6.3.6 Prioritäten	151
	6.3.7 Anmerkungen	152
6.4	Suche	153
	6.4.1 Verfahren	153
	6.4.2 Allgemeine Graphsuche	155
	6.4.3 Knotenbewertung	158
	6.4.4 Dynamische Programmierung	161
	6.4.5 Aufwandsreduktion	162
6.5	Aufgaben	163
6.6	Bibliografischer Rückblick	164
7	**Wissenserwerb**	**166**
7.1	Formen des Wissenserwerbs	166
7.2	Parameterlernen und Konstruktion von Grammatiken	168
7.3	Manueller Wissenserwerb	169
7.4	Interaktiver Wissenserwerb	170
7.5	Automatischer Wissenserwerb	174
	7.5.1 Voraussetzungen	175
	7.5.2 Repräsentation von Beobachtungen	176
	7.5.3 Prinzipien der Generalisierung	179
	7.5.4 Abstandsmaße	181
	7.5.5 Generalisierungsregeln	185
	7.5.6 Qualitätsmaße	188
	7.5.7 Schema der Algorithmen	189
7.6	Aufgaben	195
7.7	Bibliografischer Rückblick	196
8	**Wissensbasierte Analyse nuklearmedizinischer Bildfolgen**	**198**
8.1	Datengewinnung und medizinische Hintergründe	198
8.2	Systemübersicht	201
8.3	Verarbeitung auf unterer Ebene	204
8.4	Modell	208
	8.4.1 Modellsyntax	208
	8.4.2 Modell - Deklaratives Wissen	209
	8.4.3 Modell - Prozedurales Wissen	214
8.5	Kontrolle	217
8.6	Ergebnisse und Diskussionen	221
8.7	Aufgaben	222
8.8	Bibliografischer Rückblick	224
9	**Verstehen gesprochener Sprache**	**227**

9.1	Ziele	227
9.2	Verarbeitung auf unterer Ebene	228
9.3	Wissensbasierte Verarbeitung der Sprache	230
	9.3.1 Semantische Verarbeitung	230
	9.3.2 Pragmatische Verarbeitung	233
	9.3.3 Weitere Verarbeitung	240
9.4	Bibliografischer Rückblick	241

1 Einführung

In diesem einführenden Kapitel wird zunächst das generelle Thema des Buches umrissen, das den Teilaspekt von Methoden der künstlichen Intelligenz in ihrer Anwendung auf Probleme der Bild- und Sprachanalyse behandelt. Als Arbeitsgrundlage wird von einer modularen Systemstruktur und von einem geschichteten Verarbeitungsmodell ausgegangen. Die Anforderungen an die Vorverarbeitung und Segmentierung von Mustern werden zwar kurz erwähnt, jedoch wird ansonsten davon ausgegangen, dass die dafür erforderlichen Verarbeitungsalgorithmen anderweitig bereitgestellt werden. Absehbare Anwendungsmöglichkeiten werden diskutiert.

1.1 Anliegen

Eine Fülle von Forschungsaktivitäten beschäftigt sich mit der automatischen Auswertung, <u>symbolischen Beschreibung</u> und aufgabenspezifischen <u>Interpretation</u> von Sensordaten. Als <u>Sensor</u> wird dabei irgendein Gerät bezeichnet, das eine physikalische Größe, zum Beispiel einen Schalldruck, eine Bildhelligkeit oder allgemeiner eine elektromagnetische Strahlung, in eine analoge elektrische Spannung wandeln kann. Diese kann dann nach geeigneter Abtastung und Quantisierung digital weiterverarbeitet werden. Man bezeichnet solche aus der Umwelt aufgenommenen physikalischen Größen auch als <u>Muster</u>, ihre automatische Verarbeitung, Beschreibung und Interpretation als <u>Mustererkennung</u>. Bild- und Sprachsignale sind zwei wichtige Typen von Mustern, da diese für die menschliche Kommunikation eine hervorragende Bedeutung haben. Während <u>Sprache</u> als allgemein übliches Kommunikationsmittel praktisch von jedermann beherrscht wird und auch <u>Bilder</u> aus der üblichen sichtbaren Umwelt sofort "verstanden" werden, gibt es darüberhinaus spezialisierte Bilder, deren Bedeutung nur dem besonders ausgebildeten Experten zugänglich ist; dazu gehören zum Beispiel Bilder aus dem naturwissenschaftlich-technischen und dem medizinischen Bereich. Die Tatsache, daß Bilder aus der natürlichen Umwelt von jedermann verstanden werden, bestimmte spezialisierte Bilder aber nur von Experten, besagt allerdings nicht, daß die Automatisierung der ersten Aufgabe leicht und die der zweiten schwierig ist. Vielmehr zeigt die Erfahrung, daß insbesondere Aufgaben, die vom Menschen aufgrund jahrelanger Vertrautheit weitgehend unbewußt gelöst werden, nur äußerst schwierig zu automatisieren sind. Ein wesentlicher Grund dafür ist, daß das dabei vom Menschen genutzte Wissen in Form routinemäßiger unbewußter Schlußfolgerungen eingesetzt wird; für ein automatisches System muß dieses Wissen explizit repräsentiert und effizient genutzt werden.

Unter _Bild_- und _Sprachanalyse_ wird hier die automatische Generierung einer den _Anforderungen des Anwenders_ genügenden _symbolischen Beschreibung_ der zugehörigen _Sensorsignale_ verstanden. Die _Beschreibung_ erfordert die Ermittlung der wesentlichen _einfacheren Bestandteile_ (zum Beispiel zu montierende Objekte in einem Bild, Wörter einer gesprochenen Äußerung), ihrer _Eigenschaften_ und _Relationen_ (zum Beispiel Geschwindigkeiten und relative Lage zweier bewegter Objekte, syntaktische Bezüge innerhalb einer Wortgruppe) sowie gegebenenfalls eine Interpretation oder Beurteilung der Bedeutung (zum Beispiel Angabe eines diagnostischen Befundes in einem medizinischen Bild oder Einstufung einer Äußerung als Frage nach dem Fahrpreis zwischen zwei bestimmten Orten). Die symbolische Beschreibung von Bestandteilen und Relationen erfordert umfangreiches, explizit repräsentiertes _Wissen_ über mögliche Objekte sowie ihre strukturellen Eigenschaften und Relationen. Die aufgabenspezifische Interpretation erfordert zusätzliches Wissen über den Aufgabenbereich, also zum Beispiel über medizinische Diagnosen, über Fertigungspläne für industrielle Produkte oder über Typen von Auskünften. Die Akquisition, Repräsentation und Nutzung des aufgrund der Aufgabenstellung des Anwenders erforderlichen Wissens (kurz: die _Wissensverarbeitung_) hat also in der Bild- und Sprachanalyse eine zentrale Bedeutung.

Allgemein bezeichnet man mit _Intelligenz_ "den Komplex von Fähigkeiten, der die Lösung konkreter oder abstrakter Probleme und damit die Bewältigung neuer Anforderungen und Situationen ermöglicht, im reinsten Falle ohne probierendes Verhalten" (Brockhaus Enzyklopädie). Entsprechend bezeichnet man als _künstliche Intelligenz_ (KI) den Zweig der Informatik, der sich mit symbolischen Methoden der Lösung von Problemen beschäftigt. Die derzeit entwickelten Algorithmen und automatischen Verfahren haben zum Ziel, ein vorgegebenes Problem (zum Beispiel Beweisen des Satzes von de Morgan) aus einer vorgegebenen Aufgabenklasse (zum Beispiel Boole sche Algebra) mit vorgegebenen Methoden (zum Beispiel u. a. modus ponens) zu lösen; der Beitrag der automatischen Verfahren beschränkt sich also auf die Ermittlung eines Lösungsweges. Zu allgemeinem intelligenten Verhalten gehört durchaus auch das Aufspüren neuer Aufgabenklassen, die Abgrenzung interessanter oder lohnender Probleme innerhalb bekannter Aufgabenklassen und die Entwicklung neuer oder verbesserter Lösungsmethoden. Wenn man die Automatisierung dieser Fähigkeiten überhaupt für möglich und erstrebenswert erachtet, werden sie auf alle Fälle noch viele Jahre Arbeit erfordern. Bei der automatischen Ermittlung eines Lösungsweges unter Ausnutzung vorgegebener Ressourcen wurden in der künstlichen Intelligenz bemerkenswerte Erfolge erzielt, und es ist natürlich zu bedenken, daß die schnelle, reproduzierbare und nachprüfbare (erklärbare) Ermittlung eines komplizierten Lösungsweges durchaus ein theoretisch interessantes und praktisch wichtiges Problem darstellt. Es ist auch hier erforderlich, daß einem derartigen System umfangreiches, explizit repräsentiertes Wissen über die Aufgabenklasse zur Verfügung steht.

Der Bezug zwischen Bild- und Sprachanalyse einerseits sowie allgemeinen Problemlösungsverfahren der künstlichen Intelligenz andererseits wird aus dem Vorangehenden deutlich. Die diagnostische Beschreibung medizinischer Bilder, die Ermittlung noch anzubringender Montageteile in einem Gerät oder die Ermittlung einer Antwort auf Fragen nach einer Zugverbindung läßt sich jeweils als eine Aufgabenklasse oder ein Problemkreis auffassen. Die symbolische Beschreibung eines bestimmten Bildes, einer Bildfolge oder einer gesprochenen Äußerung entspricht einer bestimmten vorgegebenen Aufgabe. Die bereitgestellten Bild- oder Sprachverarbeitungsalgorithmen und Suchverfahren entsprechen bestimmten vorgegebenen Methoden.

Das Anliegen dieses Buches besteht darin, die wichtigsten in der künstlichen Intelligenz entwickelten Verfahren vorzustellen, soweit sie für die Bild- und Sprachanalyse aus heutiger Sicht von Bedeutung sind. Dazu gehören insbesondere Probleme der Wissensverarbeitung, also der Akquisition, Repräsentation und Nutzung problemspezifischen Wissens. Ein wichtiger Unterschied zwischen den allgemeinen Problemlösungsverfahren der <u>künstlichen Intelligenz</u> und den Verfahren zur <u>Bild-</u> und <u>Sprachanalyse</u> besteht allerdings darin, daß erstere praktisch ausnahmslos eine Eingabe in Form einer eindeutigen und korrekten Folge von Zeichen, vielfach auch noch mit stark eingeschränkter Syntax, voraussetzen, während letztere als Eingabe nur eine Folge ganzer Zahlen, nämlich Abtastwerte des Sensorsignals, verwenden können. Ehe also überhaupt Verfahren der symbolischen Informationsverarbeitung einsetzbar sind, müssen die Abtastwerte in eine für diese Verarbeitung geeignete Form transformiert werden. Auf dieses Problem wird hier nur sehr kurz im Abschnitt 1.3-5 eingegangen; eine genauere Erörterung würde allein ein Buch füllen. Man unterscheidet daher in der Bild- und Sprachanalyse vielfach auch zwischen <u>Vorverarbeitung</u> und <u>Segmentierung</u> oder Verarbeitung auf unterer Ebene ("low-level" Verarbeitung) einerseits und Wissensverarbeitung, <u>wissensbasierter Analyse</u> oder Verarbeitung auf höherer Ebene ("high-level" Verarbeitung) andererseits, wobei die Grenze zwischen beiden Bereichen nicht scharf zu ziehen ist. Die wissensbasierte Analyse oder "high-level" Verarbeitung ist das zentrale Thema dieses Buches. Natürlich sind anfängliche Segmentierung und wissensbasierte Analyse als eine Einheit zu sehen, und letztere muß auf die Besonderheiten der ersteren abgestimmt sein. Die Problematik soll an zwei Beispielen angedeutet werden.

In der natürlichen Sprachverarbeitung geht man davon aus, daß ein geschriebener Text zu untersuchen ist, der als Folge von ASCII-Zeichen im Rechner repräsentiert ist, zum Beispiel durch Eintippen des Textes. Es wird vorausgesetzt, daß Wörter durch Leerzeichen klar voneinander abgegrenzt sind, daß sie richtig geschrieben sind und daß Interpunktion und Syntax korrekt sind. Damit ist es auf einfache Weise möglich, bestimmte Folgen von Eingabesymbolen eindeutig bestimmten Wörtern oder Satzzeichen zuzuordnen. Man hat also eine eindeutige Folge von Zeichen, allerdings mit der sehr flexiblen Syntax einer natürlichen Sprache. In der Spracherkennung geht man von den Abtastwerten einer gesprochenen Äußerung aus. Wörter werden in kontinuierlicher Sprache ohne Pause aneinandergereiht; Laute, Endungen und Silben können verschliffen oder ganz ausgelassen werden; bei gleichem Text sieht die Folge der Abtastwerte für unterschiedliche Sprecher völlig verschieden aus; es gibt keine explizite Interpunktion; man muß auch mit "ungrammatischen" Äußerungen rechnen. Die Vorverarbeitung und Segmentierung muß in der Folge der Abtastwerte zunächst Wörter finden, was erfahrungsgemäß nicht fehlerfrei möglich ist. Von der nachfolgenden Verarbeitung ist nun einmal zu erwarten, daß sie mit mehrdeutigen und fehlerhaften Ergebnissen aus der Worterkennung arbeiten kann, und zum anderen, daß sie die Worterkennung durch Reduktion falscher Alternativen und Vorhersage möglicher Wörter unterstützt. Ein Beispiel für ein Dialogsystem mit gesprochener Sprache für die Ein- und Ausgabe wird in Kapitel 9 diskutiert.

Ein medizinisches Expertensystem, wie zum Beispiel MYCIN, fordert vom Benutzer eine Eingabe in einer spezialisierten Syntax und stellt unter anderem Fragen nach der Wachstumsform von Bakterien, deren Beantwortung in Form einer eindeutigen korrekten Zeichenkette mit der dem System geläufigen Syntax erfolgen muß. Vom Benutzer wird also auch erwartet, daß er die entsprechenden Bakterien-

kulturen ansieht und beurteilt oder beurteilen läßt. Ein wissensbasiertes Bildanalysesystem muß die Beurteilung der in Frage kommenden Bilder automatisch
vornehmen und erforderliche Schlüsse, zum Beilspiel Diagnosen, ziehen können.
Ein Beispiel für ein derartiges System gibt Kapitel 8.

1.2 Systemstruktur

In diesem Abschnitt soll ein Eindruck von der prinzipiellen Vorgehensweise
bei der Bild- und Sprachanalyse gegeben werden, soweit dieses bei der Heteroge-
nität der Ansätze überhaupt möglich ist. Dabei wird kein Wert darauf gelegt,
alle möglichen und in der Literatur diskutierten Einzelheiten, Ansätze und
Varianten von Ansätzen aufzuzählen, sondern vielmehr unter Verzicht auf viele
Details einige gemeinsame Gesichtspunkte hervorzuheben. Wenn man von Bildanalyse
oder Bildverarbeitung spricht, muß man zunächst bedenken, daß der Begriff "Bild"
sehr heterogen ist. Es sind vier generelle Typen von Bildern zu unterscheiden:
1. Zweidimensionale Projektionsbilder, die durch Reflexion von (i. a. elektroma-
gnetischer) Strahlung an der Oberfläche dreidimensionaler Objekte entstehen.
2. Zweidimensionale Projektionsbilder, die durch Absorption von (i. a. elektro-
magnetischer) Strahlung im Volumen dreidimensionaler Objekte entstehen.
3. Zweidimensionale tomografische Schnittbilder, die von den Materialeigenschaf-
ten in der Schnittebene eines dreidimensionalen Objekts bestimmt sind.
4. Schematisierte und stilisierte Bilder bestimmter Objekte, Systeme oder Sachverhalte, zum Beispiel in technischen Zeichnungen, Land- oder Wetterkarten.
Wenn ein zeitlicher Ablauf oder ein dreidimensionales Volumen dargestellt werden
soll, geschieht das durch eine zeitliche oder räumliche Folge mehrerer zweidi-
mensionaler Bilder. Farbige Bilder werden durch Angabe dreier Einzelbilder in
den Farbkanälen rot, grün und blau dargestellt, und eine Möglichkeit zur Erfassung von Tiefeninformation oder dreidimensionalen Bildkoordinaten ist die
Aufnahme eines Paares von Stereobildern. All diese Varianten sollen hier bei
Verwendung des Wortes "Bildanalyse" nicht ausgeschlossen werden. Wie in Abschnitt 1.1 erwähnt wurde, wird die Bildhelligkeit mit einem geeigneten Sensor
in endlich vielen diskreten Punkten gemessen und mit endlich vielen diskreten
Grauwertstufen codiert. Ein Bild wird also anfänglich als zwei- oder mehrdimen-
sionale Folge ganzer Zahlen repräsentiert; die zweidimensionale Folge zur Repräsentation eines einzelnen Grauwertbildes wird auch als Bildmatrix bezeichnet.

Bei Sprache unterscheidet man je nach Sprachfluß drei Typen:
1. Isoliert gesprochene Wörter, bei denen explizite Pausen die Wortgrenzen markieren.
2. Kontinuierliche Wortketten, bei denen einige Wörter, wie zum Beispiel die Ziffern einer Telefonnummer, ohne Pausen gesprochen werden.
3. Kontinuierliche Sprache (oder fliessende Rede), bei der auch längere Äusserungen im normalen Redefluss gesprochen werden.
Der Begriff Sprachanalyse bezieht sich insbesondere auf Typ 3. Sprache wird, analog wie Bilder, anfänglich als eindimensionale Folge ganzer Zahlen repräsentiert.

Die Bilder 1.1 und 1.2 zeigen, ausgehend von einer Bildfolge bzw. einem Sprachsignal, in vereinfachter und schematisierter Form einige typische Verarbeitungsschritte und dabei anfallende Zwischenergebnisse. Das Endergebnis der Verarbeitung in Bild 1.1 ist eine diagnostische Beschreibung der Bilder. Es bleibt Sache des Arztes, diese mit weiteren Befunden zu einer vollständigen Diagnose zusammenzufassen und erforderlichenfalls geeignete thearpeutische Maßnahmen zu ergreifen. Das Endergebnis in Bild 1.2 ist eine Anwort des Systems auf eine gesprochene Anfrage. Man erkennt, daß die Verarbeitung über mehrere Stufen oder Schichten erfolgt, wobei in jeder Schicht bestimmte Anfangsdaten vorliegen, die mit spezialisierten Algorithmen in bestimmte Enddaten transformiert werden; die gestrichelte Linie zeigt zudem die ungefähre Abgrenzung zwischen anfänglicher Segmentierung und wissensbasierter Verarbeitung. Auch bei der menschlichen Verarbeitung optischer und akustischer Signale liegt allem Anschein nach ein Trennung zwischen "festverdrahteter" unbewußter Verarbeitung in unteren Nervenschichten und bewusster Detailanalyse und Schlußfolgerungen in höheren Schichten vor. Durch Vorgabe einer bestimmten Verarbeitungsstrategie wird das Aktivieren von Algorithmen und die Auswahl von Daten für die Algorithmen kontrolliert.

Ein automatisches System für die Bild- und Sprachanalyse wird im Prinzip die oben bereits angesprochenen Komponenten enthalten. Dieses sind Verarbeitungsalgorithmen für die Vorverarbeitung und Segmentierung, explizit repräsentiertes Wissen und Algorithmen zu dessen Nutzung, eine Darstellung von anfallenden Zwischenergebnissen der Verarbeitung und eine Kontrolle des gesamten Verarbeitungsprozesses, so daß möglichst häufig ein Eingabesignal mit möglichst wenig Fehlern verarbeitet wird. In zunehmendem Maße wird man aber von einem System nicht nur erwarten, daß es Eingabesignale zuverlässig verarbeitet, sondern auch, daß es dem Benutzer seine Ergebnisse "erklären" kann, das heißt aufgrund der Zwischenergebnisse und aktivierten Algorithmen die gewählten Verarbeitungs-

Ausgabe: diagnostische Beschreibung zum Beispiel:
Das IA-Segment zeigt akinetisches Bewegungsverhalten, da der Stagnationsanteil
mit 58 % während eines Zyklus einem akinetischen Verhalten entspricht, ebenso
wie die EF mit 28 % im Normbereich für akinetisches Verhalten liegt. Über die EF
von 22,7 % des LV als Ganzem wurde die Diagnose "fast-bewegungslos" mit Bewertung
0.98 erstellt. Da das IA- bzw. PL-Segment mit Bewertung 0.3 bzw. 0.14 ausgewei-
tet sind, ist der Verdacht auf ein Aneurysma mit Bewertung 0.14 nicht auszu-
schließen. (Bewertungen auf einer Skala von 0.0 bis 1.0)

↑

Diagnosen: Angaben wie Hypokinesie oder Diskinesie in einem der 4 Segmente und
Gesamtbeurteilung wie normales Herz oder Aneurysma

↑

Bewegungen: anatomische Bewegungsphasen (Zyklus, Systole, Diastole, preejection
phase, ejection phase, ...), längere Bewegungsphasen über mehrere Bilder, von
Bild i nach Bild i+1 Angaben über Kontraktion, Stagnation, Expansion des linken
Ventrikels

↑

Objekte und Parameter je Bild: Konturen von Herz und linkem Ventrikel LV, 4 Segmente (inferioapikal IA, posterolateral PL, basal B, septal S), 12 Sektoren,
Form der Objekte, Fläche, Schwerpunkt

– – – – ↑ – – – – – – – – –

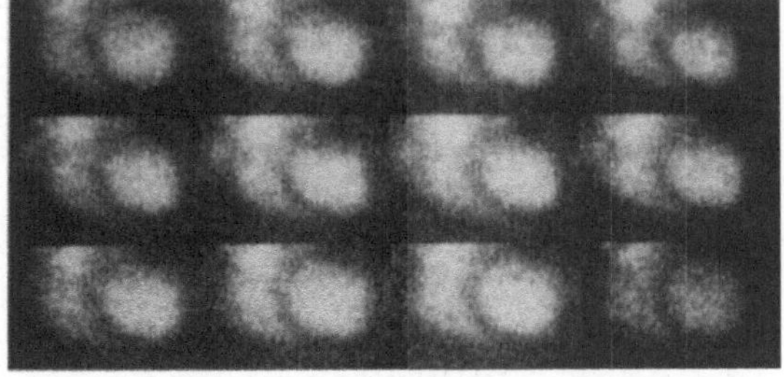

Konturbilder aus der Vorverarbeitung und Segmentierung

↑

Eingabe: unverarbeitete Bildfolge

Bild 1.1 Verarbeitungsoperationen und Zwischenergebnisse bei der diagnostischen
Beschreibung einer nuklearmedizinischen Bildfolge

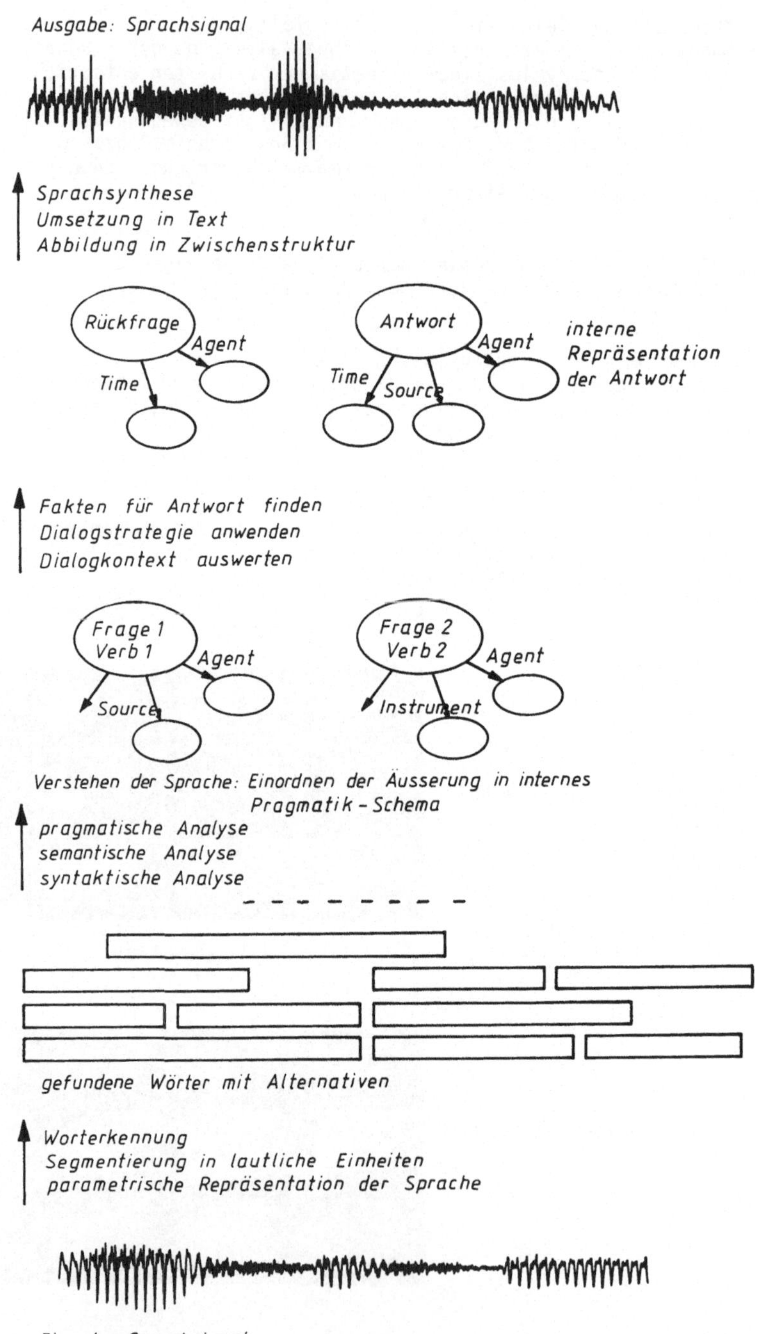

Bild 1.2   Verarbeitungsoperationen und Zwischenergebnisse beim Verstehen einer gesprochenen Äußerung und Generieren einer Antwort

schritte verdeutlichen kann. Schliesslich sollte ein wirklich leistungsfähiges
System auch in der Lage sein, das erforderliche Wissen weitgehend selbständig
zu akquirieren; es sollte also <u>lernfähig</u> sein. Das führt auf die im Bild 1.3
gezeigte generelle Systemstruktur mit sechs wesentlichen Komponenten für die
Verarbeitung von Sensorsignalen und Repräsentation von Ergebnissen. Der gegen-
wärtige Stand ist etwa dadurch charakterisiert, daß die üblichen Bild-und
Sprachverarbeitungssysteme keine Erlärungskompomente haben, die üblichen Expertensysteme keine "low-level" Verarbeitungsmethoden und keines kann Wissen über
einen nichttrivialen Problemkreis wirklich selbständig erlernen. Der Bedarf an
einer Erklärungskomponente wird in hohem Maße von der geplanten Anwendung
abhängen. Bei einem System, das eine diagnostische Interpretation eines medizinischen Bildes und eventuell auch einen Therapievorschlag liefert, für deren
Richtigkeit letzlich der behandelnde Arzt verantwortlich ist, wird die Erklärung
des Systemverhaltens besonders wichtig sein. Wenn ein System alle 1 - 3 Sekunden
in einem automatisierten Fertigungsprozess ein Montageteil auf dem Band erkennt
und lokalisiert, wird wenig Interesse daran bestehen, daß dieses ständig oder
auch nur gelegentlich dem Überwachungspersonal "erklärt" wird.

In den sogenannten <u>geschichteten Modellen</u> der Bild- und Sprachanalyse werden
die obigen noch sehr groben Strukturen weiter verfeinert, jedoch in der Regel
nur das erforderliche Wissen, die aktivierten Verarbeitungsprozesse und die Art
der Zwischenergebnisse dargestellt. Ein mögliches geschichtetes Modell für die
Bildanalyse zeigt Bild 1.4, für die Sprachanalyse Bild 1.5. Da die Variationsbreite bei Bildern wesentlich grösser ist als bei Sprache, kann Bild 1.4
nur einen sehr pauschalen Überblick geben, und je nach Bildtyp wird man auf

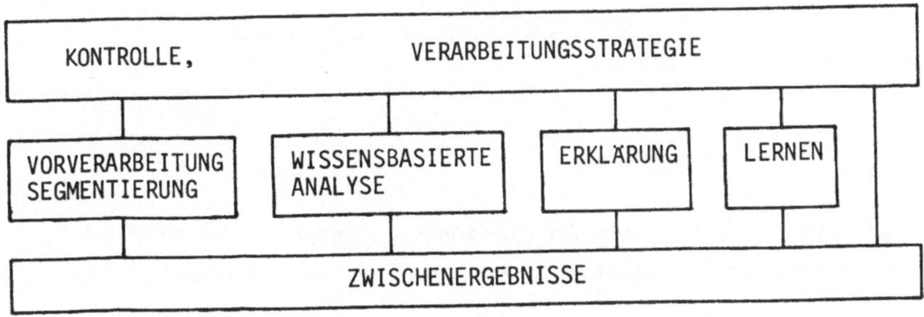

Bild 1.3   Die sechs wesentlichen Komponenten eines Systems für die Bild- und
Sprachanalyse

4. Schlußfolgerungen		h
Zustandsbeschreibung: aktueller Zustand gewünschter Zustand Abweichungen	Aktionen: Inferenzen Plan generieren planmäßig agieren	h i
3. Analyse		g h
Objekte: 2-D und 3-D Linien 2-D und 3-D Flächen Volumina, Projektionen von Volumina 2-D und 3-D physikalische Objekte, Objektgruppen, Ereignisse	Eigenschaften: symbolische Objektnamen und Objektrelationen (zeitliche und räumliche Bezüge) Interpretation von Bedeutungen	l e v e l
2. Segmentierung		
Objekte: Linienelemente, Linien Knotenpunkte Regionen	Eigenschaften: Grauwert (änderung) Farbe, Form, Textur, Tiefe, Bewegung, relat. und absol. Lage	l o
1. Vorverarbeitung		w
Operationen: Codierung, Schwellwertoperationen, Filterung (z.B. Störungsreduktion, Kontrastverstärkung), Restauration, Normierung (z.B. Histogramm, Energie, Farbwerte, geometrische Entzerrung) Objekte: Abtastwerte		l e v e
0. Abtastwerte eines Bildes		l

Bild 1.4a   Ein Überblick über Verarbeitungsschichten in der Bildanalyse mit Charakterisierung von typischen Objekten, Operationen und Eigenschaften

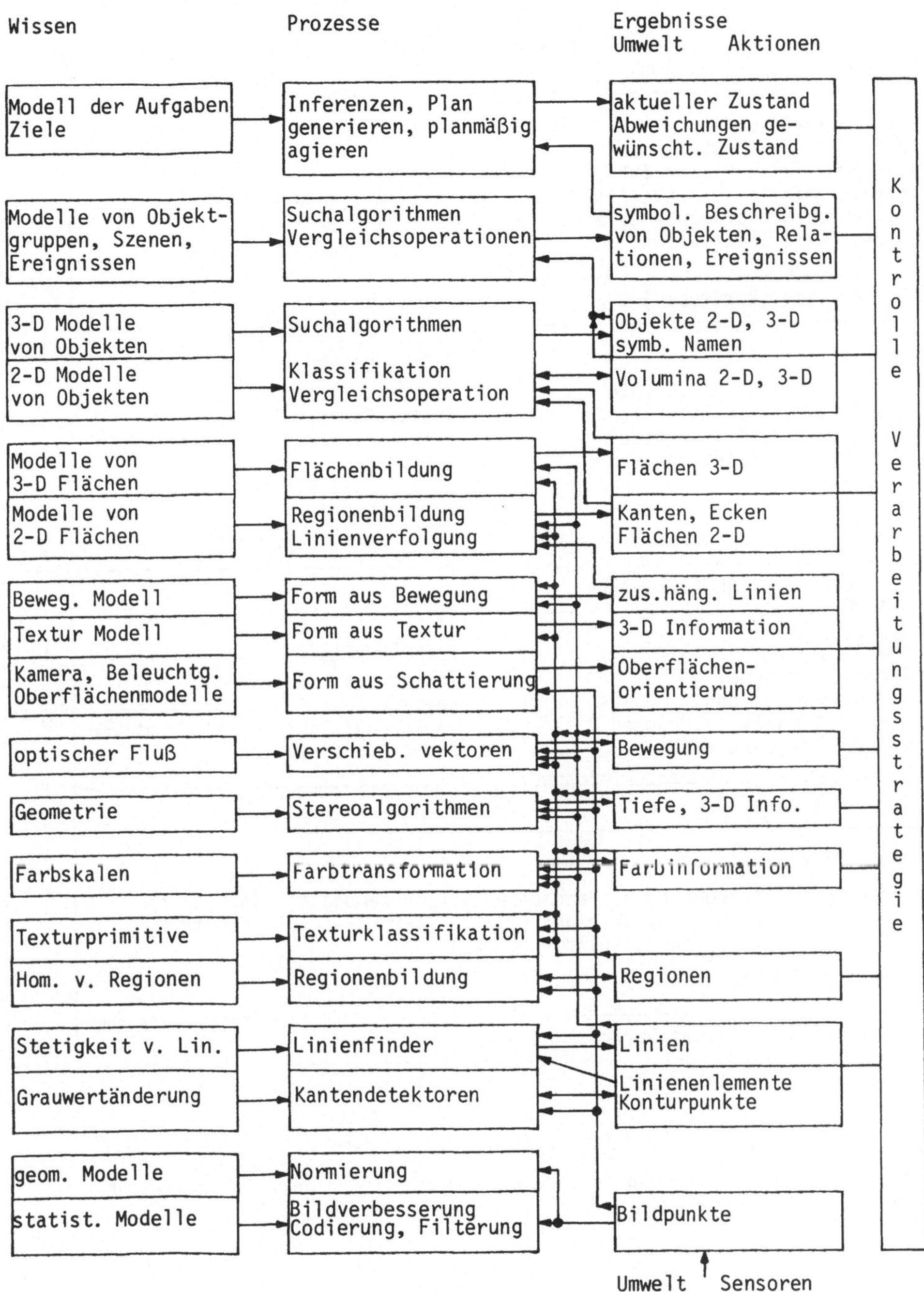

Bild 1.4 b   Ein geschichtetes Modell für die wissensbasierte Bildanalyse

<table>
<tr>
<td colspan="2">4.   Antworten (Reaktion)</td>
<td rowspan="5">h
i
g
h

l
e
v
e
l</td>
</tr>
<tr>
<td colspan="2">Text artikulieren
Fakten in Text umsetzen
gegebenenfalls Fakten für Antwort suchen
gegebenenfalls fehlende Information feststellen (Rückfrage)
für Antwortgenerierung erforderliche Information
verstandene Information</td>
</tr>
<tr>
<td colspan="2">3.   Analyse (Verstehen)</td>
</tr>
<tr>
<td>Objekte:

Dialogschritt, -geschichte
Instanzen von Pragmatikkonzepten
instantiierte Kasusrahmen
syntaktische Konstituenten</td>
<td>Eigenschaften:

Dialogschritttyp
Topic, Fokus
aufgabenspezifische Klassen und
Funktionen
semantische Klassen und
Funktionen
syntaktische Merkmale</td>
</tr>
<tr>
<td colspan="2">2.   Segmentierung (Erkennung)</td>
</tr>
<tr>
<td>Objekte:

Phoneme, Diphone,
Halbsilben, Silben,
Wörter, Wortketten, Pausen
Prosodische Beschreibung</td>
<td>Eigenschaften:

Objektname
Beginn, Ende
Bewertung, Zahl der Alternativen
Akzent, Information</td>
<td rowspan="5">l
o
w

l
e
v
e
l</td>
</tr>
<tr>
<td colspan="2">1.   Vorverarbeitung</td>
</tr>
<tr>
<td colspan="2">Operationen:

Codierung, Filterung (z.B. Bandbegrenzung, Preemphase), Normierung
(z.B. Energie), Parametrisierung (z.B. Filterbänke, FFT, Cepstrum,
AKF, lineare Vorhersage, Nulldurchgänge)

Objekte: Abtastwerte</td>
</tr>
<tr>
<td colspan="2">0.   Abtastwerte eines Sprachsignals</td>
</tr>
</table>

Bild 1.5 a   Ein Überblick über Verarbeitungsschichten beim Sprachverstehen

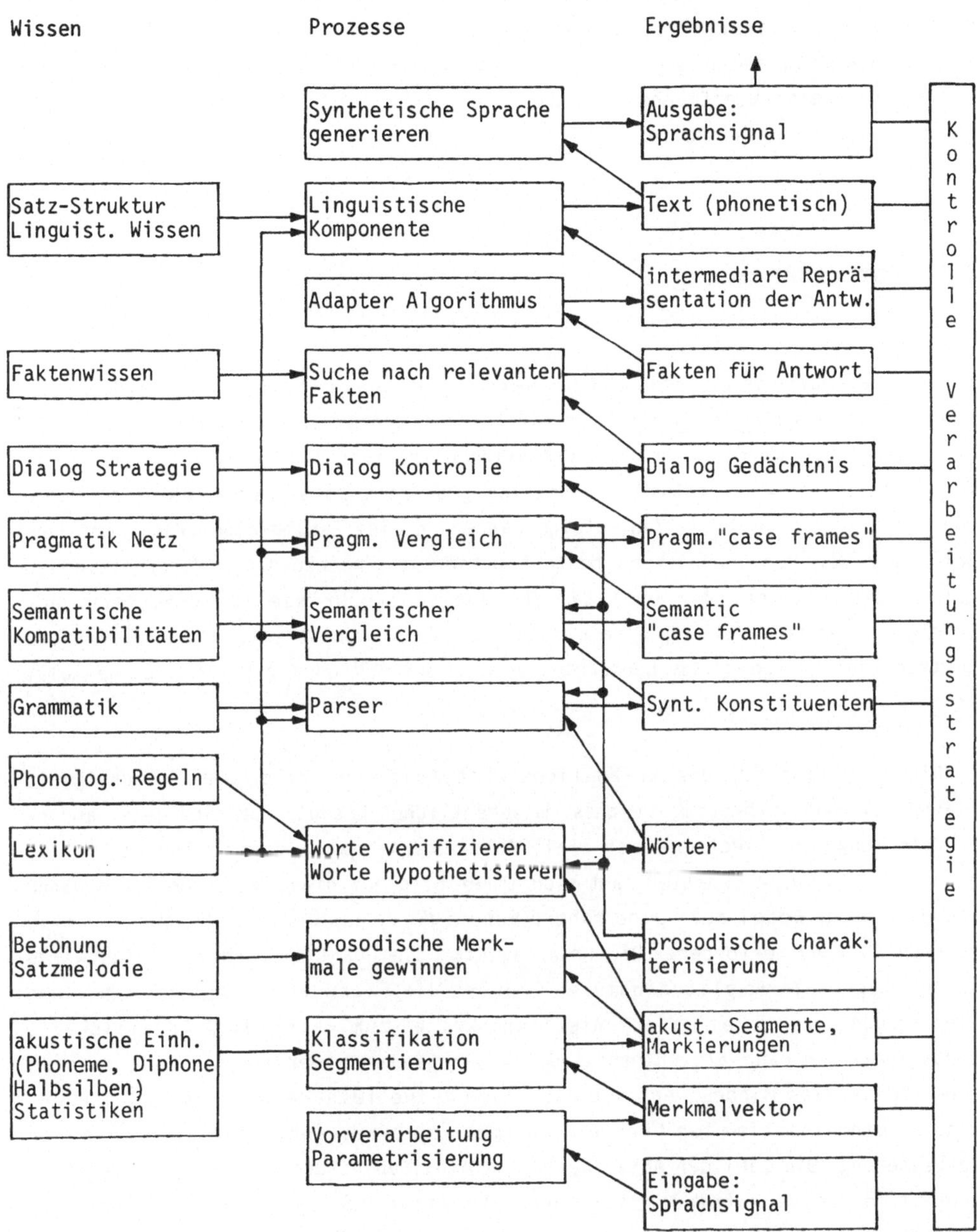

Bild 1.5 b   Ein geschichtetes Modell für ein Spracherkennungs- und Dialogsystem

einige der genannten Prozesse verzichten können bzw. müssen. Bei medizinischen Röntgenbildern entfällt beispielsweise die Farbinformation, bei bestimmten technischen Diagrammen wie Schaltplänen oder Wetterkarten lassen sich keine dreidimensionalen Oberflächen angeben, und bei Konstruktionszeichnungen spielen bewegte Objekte keine Rolle.

1.3 Vorverarbeitung

Wie oben bereits erwähnt wurde, werden Sprache, Bilder und Bildfolgen anfänglich durch Abtastwerte in Form einer Folge ganzer Zahlen repräsentiert. Als Vorverarbeitung werden hier alle Operationen bezeichnet, die ganz allgemein die Verbesserung der Qualität der anfänglich gegebenen Abtastwerte zum Ziel haben und die die ursprüngliche Zahlenfolge wieder in eine Zahlenfolge transformieren. Der Zweck der Vorverarbeitung besteht darin, die nachfolgende Verarbeitung zu erleichtern und/oder die Qualität der Analyseergebnisse zu verbessern. Der Erfolg der Vorverarbeitung wird meistens subjektiv beurteilt, indem die verarbeitete Zahlenfolge einem Beobachter wieder optisch oder akustisch dargestellt wird.

Die Grundlage für die anfängliche Abtastung eines Bild- oder Sprachsignals liefert das Abtasttheorem, welches im wesentlichen besagt, daß sich jede bandbegrenzte Funktion durch endlich viele Abtastwerte exakt darstellen läßt. Jede nicht bandbegrenzte Funktion läßt sich im Prinzip auf diese Weise beliebig genau approximieren, wobei aber eine höhere Genauigkeit auch mehr Abtastwerte, also höheren Aufwand, erfordert. Die Grundlage für die Quantisierung der Abtastwerte in endlich viele Amplitudenstufen liefert die Eigenschaft der menschlichen Sinnesorgane, daß zwei unterschiedliche Reize (zum Beispiel Bildhelligkeit, Lautstärke) nur dann als unterschiedlich wahrgenommen werden, wenn sie sich um einen bestimmten Mindestwert unterscheiden. Eine feinere Quantisierung führt also ab einer bestimmten Grenze nicht mehr zu einer subjektiv wahrnehmbaren Verbesserung. Die Zahl der Abtastwerte und Amplitudenstufen wird in der Regel so gewählt, daß eine zufriedenstellende subjektive Qualität erreicht wird, ein Begriff, der natürlich nicht scharf definiert ist. Für Grauwertbilder werden üblicherweise 512x512 Abtastwerte zu je 8 bit Grauwertauflösung verwendet, für hochauflösende Bilder 1024x1024 Abtastwerte zu je 8 bit. Die Speicherung eines Bildes erfordert also 0,25 bis 1 MB. Allerdings gibt es spezielle Bilder, bei

denen entweder wesentlich geringere Auflösung hinreichend oder wesentlich höhere
notwendig ist. Der Speicherbedarf erhöht sich entsprechend, wenn zusätzlich
Farb- und Stereoinformation sowie eine zeitliche oder räumliche Bildfolge zu
speichern ist. Für Sprache werden Abtastfrequenzen zwischen 8 und 20 kHz verwendet mit einer Amplitudenauflösung von 8 bis 12 bit. Für eine 10 Sekunden lange
Äusserung, die mit 16 kHz abgetastet und mit 12 bit, aufgerundet 2 Byte, quanti-
siert wird, sind dann 0,32 MB erforderlich, was etwa dem Speicherbedarf für ein
einzelnes Grauwertbild entspricht.

Eine wichtige Klasse von Vorverarbeitungsoperationen hat die <u>Normierung</u> von
solchen Parametern zum Ziel, deren Werte für das Verstehen eines Bild- oder
Sprachsignals als unerheblich angesehen werden oder bei denen die Einhaltung
bestimmter Normwerte zweckmäßig erscheint. Die Bedeutung eines Bild- bzw.
Sprachsignals ist in der Regel unabhängig von der Größe bzw. Dauer und unabhängig von der Helligkeit bzw. Lautstärke. Ein einfacher Ansatz besteht darin, alle
Koordinaten- und Amplitudenwerte linear so zu transformieren, daß Ausdehnung und
Energie der Signale konstant sind. Dabei ist es unter Umständen zweckmäßig,
nicht eine Abbildung für das gesamte Signal sondern mehrere für kleinere Sig-
nalabschnitte zu verwenden. Gerade im Bereich Sprachverarbeitung sind aber auch
nichtlineare Zeitverzerrungen zu beobachten, die dadurch bedingt sind, daß
unterschiedliche Laute - zum Beispiel Plosivlaute und Vokale - beim Sprechen in
unterschiedlichem Maße gedehnt werden. In solchen Fällen ist eine nichtlineare
Normierung der zeitlichen Dauer des Signals vorzunehmen. Durch das Aufnahmegerät
oder den Aufnahmeprozess eines Bildes kann es passieren, daß ein dem Objekt oder
der Szene überlagert gedachtes rechtwinkliges Koordinatensystem im Bild als
schiefwinkliges oder auch krummliniges System erscheint. Diese geometrischen
Verzerrungen, die insbesondere in der Erdfernerkundung eine Rolle spielen,
werden durch eine entsprechende Normierung oder geometrische Korrektur wieder
rückgängig gemacht. Die relative Häufigkeit von Grauwerten eines Bildes, also
das Grauwerthistogramm, kann so aussehen, daß sehr viele Bildpunkte Grauwerte in
einem sehr engen Bereich haben, wodurch Bilddetails nur schlecht oder gar nicht
sichtbar werden. Durch eine Histogrammlinearisierung wird versucht, die Grauwerte so zu transformieren, daß möglichst alle Grauwerte gleich häufig sind. Für
Farb- und Multispektralaufnahmen wurden eine Reihe von Verfahren zur Normierung
der Spektralkanäle entwickelt. Zu diesen häufig angewendeten Normierungsopera-
tionen kommen spezialisierte hinzu, zum Beispiel die Ausrichtung schräger Zeilen
in einem Text, die Drehung eines Objekts in eine bestimmte Winkellage oder die
"Begradigung" der Symmetrieachse flexibler Objekte.

Eine weitere wichtige Klasse von Vorverarbeitungsoperationen beruht auf der <u>linearen Filterung</u> der aufgenommenen Muster, insbesondere zum Zwecke der Störungsreduktion, Hervorhebung interessanter Bereiche und Restauration. Dabei wird das Frequenzspektrum der Muster durch ein lineares System oder ein lineares Filter in definierter Weise verändert. Wenn ein ideales Muster additiv mit einem Störprozess überlagert ist und die Spektren von Muster und Störung einigermaßen getrennte Bereiche einnehmen, läßt sich der Störanteil durch ein Filter reduzieren, das den Frequenzbereich des Musters passieren läßt und den der Störung unterdrückt. Beispiele sind die Bandbegrenzung von Sprache auf den für die Verständlichkeit notwendigen Bereich oder die Unterdrückung hochfrequenter Störungen in Bildern, was oft durch Mittelung der Grauwerte in einer kleinen Umgebung eines Bildpunktes geschieht. Mit einem Filter ist es auch möglich, bestimmte interessierende Frequenzbereiche in einem Muster gegenüber anderen hervorzuheben und damit interessante Bereiche zu betonen. Beispiele sind die Hervorhebung von Konturen und Grauwertänderungen in Bildern oder von Formanten gegenüber der Grundfrequenz von Sprache durch ein Filter, das die höheren Frequenzen des Musters verstärkt. Ein relativ allgemeines Modell für ein beobachtetes gestörtes Muster besteht darin, daß ein ideales Muster oder ein ideales Signal zunächst durch ein lineares System verzerrt und das Ergebnis dann noch von einer additiven Störung überlagert wird. Ein Restaurationsfilter soll mit dem beobachteten Muster den besten linearen Schätzwert für das ideale Muster liefern - zum Beispiel im Sinne des minimalen mittleren quadratischen Fehlers zwischen Schätzwert und idealem Muster. Ein spezielles Restaurationsproblem liegt dann vor, wenn der additive Störprozess Null ist, das Muster also nur durch ein lineares System verzerrt wird. Lineare Filter sind einer geschlossenen mathematischen Behandlung zugänglich, die Ausgangsgröße läßt sich über die Faltungssumme oder die schnelle Fouriertransformation berechnen, und die damit realisierbaren Transformationen sind erfahrungsgemäß in einer Reihe praktisch interessanter Fälle von Nutzen.

Es gibt Beispiele dafür, daß Signal und Störung nicht additiv überlagert sind und daher eine Störungsreduktion mit einem linearen Filter nicht möglich ist. Zum Beispiel setzt sich die von einem Objekt reflektierte Lichtintensität multiplikativ aus der Beleuchtungsintensität und dem Reflexionsvermögen der Oberfläche zusammen, wobei nur das Reflexionsvermögen für das Objekt charakteristisch ist, nicht aber die Beleuchtung. Die Formierung eines stimmhaften sprachlichen Lautes kann näherungsweise dadurch modelliert werden, daß ein lineares System, nämlich der Vokaltrakt, mit periodischen Impulsen, nämlich den mit der Sprachgrundfrequenz wiederholten Stimmbandimpulsen, angeregt wird, was mathematisch

einer Faltung der Impulse mit der Übertragungsfunktion des Vokaltrakts entspricht. Charakteristisch für den Laut ist die Übertragungsfunktion, nicht die
Impulsfolge. In diesen Fällen ist die Beeinflussung des charakteristischen oder
interessierenden Signalanteils mit einem sogenannten homomorphen System möglich.
Das Prinzip beruht darauf, die nichtadditive Verknüpfung zunächst in eine additive zu transformieren, das so erhaltene Signal linear zu filtern, und dann das
Ergebnis der entsprechenden inversen Transformation zu unterwerfen. Die multi-
plikative Verknüpfung zweier Signale läßt sich zum Beispiel durch Logarithmieren
in eine additive verwandeln; die entsprechende inverse Transformation ist die
Exponentiation.

Lineare Operationen zur Störungsreduktion haben einige Nachteile. Die oben
erwähnte Mittelung von Grauwerten eines Bildes führt zwar einerseits zu einer
Reduktion hochfrequenter Störungen, andererseits aber auch zu einer uner-
wünschten Verschleifung von Bildkonturen. Mit einem Medianfilter lassen sich
kleine Störimpulse völlig beseitigen, größere scharfe Konturen aber bleiben
unverändert. Es handelt sich bei diesen Filtern um spezielle Rangordnungsopera-
tionen. Dabei werden die Grauwerte einer kleinen Nachbarschaft eines Bildpunktes
der Größe nach geordnet und der Grauwert des Bildpunktes durch eine geeignete
Funktion dieser Rangordnung ersetzt; beim Medianfilter wählt diese Funktion aus
der Rangordnung gerade den auf mittlerer Position stehenden Wert, also den
Median der Werte aus der betrachteten Nachbarschaft. Die Realisierung erfordert
keine arithmetischen Operationen, sondern nur Größenvergleiche. Eine lineare
Operation wird homogen, das heißt in gleicher Weise, auf das gesamte Bild- oder
Sprachsignal angewendet. Es kann aber sein, daß sich der Störprozess ändert und
daher die lineare Operation lokal an die veränderlichen Verhältnisse angepaßt
werden sollte. Dieses wird durch adaptive Filter erreicht.

Wenn man nur ein oder einige wenige relativ einfache Objekte vor einem relativ homogenen Hintergrund vorliegen hat, ist oft die Verarbeitung von Grauwerten
unnötig. Nach der Bildaufnahme wird dann bereits in der Vorverarbeitung durch
eine Schwellwertoperation das Bild binarisiert, das heißt man weist Objektpunkten den Grauwert Eins, Hintergrundpunkten den Grauwert Null zu. Dieses
vereinfacht die weitere Verarbeitung und reicht für eine Klassifikation nicht
überlappender Objekte aus. Eine einfache Technik zur Bestimmung eines geeigneten
Schwellwertes besteht darin, das Grauwerthistogramm zu berechnen. Dieses sollte
zwei ausgeprägte relative Maxima haben, die zu Objektpunkten bzw. Hintergrundpunkten gehören. Als Schwellwert wird dann das relative Minimum dazwischen
gewählt. Das Verfahren läßt sich entweder homogen auf das ganze Bild oder lokal

auf einen kleinen Bildausschnitt anwenden. Es gibt verschiedene weitere Verfahren, um Schwellwerte insbesondere dann zu ermitteln, wenn das Histogramm keine ausgeprägten Extrema aufweist.

Bereits Vorverarbeitungsoperationen können sehr rechenaufwendig sein, was zum Beispiel für die lineare Filterung zutrifft. Um die Faltungssumme für ein Grauwertbild mit 512x512 Bildpunkten und einem 7x7 Faltungskern zu berechnen, sind rund 512x512x7x7 = 13 Mio. Additionen und Multiplikationen erforderlich; um dieses mit Fernsehfrequenz, also für 25 Bilder je Sekunde, zu berechnen, sind rund 320 Mio. Additionen und Multiplikationen je Sekunde auszuführen. Das wird von modernen Vektorrechnern durchaus geleistet. Darüberhinaus gibt es spezielle Rechenwerke, die solche Operationen, aber in der Regel auch nur diese, mit der genannten Geschwindigkeit zu einem wesentlich geringeren Preis ausführen können. Die erforderliche Rechenleistung ist also für keine der obigen Operationen ein prinzipielles Hindernis.

1.4 Segmentierung von Bildern

Mit der Segmentierung von Bildern beginnt der Übergang von der rein numerischen Darstellung des Bildes in einer Grauwertmatrix zu einer symbolischen Darstellung. Dieser Übergang ist erfahrungsgemäß nur mit gewissen Unsicherheiten und Fehlern möglich, die in den nachfolgenden Verarbeitungsstufen zu berücksichtigen sind. Im Unterschied zur Analyse werden bei der Segmentierung nur "primitive Objekte" wie Linien, Flächen und Punkte ermittelt, aber nicht Linien oder Flächen mit symbolischen Namen wie "Umriss eines PKW" oder "Wiese mit Zelt" versehen. Für die Segmentierung wird in der Regel wenig oder gar kein explizit repräsentiertes Wissen über den Aufgabenbereich bereitgestellt - was natürlich nicht ausschliesst, daß der Entwickler der Verfahren sehr umfangreiches Wissen über die Eigenschaften des Bildmaterials und über in Frage kommende Algorithmen haben muß.

Gemäß Bild 1.4a werden folgende typische Objekte bei der Segmentierung ermittelt:
1. Linien, und zwar möglichst "sinnvolle" Linien, die zu Umrissen und Konturen von Objekten (wie zum Beispiel Auto, Haus) oder Objektteilen (wie zum Beispiel Autotür, Hausdach) gehören.

2. Flächen, wobei auch hier möglichst "sinnvolle" Flächen ermittelt werden sollten (zum Beispiel eine Wiese oder eine Baumkrone).

3. Punkte, die in irgendeinem Sinne auffällig oder wesentlich sind (zum Beispiel Treffpunkt dreier Linien).

Diesen Objekten lassen sich in der Regel einige der folgenden Eigenschaften zuordnen:

1. Angaben über die Lage im Bild, entweder qualitativ mit Angaben wie "vor", "rechts neben", "umgeben von" oder quantitativ in einem Referenzkoordinatensystem (bildbezogene Koordinaten).

2. Angaben über die Grösse.

3. Die Zuverlässigkeit, mit der das Objekt gefunden wurde, oder die Priorität für die weitere Verarbeitung.

4. Alternativen bzw. Toleranzbereiche.

5. Art des Grauwert-/Farb-/Texturübergangs bei einer Linie bzw. Grauwert, Farbe, Textur einer Fläche.

6. Angaben über Tiefe und Lage im Raum, der abgebildet wurde (szenenbezogene Koordinaten).

7. Angabe über den Bewegungszustand der Objekte.

8. Charakterisierung der Form durch allgemeine Angaben, wie "elliptisch", "rechteckig", "kugelförmig", "zylindrisch", "konkav", "eben", oder durch numerische Parameter, wie Gauss'sche Krümmung und Oberflächennormale.

Die Wahl einer bestimmten Repräsentationsform und bestimmter Objekte und Eigenschaften auf dieser Ebene hat natürlich Auswirkungen sowohl auf die Verarbeitung auf dieser Ebene selbst als auch in davor- und dahinterliegenden. Wenn zum Beispiel Tiefeninformation, also der Abstand Objektpunkt - Kamera, bestimmt werden soll, müssen schon bei der Aufnahme die Voraussetzungen dafür geschaffen werden. Eine Möglichkeit besteht darin, mit einem Laserabtaster direkt zu jedem Punkt auch dessen Abstand zu messen. Diese Information kann dann als zusätzliches Segmentierungskriterium genutzt werden. Eine andere Möglichkeit besteht darin, mit zwei Kameras ein Paar von Stereobildern aufzunehmen und die Tiefe aus der Verschiebung korrespondierender Bildpunkte zu berechnen. Dafür müssen in der Segmentierungsphase zunächst korrespondierende Bildpunkte automatisch gefunden werden. Fehlerhafte Segmentierung führt nun zu fehlerhafter Tiefenberechnung, und Tiefeninformation kann nicht mehr als Segmentierungskriterium genutzt werden. Derartige Wechselwirkungen machen es praktisch unmöglich, allgemeine Segmentierungsverfahren anzugeben, die für sehr viele Typen von Bildern geeignet sind.

Der übliche Ansatz zur Ermittlung von <u>Linien</u> besteht darin, zunächst Punkte

oder sehr kurze Liniensegmente zu bestimmen, in denen eine starke Grauwertän-
derung (allgemeiner: Farbänderung, Texturänderung) vorliegt und diese als Kandidaten für Punkte auf einer Konturlinie zu betrachten. Danach werden Punkte durch
kurze Geradenstückchen oder gekrümmte Liniensegmente approximiert und zu längeren Linien erweitert. Ausgezeichnete Punkte liegen zum Beispiel vor, wenn zwei
oder mehr Linien zusammentreffen oder Wendepunkte und Punkte maximaler Krümmung
von Linien auftreten. Die Probleme praktisch aller Ansätze zur Konturermittlung
sind schematisiert in Bild 1.6 dargestellt. Durch regelbasierte Expertensysteme
(Prinzip s. Kapitel 4) wird teilweise versucht, offensichtliche Fehler zu korrigieren. Der im Bild gezeigte Fall nichtzusammentreffender Linien könnte zum
Beispiel durch eine Regel der Form

IF: zwei Geraden, von denen jede länger als l ist, haben Endpunkte im
      Abstand kleiner als d,
THEN: die Endpunkte der Geraden werden zusammengelegt

bereinigt werden. Dieses ist auch ein Beispiel für die explizite Repräsentation
von generellem Wissen über Linien und dessen Nutzung bereits in der Segmentierungsphase.

Zur Ermittlung von Regionen wird zunächst ein Kriterium festgelegt, welches
die Homogenität von Regionen zu bewerten gestattet. Das Ziel besteht darin, ein
Bild in Regionen zu zerlegen, die bezüglich des gewählten Kriteriums homogen

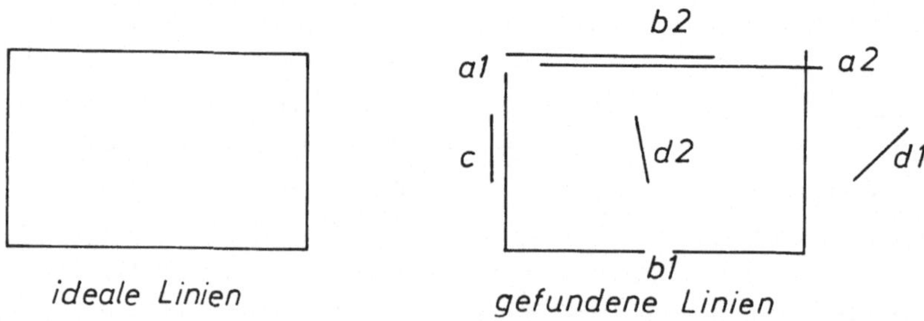

Bild 1.6   Einige typische Fehler bei der Ermittlung von Linien. a1,a2) Linien
treffen sich nicht im gleichen Punkt. b1,b2) eine Linie wird unterbrochen
c) es wird eine zusätzliche Linie neben einer tatsächlich vorhandenen gefunden.
d1,d2) es werden irgendwo zusätzliche Linien gefunden

sind, die in dem Sinne maximal sind, daß man nicht zwei benachbarte Regionen zusammenfassen kann, ohne das Homogenitätskriterium zu verletzen, und die das gesamte Bild überdecken. Ein Beispiel für einen möglichen Ansatz wird kurz erläutert. Zunächst wird eine Zerlegung des Bildes in 4 gleichgroße Teilbilder (sogenannter Quadtree) durchgeführt. Jedes Teilbild, das nach dieser Anfangszerlegung noch nicht homogen ist, wird weiter in 4 Teilbilder zerlegt, bis alle Teilbilder homogen sind. Es wird dann untersucht, ob es 4 Teilbilder gibt, die sich ohne Verletzung des Homogenitätskriteriums vereinen lassen - dieses kann aufgrund zu feiner Anfangszerlegung, das heißt zu großem Wert von m, der Fall sein. Anschließend werden jeweils zwei benachbarte Regionen daraufhin untersucht, ob sie ohne Verletzung des Homogenitätskriteriums vereinigt werden können, und zuletzt werden sehr kleine Regionen mit der ähnlichsten benachbarten Region vereinigt. Ein Vorteil von Verfahren zur Regionenbildung gegenüber der Konturenermittlung besteht darin, daß man zu einer gefundenen Region stets eine geschlossene Konturlinie erhält. Einige der mit Regionenbildung verbundenen Probleme sind schematisiert in Bild 1.7 dargestellt. Auch hier ist eine Überarbeitung der gefundenen Regionen mit einem regelbasierten System möglich, und es ist mit diesem Ansatz möglich, die aus Linienfindung und Regionenbildung gewonnenen Ergebnisse zu kombinieren, zum Beispiel:

IF: Die Größe der Region ist nicht klein, in der Region wurde eine Linie gefunden, die Länge der Linie ist nicht klein, der mittlere Gradient der Linie ist hoch,

THEN: Zerlege die Region entlang der Linie.

IF: Zwei Linien sind etwa gleich orientiert, ihre Endpunkte sind nicht weit entfernt, ihre Gradienten sind nicht sehr klein, sie haben die gleiche Region auf der linken Seite,sie haben die gleiche Region auf der rechten Seite,

THEN: Verbinde beide Linien.

Im Rahmen von Vorversuchen sind Schwellwerte zu ermitteln, wann eine Region "nicht zu klein" oder die Endpunkte zweier Linien "nicht weit entfernt" sind. Es ist noch offen, inwiefern diese Schwellwerte vom Bildmaterial und der vorangehenden Verarbeitung abhängen.

Angaben über <u>bildbezogene Lage und Größe</u> sind für Linien und Regionen problemlos zu berechnen. Ein Maß für die <u>Zuverlässigkeit</u> läßt sich aus dem Gradienten einer Linie oder dem Unterschied zweier Regionen ableiten, ein Maß für die <u>Priorität</u> der Verarbeitung aus der Kombination von Größe und Zuverlässigkeit.

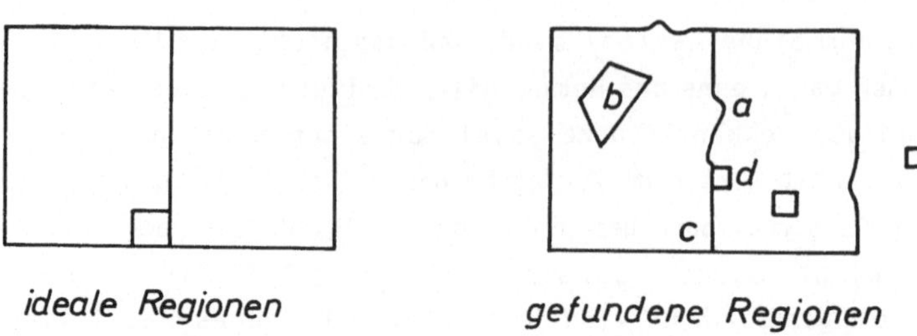

ideale Regionen   gefundene Regionen

Bild 1.7   Einige Probleme bei der Ermittlung von Regionen. a) Grenzen sind fehlerhaft. b) extra Regionen. c) fehlende Regionen. d) mehrere sehr kleine Regionen

Alternativen und Toleranzbereiche ergeben sich aus zusätzlich gefundenen Objekten und Meßungenauigkeiten. Grau- und Farbwerte werden unmittelbar vom Aufnahmegeräte geliefert, während die Textur ein gesondertes Problem ist, auf das noch kurz eingegangen wird. Auch die Ermittlung von szenenbezogenen Koordinaten, Bewegungsinformation und Formangaben erfordert gesonderte Maßnahmen sowohl bei der Aufnahme als auch bei der Verabeitung.

Als Textur bezeichnet man die Oberflächenbeschaffenheit oder -struktur eines Objekts. Bild 1.8 zeigt, daß eine Fläche zwar von Punkt zu Punkt sehr inhomogen bezüglich des Grauwertes sein, aber als Ganzes betrachtet eine homogene Struktur oder Textur aufweisen kann. Um Texturen zu erfassen, sind also die Eigenschaften mehrerer Bildpunkte aus einer geeigneten Nachbarschaft zu untersuchen. Dafür werden vielfach numerische Merkmale aus Grauwertstatistiken der Bildpunkte berechnet; die Merkmale können dann mit bekannten Verfahren klassifiziert werden. Aus psychophysischen Versuchen ist bekannt, daß der Mensch einige Texturprimitive oder Textons spontan, also ohne bewußtes Nachdenken, unterscheiden kann, und zwar Farbe, längliche Flecken und Liniensegmente, die Zahl ihrer Endungen und Kreuzungen. In erster Näherung kann man daraus einen Texturdeskriptor ableiten, der nur die Zahl der Bildpunkte mißt, deren Grauwertgradient einen Schwellwert überschreitet.

Zur Bestimmung von dreidimensionaler Information gibt es verschiedene Ansätze. Die Möglichkeit der direkten Abstandsmessung mit einem Laserabtaster wurde bereits erwähnt. Auch mit geeigneten Lichtmustern läßt sich die Tiefe ermitteln. Beispielsweise kann man die Szene mit einem Gitter heller Linien beleuchten und das Bild dieser an den Objekten reflektierten Linien aufnehmen. Bei bekannten

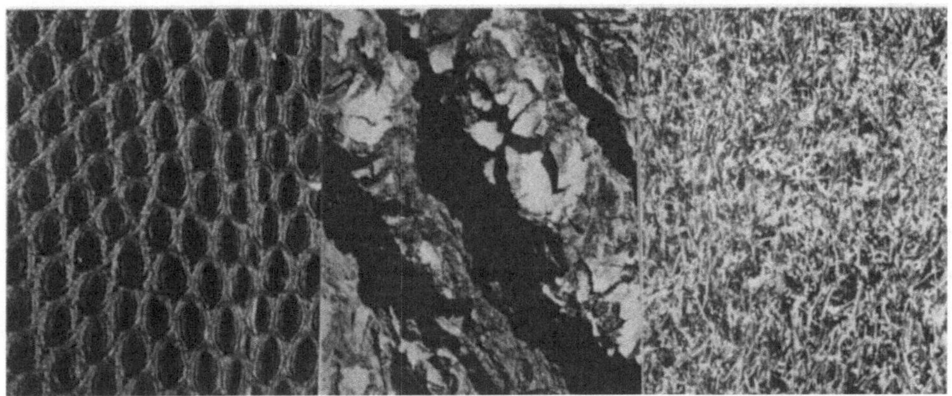

Bild 1.8   Beispiele für texturierte Flächen und zwar von links nach rechts
Eidechsenhaut, Baumrinde, Gras (aus P. Brodatz: Textures, Dover, New York 1966)

Kameradaten und bekanntem Abstand der Gitterlinien lässt sich der Abstand zu
Objekten der Szene berechnen. Eine weitere Möglichkeit bietet die Aufnahme einer
Szene mit zwei Kameras in bekanntem Abstand. Ein solches Stereobildpaar zeigt
Objekte aus zwei verschiednen Blickwinkeln. Als korrespondierende Bildpunkte
bezeichnet man solche, die Bilder des gleichen Objektpunktes in den beiden
Stereobildern sind. Wenn die Kameradaten bekannt sind, läßt sich aus dem Abstand
korrespondierender Bildpunkte wiederum die Tiefe berechnen. Ein zusätzliches
Problem besteht darin, daß korrespondierende Bildpunkte automatisch gefunden
werden müssen. Dieses wird vielfach so gemacht, daß in den Bildern zum Beispiel
Linien ermittelt werden und die Korrespondenz zwischen Linien hergestellt wird.
Wenn dagegen Abstände wie beim Laserabtaster direkt gemessen werden, können sie
als zusätzliches Segmentierungskriterium genutzt werden.

Die Ermittlung von Bewegungsinformation setzt voraus, daß von den bewegten
Objekten mindestens zwei, besser aber mehrere, Aufnahmen in bekanntem zeitlichen
Abstand gemacht werden. Wenn die Bewegung in der Bildebene erfolgt, hat man ein
dem Stereoproblem analoges Problem. Aus dem Abstand zweier korrespondierender
Bildpunkte ergibt sich die Geschwindigkeit des Bildpunktes, bei bekanntem Ob-
jektabstand und Kameradaten auch die des Objektpunktes. Ein zusätzliches Problem
entsteht, wenn sich der Objektpunkt auch in Richtung der Kameraachse bewegen
darf, da diese Bewegung nicht zu einem entsprechenden Abstand der Bildpunkte
führt. Jedoch läßt sich aus mehreren korrespondierenden Bildpunkten eines starren Körpers auch die dreidimensionale Bewegung berechnen. Bei dieser Vorge-

hensweise müssen ähnlich wie bei den Stereobildern zunächst korrespondierende Bildpunkte automatisch gefunden werden, was eine anfängliche Segmentierung voraussetzt. Unter bestimmten Voraussetzungen läßt sich die Geschwindigkeit in jedem Bildpunkt auch ohne anfängliche Segmentierung messen. Die Bewegung einer schrägen Grauwertkante führt im Punkte x zu einer Intensitätsänderung, deren Größe von der Steigung der Grauwertkante und der Geschwindigkeit abhängt. Die Steigung kann man aus der Ableitung der Intensität schätzen und damit die Geschwindigkeit in x-Richtung berechnen. Um einen zweidimensionalen Geschwindigkeitsvektor zu berechnen, wäre eine weitere Gleichung erforderlich. Man führt daher die Berechnung auf eine Variationsaufgabe zurück mit der Nebenbedingung, daß das Geschwindigkeitsfeld möglichst "glatt" sein soll, das heißt möglichst geringe Änderungen von Punkt zu Punkt aufweist.

Bei der Charakterisierung der Form ist zwischen zweidimensionalem Bild und dreidimensionalem Objekt zu unterscheiden. Die zweidimensionale Form läßt sich durch Konturdeskriptoren, wie sie für die Klassifikation von Mustern verwendet werden, durch symbolische Formmerkmale und numerische Parameter wie Krümmung der Konturlinie beschreiben. Falls gewünscht oder erforderlich, ist auch eine Klassifikation der Formen aufgrund bekannter Referenzmuster möglich. Wesentlich schwieriger, aber für komplexere Aufgaben unerläßlich, ist die Erfassung dreidimensionaler Oberflächenformen, es sei denn, man mißt mit entsprechenden Abtastgeräten direkt auch den Abstand eines Bildpunktes von der Kamera. Ist das nicht der Fall, weil zum Beispiel nur mit einer Kamera eine Aufnahme gemacht wird, kann man im Prinzip aus der Intensitätsverteilung des reflektierten Lichtes auf die Oberflächenform, speziell die Oberflächennormale, schließen. Dieses erfordert Kenntnisse der Beleuchtungs- und Kameraparameter sowie der Reflexionseigenschaften des Objekts. Es ist dann auch möglich, generelle Aussagen über die Oberflächenform, wie "eben", "zylindrisch" oder "kugelförmig" zu machen. Das Hauptproblem dabei sind Annahmen über die Reflexionseigenschaften, die einerseits so einfach sein sollten, daß noch eine mathematische Behandlung mit erträglichem Aufwand möglich ist, andererseits so weit ausgefeilt sein müssen, daß sie die realen Verhältnisse genügend genau approximieren.

Zur Lösung bestimmter Detailprobleme bei der Segmentierung von Bildern gibt es eine Vielzahl einzelner Algorithmen. Ein wesentliches Problem besteht darin, für einen bestimmten Problemkreis eine solche Kombination von Algorithmen zu finden, die das Segmentierungsproblem mit genügender Zuverlässigkeit lösen. Umfangreiche experimentelle Arbeiten sind dabei unerläßlich.

1.5 Segmentierung von Sprache

Ähnlich wie bei Bildern leitet auch die Segmentierung von Sprache von der rein numerischen Darstellung des Sprachsignals zu einer symbolischen über, wobei auch hier Unsicherheiten und Fehler in Kauf zu nehmen sind. Das Segmentierungsproblem ist besonders schwierig, wenn kontinuierlich gesprochene Sprache vorliegt, da es dann keine deutlichen Wortgrenzen gibt, vielmehr ein Laut Bestandteil zweier Wörter sein kann, wie zum Beispiel das n bei "in Nürnberg". Das Ziel der Segmentierung besteht in der Ermittlung der Wortgrenzen, und das ist bei kontinuierlicher Sprache nur mit Kenntnis eines Lexikons der zulässigen Wörter und Ermittlung der gesprochenen Wörter möglich, so daß die Segmentierung letztlich das Sprachsignal in Wörter zerlegen soll. Bereits auf dieser Stufe ist also explizit repräsentiertes Wissen erforderlich, da zumindest ein Lexikon zulässiger Wörter bekannt sein muß. Dazu kann weiteres explizit repräsentiertes Wissen erforderlich sein, zum Beispiel Regeln zur Generierung von Aussprachevarianten eines Wortes.

Die Objekte auf dieser Ebene sind gemäß Bild 1.5a:
1. Akustische Einheiten wie Phoneme, Diphone oder Halbsilben.
2. Wörter.
3. Wortketten.
Diese Objekte haben zum Beispiel folgende Eigenschaften:
1. Eine Bedeutung, das heißt die Angabe, um welches Phonem oder welches Wort es sich handelt, zum Beispiel gekennzeichnet durch die Wortnummer im Lexikon.
2. Einen Beginn und ein Ende, bezogen auf den Anfangspunkt der Äußerung.
3. Ein Maß für die Zuverlässigkeit und/oder Priorität.
4. Akustische Merkmale wie Grundfrequenz oder Lautstärke.
5. Alternativen, die aber einfach auch implizit dadurch gegeben sind, daß an überlappenden Positionen der Äußerung mehrere Objekte auftreten.

Das Sprachsignal wird zunächst in eine Folge von <u>Parametern</u> transformiert. Dafür kommen die Ausgangswerte von Filterbänken, das Cepstrum, die Autokorrelationskoeffizienten, die Koeffizienten der linearen Vorhersage und aus einer Nulldurchgangsanalyse abgeleitete Werte in Frage. Diese Parameter werden alle 10 - 15 ms mit einem Datenfenster von 10 - 30 ms berechnet. Zur Segmentierung gibt es zwei prinzipielle Ansätze. Beim einen wird das Sprachsignal bzw. die Folge der Parameterwerte innerhalb des Datenfensters mit üblichen Verfahren klassifiziert und dann klassifizierte Datenfenster zu größeren lautlichen Segmenten zusammengefaßt. Beim anderen wird das Signal zunächst mit einem oder einigen wenigen Paramtern, zum Beispiel der Energie in einem ausgewählten Frequenzbereich, in lautliche Segmente zerlegt, und dann werden die Segmente klassifiziert. Als "lautliche Segmente" kommen aus heutiger Sicht vor allem Phoneme, Diphone und Halbsilben in Frage. Als Vorteile der Phoneme sind zu nennen, daß ihre Zahl gering ist - etwa 64 für die deutsche Sprache, wovon bereits etwa 40 für Zwecke der Spracherkennung ausreichen - und daß sich Koartikulationseffekte durch Regeln mit Phonemen als Elementen gut erfassen lassen; nachteilig ist, daß Koartikulationen sich besonders stark auf Phoneme auswirken und ihre Erkennung schwierig ist. Die Zahl der Diphone und Halbsilben ist wesentlich größer als die der Phoneme, dafür wird ein Teil der Koartikulationseffekte bereits innerhalb dieser Einheiten aufgefangen. Es ist zur Zeit offen, ob Phoneme, Diphone, Halbsilben oder irgendeine andere Einheit letztlich für Zwecke der Spracherkennung am besten geeignet sind. Grundsätzlich ist bei der Segmentierung in lautliche Einheiten mit falschen Segmentgrenzen und falschen Einheiten zu rechnen.

Im nächsten Schritt sind die gefundenen lautlichen Einheiten zu Wörtern zusammenzufassen. Auch hierfür sind zwei prinzipielle Ansätze möglich, wobei aber zur Zeit die meisten Verfahren auf Ansatz eins beruhen. Im ersten Ansatz wird der Reihe nach jedes Wort des Lexikons genommen und ein Maß dafür berechnet, wie gut es zu jeder Position innerhalb der Äußerung paßt. Überall dort, wo der Grad der Übereinstimmung oberhalb einer Schwelle liegt, wird ein Auftreten des Wortes vermutet; es wird dann eine sogenannte Worthypothese erzeugt, die zumindest das Wort, die Position und das Maß an Übereinstimmung enthält. Beim zweiten Ansatz wird jedes Wort durch bestimmte Merkmale charakterisiert, zum Beispiel Art und Position der darin auftretenden Trigramme von Phonemen. Im Lexikon wird die Menge der möglichen Trigramme bestimmt und zu jedem Trigramm wird notiert, in welchem Wort und an welcher Stelle es auftritt; man erhält so ein merkmaladressierbares Lexikon. Das Auftreten eines Wortes wird dann vermutet, wenn es von genügend vielen Trigrammen in der richtigen Reihenfolge adressiert wird. Während der Suchaufwand beim ersten Ansatz etwa linear mit der Lexikongröße wächst, ist das beim zweiten nicht der Fall. Unter Umständen wird die Generierung von Worthypothesen um eine zweite Phase ergänzt, in der die Hypothesen nochmals sorgfältig mit den akustischen Daten der Äußerung verglichen werden. In dieser Verifikationsphase soll die Bewertung der richtigen Hypothesen verbessert, die der falschen herabgesetzt werden. Das Ergebnis einer Segmentierung zeigt Bild 1.9 in schematisierter Form.

An die Ermittlung von Wörtern kann sich noch die Zusammenfassung zu längeren Wortketten anschließen. Wegen der erforderlichen ungefähren Übereinstimmung zwischen Ende eines Wortes und Beginn des folgenden kann nicht jedes Wort auf jedes andere folgen. Wenn zusätzlich noch geprüft wird, ob zum Beispiel eine Folge von drei Wörtern auch syntaktisch zulässig ist, ergibt sich eine weitere Reduktion der Zahl der Möglichkeiten, allerdings auch ein Übergang zur Analyse der Wörter unter Einbezug von syntaktischem Wissen.

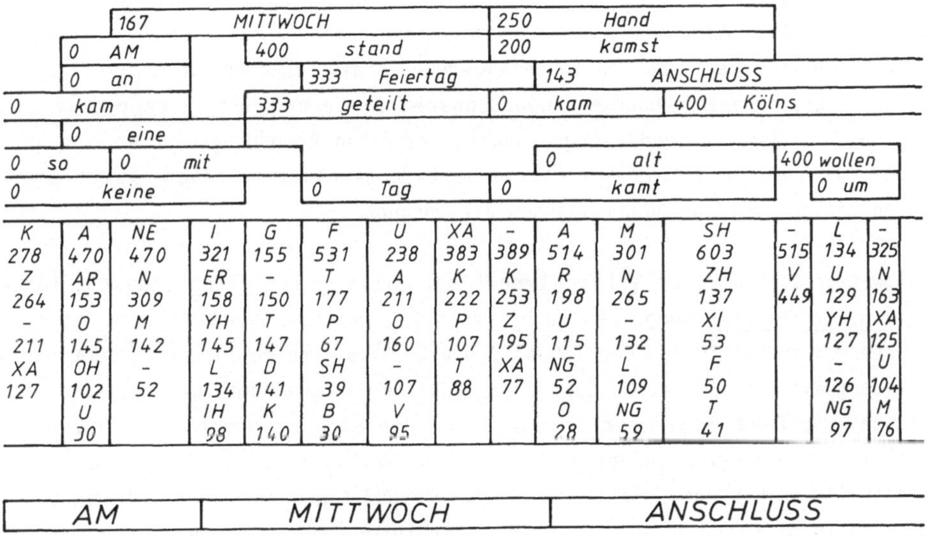

167 MITTWOCH		250 Hand	
0 AM	400 stand	200 kamst	
0 an	333 Feiertag	143 ANSCHLUSS	
0 kam	333 geteilt	0 kam	400 Kölns
0 eine			
0 so / 0 mit		0 alt	400 wollen
0 keine	0 Tag	0 kamt	0 um

K 278	A 470	NE 470	I 321	G 155	F 531	U 238	XA 383	- 389	A 514	M 301	SH 603	- 515	L 134	- 325
Z 264	AR 153	N 309	ER 158	- 150	T 177	A 211	K 222	K 253	R 198	N 265	ZH 137	V 449	U 129	N 163
- 211	O 145	M 142	YH 145	T 147	P 67	O 160	P 107	Z 195	U 115	- 132	XI 53		YH 127	XA 125
XA 127	OH 102	- 52	L 134	D 141	SH 39	- 107	T 88	XA 77	NG 52	L 109	F 50		- 126	U 104
	U 30		IH 98	K 140	B 30	V 95			O 28	NG 59	T 41		NG 97	M 76

| AM | MITTWOCH | ANSCHLUSS |

Bild 1.9   Ergebnisse einer Segmentierung von Sprache mit mehreren Laut- und Wortalternativen   (mehrere Segmentalternativen sind prinzipiell möglich, aber hier nicht angegeben).

1.6 Anwendungen

Potentiell bestehen Anwendungsmöglichkeiten der wissensbasierten Bild- und Sprachanalyse überall dort, wo Menschen bei ihrer Tätigkeit auf visuelle und auditive Wahrnehmung angewiesen sind, und dieses eröffnet einen enormen Anwendungsbereich. Tatsächlich ist aber die Zahl der echten routinemäßigen Anwendungen heute noch gering - die seit 15 - 20 Jahren üblichen und in einer Reihe von Geräten angebotenen Verfahren der numerischen Klassifikation von Schriftzeichen und isoliert gesprochenen Wörtern werden hier nicht zu den wissensbasierten Ansätzen gezählt. Zwischen den beiden Bereichen der potentiell denkbaren und der tatsächlich im Einsatz befindlichen Anwendungen gibt es noch die breite Zone der in Veröffentlichungen genannten Anwendungsbeispiele und der in Labors in Entwicklung und vorbereitender Erprobung befindlichen Anwendungsstudien. Es würde zu weit führen, einen ins Einzelne gehenden Überblick zu geben, statt dessen werden einige typische Anwendungsgebiete genannt.

Anwendungsgebiete der Bildanalyse liegen im <u>industriellen</u> <u>Bereich</u>, in der <u>Medizin</u>, <u>Erdfernerkundung</u>, bei <u>natürlichen</u> <u>Szenen</u> und einer Reihe von <u>Sonderbereichen</u>. Im industriellen Bereich sind die Qualitätskontrolle, die Steuerung von Fertigungsautomaten unter Nutzung von bildhafter Information, die optische Überwachung von Fertigungseinrichtungen und die Steuerung mobiler Roboter in gefährlicher Umgebung zu nennen. In der Medizin sind mikroskopische Bilder, Schnittbilder, Röntgen-, nuklearmedizinische und tomografische Aufnahmen sowohl quantitativ messend als auch diagnostisch interpretierend zu beurteilen. Die Erdfernerkundung ist in der Lage, so große Datenmengen zu liefern, daß die manuelle Auswertung nicht mehr möglich ist. Es sind qualitative und quantitative Aussagen über Siedlungsgebiete, Land- und Forstwirtschaft, Ozeanographie und Meteorologie zu machen, wobei die automatische Erstellung und Aktualisierung von Landkarten ein spezielles, aber wichtiges Problem ist. Bei natürlichen Szenen interessiert unter anderem die Steuerung von Land-, Luft- und Wasserfahrzeugen mit Hilfe optischer Information. Einen wichtigen Sonderbereich stellen die militärischen Anwendungen dar, die auch als Spezialfälle der Erdfernerkundung und natürlichen Szenen betrachtet werden können.

Anwendungen der Sprachanalyse, insbesondere auch von zusammenhängend gesprochener Sprache, liegen bei <u>Auskunfts-</u> und <u>Dienstleistungssystemen</u>, das heißt bei Systemen, die auf eine gesprochene Äußerung eine sinnvolle Antwort geben oder eine Aktion vornehmen. Dazu kommt die <u>automatische</u> <u>Schreibmaschine</u> als Beispiel für anspruchsvolle Datenerfassung, die einen gesprochenen Text in orthografisch richtiger Form wiedergibt. Für einfache <u>Kommando-</u> und <u>Datenerfassungssysteme</u> reichen dagegen in der Regel isoliert gesprochene Wörter aus.

An einer automatischen Bild- und Sprachanalyse in den genannten Bereichen besteht Interesse, um Arbeitsvorgänge zu verkürzen, zu rationalisieren und damit Personal zu sparen, um Menschen von gefährlicher Tätigkeit zu entlasten, um eine ermüdungsfreie Beurteilung von Daten nach stets gleichbleibenden und präzise definierten Kriterien zu gewährleisten, um zusätzlichen Komfort bei der Benutzung von Geräten und zusätzliche Dienste anzubieten, um zusätzliche Information für verbesserte Planung und Ursachenforschung zu erhalten und um reine Routinetätigkeiten zu reduzieren. Wissensbasierte Methoden sind von Interesse, weil die Komplexität der Aufgaben und Anforderungen inzwischen so gestiegen ist, daß an eine Lösung nur unter Einsatz von generellem und problemspezifischem Wissen zu denken ist.

1.7 Bibliografischer Rückblick

Umfassende Einführungen in die Probleme der Bild- und Sprachanalyse geben die Bücher [1,4,6]; speziell die Aspekte der künstlichen Intelligenz sind in [9,15] dargestellt. Regelbasierte Systeme und Expertensysteme werden in [2,14] erörtert. Diese Bücher geben eine Darstellung, die einerseits genügend breit ist, um den Leser mit der gesamten Problematik vertraut zu machen, andrerseits aber auch genügend tief, um ihm konkrete Vorgehensweisen aufzuzeigen; man findet zudem eine Fülle weiterführender Literatur.

Die hier verwendete Systemstruktur wurde kurz bereits in [5] entwickelt und ausführlich in [6] behandelt. Übersichten über Systeme, die gemäß diesen Prinzipien strukturiert sind, findet man in [7,8].

Eine umfassende Darstellung von Methoden der digitalen Signalverarbeitung, die auch für die Vorverarbeitung von Mustern wichtig sind, gibt [10]. Bildverarbeitung und -segmentierung wird in [11,13] behandelt, Sprachverarbeitung und -segmentierung in [3,12].

[1] Ballard, D.H., Brown, C.M.: Computer Vision. Prentice Hall, Englewood Cliffs N.J. 1982

[2] Buchanan, B.G., Shortliffe, E.H.: Rule-Based Expert Systems. Addison Wesley, Reading, Mass. 1984

[3] De Mori, R.: Computer Models of Speech Using Fuzzy Algorithms. Plenum Press, New York 1983

[4] Lea, W.A.: Trends in Speech Recognition. Prentice Hall, Englewood Cliffs N.J. 1980

[5] Niemann, H.: Ein Ansatz zur Analyse komplexer Muster. In J.P. Foith (ed.): Angewandte Szenenanalyse, Informatik Fachberichte 20, Springer Verlag, Berlin 1979, 103-109

[6] Niemann, H.: Pattern Analysis. Springer Series in Information Sciences 4. Springer, Berlin Heidelberg New-York 1981

[7] Niemann, H., Bunke, H., Hofmann, I., Sagerer, G., Wolf, F., Feistel, H.: A Knowledge Based System for Analysis of Gated Blood Pool Studies, IEEE Trans. PAMI-7 (1985) 246-259

[8] Niemann, H., Brietzmann, A., Mühlfeld, R., Regel, P., Schukat, G.: The Speech Understanding and Dialog System EVAR. In R. De Mori, C.Y. Suen (eds): New Systems and Architectures for Automatic Speech Recognition and Synthesis. NATO ASI Series F16, Springer Berlin Heidelberg New York Tokyo 1985, 271-302

[9] Nilsson, N.J.: Principles of Artificial Intelligence. Springer, Berlin Heidelberg New-York 1983

[10] Oppenhein, A.V., Schafer, R.W.: Digital Signal Processing. Prentice Hall, Englewood Cliffs 1975

[11] Pratt, W.K.: Digital Image Processing. Wiley Interscience, New York 1978

[12] Reddy, D.R. (ed.): Speech Recognition. Academic Press, New York 1975

[13] Wahl, F.M.: Digitale Bildsignalverarbeitung, Nachrichtentechnik 13. Springer, Berlin Heidelberg New York Tokyo 1984

[14] Waterman, D.A., Hayes-Roth, F.(eds.): Pattern-Directed Inference Systems. Academic Press, New York 1978

[15] Winston, P.H.: Artificial Intelligence. Addison Wesley, Menlo Park, Calif. 1979

2 Formale Logik

Methoden zur formalen Darstellung von Wissen sowie Verfahren zur Ableitung von Schlussfolgerungen aus gespeichertem Wissen sind in der künstlichen Intelligenz nicht nur aus theoretischer Sicht von grossem Interesse, sondern spielen auch eine zentrale Rolle bei vielen Anwendungen, insbesondere in Bild- und Spracherkennung. Formale Logik gilt als "klassisches" Hilfsmittel für Wissensrepräsentation und Inferenz. Insbesondere ist es der Teilbereich des Prädikatenkalküls 1. Ordnung, dem besonderes Interesse im Rahmen der künstlichen Intelligenz geschenkt wird. Dementsprechend ist Kapitel 2.1. bis 2.8. dem Prädikatenkalkül 1. Ordnung gewidmet. Auf Weiterführungen wird in Kapitel 2.9. verwiesen.

2.1 Grundlagen des Prädikatenkalküls 1. Ordnung

Die Darstellung eines Sachverhalts im Prädikatenkalkül 1. Ordnung geschieht mithilfe von Formeln. Diese Formeln sind nach einer bestimmten Syntax aufgebaut, welche ihre äussere Form definiert. Grundbausteine einer syntaktisch korrekten Formel bilden Symbole, wobei zwischen Prädikaten-, Konstanten-, Variablen- und Funktionssymbolen unterschieden wird. Jedes Prädikaten- und jedes Funktionssymbol besitzt eine bestimmte Anzahl n von Argumenten, $n \geq 1$. Die Argumente werden, der üblichen mathematischen Schreibweise gehorchend, in Klammern hinter dem zugehörigen Symbol angegeben. Um die verschiedenen Typen von Symbolen leichter im Text unterscheiden zu können, sollen im folgenden Prädikaten- und Konstantensymbole durch Folgen von Grossbuchstaben der Länge $n \geq 1$, eventuell gefolgt von Ziffern, dargestellt werden. Variablensymbole werden durch Kleinbuchstaben aus der zweiten Hälfte des Alphabets repräsentiert, z.B. u,v,w,x,y,z. Schliesslich dienen Folgen von Kleinbuchstaben der Länge $n \geq 1$, die mit einem Symbol aus der ersten Hälfte des Alphabets beginnen, der Darstellung von Funktionssymbolen.

Aufgrund des Kontexts ist mit obigen Konventionen bei einem Zeichen oder einer Zeichenfolge stets eindeutig festgelegt, ob es sich um ein Prädikaten-, Konstanten-, Variablen- oder Funktionssymbol handelt. Es liegt z.B. bei X eine Konstante, bei A(x,y) ein Prädikat mit zwei Variablen als Argumenten und bei f(x,XY) eine Funktion mit einer Variablen und einer Konstanten als Argument vor.

Ein Term ist entweder ein Konstantensymbol, ein Variablensymbol oder ein Funktionssymbol mit Termen als Argumenten. (Man beachte die Rekursivität dieser Definition, welche die mehrfache Verschachtelung von Funktionssymbolen zulässt.) Beispiele für Terme sind somit XY, x, f(x,Y) oder f(f(x,y),X).

Eine atomare Formel besteht aus einem Prädikatensymbol mit Termen als Argumenten, z.B. A(x,y) oder A(f(x,y),g(z)). Keine atomare Formel ist z.B. f(x,y), da es sich bei f gemäss obiger Vereinbarungen um ein Funktionssymbol handelt.

Atomare Formeln bilden den einfachsten Typ syntaktisch korrekter Formeln. Im folgenden werden syntaktisch korrekte Formeln auch kurz als Formeln bezeichnet. Aus atomaren Formeln lassen sich komplexere Formeln mithilfe von Konnektoren bilden. Zulässige Konnektoren sind die Negation ~, das logische Oder v, das logische Und $\wedge$, die Implikation $\rightarrow$ sowie die Äquivalenz $\leftrightarrow$. Die Negation ist ein einstelliger Konnektor und liefert, angewandt auf eine Formel α, deren Negation ~α, welche wiederum eine Formel ist. Atomare Formeln und deren Negation werden zusammenfassend auch als Literale bezeichnet. Die übrigen Konnektoren sind zweistellig, d.h. durch sie lassen sich aus zwei Formeln α und β neue Formeln, nämlich $(\alpha \vee \beta)$, $(\alpha \wedge \beta)$, $(\alpha \rightarrow \beta)$ sowie $(\alpha \leftrightarrow \beta)$ bilden. Durch Vereinbarung von Prioritäten für Konnektoren lassen sich Klammern in Formeln sparen. Im folgenden wird immer von dem in Bild 2.1 dargestellten Konnektorenvorrang ausgegangen, wobei ein Konnektor desto stärker bindet, je kleiner seine Prioritätszahl ist. Beispiele für Formeln, die der bisher vereinbarten syntaktischen Form gehorchen, sind
A(U,v) v ~B(f(x)) oder
A(x,y) v ~B(Z) $\rightarrow$ ~(C(f(y),z) $\wedge$ D(u)).

Die bisherigen Ausführungen waren ausschliesslich syntaktischer Natur und behandelten noch nicht die Frage, wie sich Wissen aus einem bestimmten Pro-

Priorität	Konnektor
1	~
2	∨, ∧
3	→, ↔

Bild 2.1 Konnektorenvorrang

blemkreis mithilfe von Formeln darstellen lässt. Die Verbindung zwischen den in einer Formel auftretenden Symbolen und einem Problembereich wird durch eine Interpretation hergestellt. Eine Interpretation stellt eine Zuordnung dar, bei welcher jedem Konstantensymbol ein Objekt, jedem Prädikatensymbol mit n Argumenten eine n-stellige Relation und jedem Funktionssymbol mit m Argumenten eine m-stellige Funktion des Problemkreises zugewiesen wird. Variablensymbole in Formeln korrespondieren mit Objektvariablen des Problemkreises.

Jede Formel α mit einer zugehörigen Interpretation kann als Aussage über den zugehörigen Problemkreis verstanden werden, welche den Wahrheitswert true oder false besitzt. Bezeichnen z.B. die Konstantensymbole A,B,C drei kollineare Punkte und steht das Prädikatensymbol KOLLINEAR(x,y,z) für die Relation der Kollinearität, so besitzt die Formel KOLLINEAR(A,B,C) den Wahrheitswert true. Hingegen besitzt GSDREIECK(A,B,C) den Wahrheitswert false, falls das Prädikatensymbol GSDREIECK(x,y,z) die Eigenschaft bezeichnet, dass drei Punkte x,y und z ein gleichseitiges Dreieck bilden. Treten Variablen in einer Formel α auf, so ist der Wahrheitswert von α unter einer Interpretation abhängig davon, welchen Objekten die Variablen zugeordnet werden.

Eine Formel kann als Erweiterung der bisher eingeführten Form auch Quantoren enthalten. Ist α eine Formel, welche die Variable x enthält - wobei wir voraussetzen, dass x nicht bereits im Wirkungsbereich eine Quantors liegt -, so ist $\forall x(\alpha)$ eine Formel, welche den Wahrheitswert true für eine Interpretation genau dann besitzt, wenn α immmer den Wahrheitswert true besitzt, bei allen möglichen Zuordnungen eines Objekts aus dem betrachteten Problembereich an die Variable x. Der Quantor $\forall x$ wird auch als Allquantor bezeichnet und α ist der Wirkungsbereich dieses Quantors in der Formel $\forall x(\alpha)$. Neben Allquantoren kann eine Formel Existenzquantoren enthalten. Die Formel $\exists x(\alpha)$ - es wird hier abermals angenommen, dass die Formel α die Variable x enthält, welche nicht im Wirkungsbereich eines Existenzquantors liegt - besitzt den Wahrheitswert true für eine Interpretation genau dann, wenn wenigstens ein Objekt des Problemkreises existiert, so dass sich bei der Zuordnung dieses Objekts an die Variable x der Wahrheitswert true für α ergibt.

Als Beispiel sei die Formel

$$\forall x \; \forall y \; \forall z \; (A(x,y) \land A(y,z) \rightarrow A(x,z))$$

gegeben. Legen wir bei der Interpretation dieser Formel als Menge der Objekte die natürlichen Zahlen zugrunde und interpretieren $A(x,y)$ als die Relation $x < y$, so besitzt die Formel den Wahrheitswert <u>true</u>. Nehmen wir dagegen als Objekte des Problemkreises die Menge aller Menschen an und interpretieren $A(x,y)$ als die Relation "x ist Vater von y", so besitzt die Formel den Wahrheitswert <u>false</u>. Weitere Beispiele für syntaktisch korrekte Formeln mit Quantoren - wobei auf die zugehörigen Wahrheitswerte unter verschiedenen Interpretationen nicht eingegangen wird - sind

$$\exists x (\forall y \; (P(x,y) \land Q(A))) \text{ oder}$$

$$\forall x (\forall y \; (A(f(x)) \land B(x,y) \rightarrow \exists z \; (Q(f(x),z)))).$$

Sind für eine bestimmte Interpretation die Wahrheitswerte der Formeln α und β bekannt, so kann der Wahrheitswert einer aus α und β durch Verwendung eines Konnektors gewonnenen Formel gemäss der in Bild 2.2 gezeigten Wahrheitstafel bestimmt werden.

Variablen in einer Formel im Wirkungsbereich eines Quantors heissen <u>gebundene Variablen</u>, während sich <u>freie Variablen</u> ausserhalb des Wirkungsbereiches eines Quantors befinden. In der Formel

$$\exists x \; (\forall y \; (P(x,y) \land \; Q(z)))$$

sind z.B. die Variablen x und y gebunden, während es sich bei z um eine freie Variable handelt. Ein <u>Satz</u> ist eine Formel ohne freie Variablen. Eine Formel ohne Variablen - und damit auch ohne Quantoren - heisst <u>Basisformel</u>.

Der Prädikatenkalkül 1. Ordnung, der in diesem Abschnitt in seinen Grundlagen behandelt wird, beruht auf Formeln der bisher betrachteten Art. Als Spezialfall ergibt sich der <u>Propositionenkalkül</u>, bei welchem auf Variablen und

α	β	$\sim\alpha$	$\alpha \lor \beta$	$\alpha \land \beta$	$\alpha \rightarrow \beta$	$\alpha \leftrightarrow \beta$
0	0	1	0	0	1	1
0	1	1	1	0	1	0
1	0	0	1	0	0	0
1	1	0	1	1	1	1

Bild 2.2 Wahrheitstafel für Konnektoren (0 = <u>false</u>, 1 = <u>true</u>)

Quantoren grundsätzlich verzichtet wird. Der Propositionenkalkül ist algorithmisch einfacher handhabbar als der Prädikatenkalkül 1. Ordnung, ist jedoch in seiner praktischen Anwendbarkeit stark eingeschränkt. Als Verallgemeinerung des Prädikatenkalküls 1. Ordnung erhält man den Prädikatenkalkül 2. Ordnung, indem man Variablen und zugehörige Quantoren nicht nur für Objekte, sondern auch für Relationen zulässt. Dieser Gewinn an Mächtigkeit bringt entscheidungstheoretische Probleme mit sich und wird für viele Aufgabenstellungen nicht benötigt, so dass aus anwendungsorientierter Sicht der Prädikatenkalkül 1. Ordnung heute die wichtigere Rolle spielt. Im folgenden wird der Prädikatenkalkül 1. Ordnung auch kurz als Prädikatenkalkül bezeichnet.

Bei der Interpretation geht man von einer Formel aus und ordnet dieser - quasi im Nachhinein - eine Bedeutung zu. Beim Einsatz des Prädikatenkalküls zur Lösung einer bestimmten Aufgabe in der künstlichen Intelligenz geht man üblicherweise den umgekehrten Weg. Hier ist nämlich i.a. ein Problemkreis mit Fakten und Regeln gegeben, einschliesslich der interessierenden Objekte, Relationen und Funktionen, und man führt eine formale Beschreibung desselben durch mithilfe von Formeln des Prädikatenkalküls. Vorzugsweise wird man mnemotechnische Abkürzungen zur Bezeichnung von Objekten, Relation und Funktionen wählen. Nachfolgend soll ein Beispiel erläutert werden.

Gegeben seien die umgangssprachlichen Aeusserungen
(1) Jedes Bild enthält mindestens ein Objekt
(2) Aufnahme 1 ist ein Bild und enthält nur Würfel
(3) Aufnahme 1 enthält mindestens einen Würfel.
Diese Aeusserungen können durch die folgenden Formeln dargestellt werden:

$$
\begin{array}{ll}
(1) & \forall x\ (\text{BILD}(x) \rightarrow \exists y\ (\text{IN}(y,x))) \\
(2) & \text{BILD(AUFNAHME1)} \\
(2a) & \forall x\ (\text{IN}(x,\text{AUFNAHME1}) \rightarrow \text{WÜRFEL}(x)) \\
(3) & \exists x\ (\text{WÜRFEL}(x) \land \text{IN}(x,\text{AUFNAHME1}))
\end{array}
\qquad (2.1.1)
$$

mit Variablensymbolen x und y, dem Konstantensymbol AUFNAHME1 und Prädikaten BILD(x), IN(x,y) und WÜRFEL(x).

Anhand dieses Beispiels wird klar, dass der Schritt von der informellen zur formalen Darstellung durch logische Formeln nicht notwendig eindeutig bestimmt ist. Hierfür gibt es im wesentlichen zwei Gründe. Zum einen kann eine Aussage in natürlicher Sprache mehrdeutig sein und zum anderen besteht bei der Wahl von Objekten, Relationen und Funktionen ein breites Spektrum an Möglichkeiten. Man hätte etwa ebensogut den Sachverhalt von Satz (1) durch die Formel

$$\forall x(\text{BILD}(x) \rightarrow \text{GE}(\text{anzahl}(x),1))$$

darstellen können, wobei die Funktion anzahl(x) die im Bild x enthaltene Anzahl der Objekte angibt und GE(y,z) die Relation y > z bezeichnet. Die Tatsache, dass die Formulierung eines Sachverhalts im Prädikatenkalkül auf verschiedene Arten möglich ist, darf nicht überraschen, da dieses Phänomen praktisch immer beim Uebergang von einer informellen zu einer formalen Darstellung auftritt; z.B. kann ein umgangssprachlich präzise formulierter Algorithmus auf verschiedene Arten in einer vorgegebenen Programmiersprache korrekt implementiert werden.

Wie bereits erwähnt, ergibt sich unter einer Interpretation für eine Formel der Wahrheitswert <u>true</u> oder <u>false</u>. Zwei Formeln α und β heissen <u>äquivalent</u>, wenn sie für jede gemeinsame Interpretation den gleichen Wahrheitswert besitzen. Ist M eine Menge von Formeln und I eine Interpretation, so heisst I <u>Modell</u> für M, wenn sich für jede Formel in M der Wahrheitswert <u>true</u> ergibt. Existiert für eine Menge M von Formeln ein Modell, so heisst M <u>erfüllbar</u>, andernfalls <u>unerfüllbar</u>.

Man sagt, dass eine Formel α <u>logisch</u> aus einer Menge M von Formeln <u>folgt</u>, falls jedes Modell für M auch Modell für α ist. Eine <u>Inferenzregel</u> ist eine Vorschrift, um aus einer gegebenen Menge von Formeln neue Formeln abzuleiten. Einige bekannte Inferenzregeln sind in Bild 2.3 gezeigt. So lässt sich z.B. in (2.1.1) durch Anwendung der Spezialisierungsregel auf (1) und durch anschliessende Anwendung von modus ponens unter Verwendung von (2) die Formel

$$\exists y(\ \text{IN}(y,\text{AUFNAHME1}))$$

ableiten.

Eine Menge R von Inferenzregeln heisst <u>widerspruchsfrei</u>, wenn jede Formel α, die sich mittels R aus einer Menge M von Formeln ableiten lässt, auch logisch aus M folgt. Die <u>Vollständigkeit</u> einer Menge R von Inferenzregeln besagt, dass jede Formel α, welche logisch aus M folgt, auch mittels Regeln der Menge R aus M gewonnen werden kann. Beim automatischen <u>Theorem-Beweisen</u> geht es um die Gewinnung logischer Folgerungen aus gegebenen Aussagen. Auf formaler Ebene geschieht dies durch Anwendung von Inferenzregeln, wobei sich das Interesse insbesondere auf widerspruchsfreie und vollständige Systeme konzentriert.

Inferenzregel	gegebene Menge von Formeln	abgeleitete Formel
modus ponens	α $\alpha \rightarrow \beta$	β
modus tollens	$\sim\alpha$ $\beta \rightarrow \alpha$	$\sim\beta$
reductio ad absurdum	$\alpha \rightarrow \beta$ $\alpha \rightarrow \sim\beta$	$\sim\alpha$
Spezialisierung	$\forall x(\alpha(x))$	$\alpha(A)$

Bild 2.3 Verschiedene Inferenzregeln

2.2 Umformung in Klausel-Form

In den Abschnitten 2.4. und 2.5. wird eine Methode zum Theorem-Beweisen vorgestellt, welche die Eigenschaften der Vollständigkeit und Widerspruchsfreiheit besitzt. Die Anwendung dieser Methode setzt voraus, dass die Menge der gegebenen Formeln, aus denen Schlussfolgerungen abgeleitet werden, in einer Standardform, der sog. Klausel-Form vorliegt. Im Kap. 2.2. soll ein Verfahren vorgestellt werden, mit welchem eine beliebige Menge M von Sätzen, also Formeln ohne freie Variablen, in diese Standardform transformiert werden kann. Die so erhaltene Menge M' von Formeln zeichnet sich dadurch aus, dass jede Formel, welche logisch aus M folgt, auch aus M' folgt u.u.

Eine Menge $M = \{\alpha_1, \ldots \alpha_n\}$ von Formeln ist in <u>Klausel-Form</u>, wenn jedes α_i in Klausel-Form ist. Eine Formel α in Klausel-Form ist von der Gestalt
$$A_1 \vee A_2 \vee \ldots \vee A_n \,, \quad n > 1$$
wobei A_i ein Literal ist, also ein Prädikatensymbol oder dessen Verneinung mit beliebigen Argumenten. Eine Formel in Klausel-Form heisst auch <u>Klausel</u>.

Der <u>1. Schritt</u> bei der Umformung einer Formel in Klausel-Form besteht in der <u>Auflösung von Äquivalenzen</u>, indem man jede Formel $\alpha \leftrightarrow \beta$ ersetzt durch die beiden Formeln $\alpha \rightarrow \beta$ und $\beta \rightarrow \alpha$.

Im **2. Schritt** erfolgt ein <u>Ersetzen von Implikationen</u> der Form $\alpha \rightarrow \beta$ durch $\sim\alpha \vee \beta$. Die Anwendung dieses Schritts auf (2a) in (2.1.1) liefert z.B. $\forall x\ (\sim IN(x,AUFNAHME1) \vee WÜRFEL(x))$.

Man kann sich bei den Schritten 1 und 2 sowie bei den folgenden Schritten 3 und 7 anhand einer Wahrheitstafel wie in Bild 2.2 leicht überzeugen, dass die nach der Umformung vorliegenden Formeln zu den ursprünglichen äquivalent sind.

Schritt 3 dient der <u>Kontraktion des Wirkungsbereiches von Negationen auf atomare Formeln.</u> Hierzu wendet man die in Bild 2.4 gezeigten de Morgan'schen Gesetze sowie die Regeln für die Quantoren und die Negation an, gegebenenfalls mehrfach. So ergibt sich z.B. aus der Formel
$$\sim \forall x((A(x) \wedge B(x)) \vee \exists y(C(x,y)))$$
über die Zwischenschritte
$$\exists x(\sim((A(x) \wedge B(x)) \vee \exists y(C(x,y))))$$
$$\exists x(\sim(A(x) \wedge B(x)) \wedge \sim \exists y(C(x,y)))$$
schliesslich
$$\exists x((\sim A(x) \vee \sim B(x)\ ) \wedge \forall y(\sim C(x,y))).$$

In **Schritt 4** wird eine <u>Umbenennung von Variablen</u> vorgenommen, so dass sich jeder Quantor auf eine verschiedene Variable bezieht. Auf diese Weise erhält man z.B. für
$$\forall x(P(x)) \wedge \forall x(Q(x,x))$$
die Formel
$$\forall x(P(x)) \wedge \forall y(Q(y,y)).$$
Dieser Schritt dient der Vorbereitung von Schritt 5 und gewährleistet, dass bei späteren Anwendungen der Inferenzregel keine "Verwechslungen" von Variablen auftreten können.

Der **5. Schritt** besteht aus einer <u>Elimination der Existenzquantoren</u> unter Verwendung von <u>Skolemfunktionen.</u> Die Regel hierfür lautet, dass jede Variable

```
de Morgan'sche Gesetze
~(α ∧ β) ist äquivalent zu ~α ∨ ~β
~(α ∨ β)    "         "      "   ~α ∧ ~β
Umformungsregeln für Quantoren
~ ∃x(P(x)) ist äquivalent zu ∀x(~P(x))
~ ∀x(P(x))    "         "      " ∃x(~P(x))
Doppelte Negation
~(~α) bzw. ~~α ist äquivalent zu α
Distributivgesetz
α ∨ (β ∧ γ) ist äquivalent (α ∨ β) ∧ (α ∨ γ)
```

Bild 2.4 Regeln für die Umformung in Klausel-Form

y im Wirkungsbereich eines Existenzquantors ersetzt wird durch die Skolemfunktion $f(x_1,....x_n)$. Hierbei ist f ein noch nicht verwendetes Funktionssymbol und $x_1,...,x_n$ sind alle diejenigen universell quantifizierten Variablen, deren Quantor einen Wirkungsbereich besitzt, welcher den Wirkungsbereich des betrachteten Existenzquantors einschliesst. Wendet man z.B. die Schritte 1-5 auf die Formel (1) in (2.1.1) an, so erhält man als Ergebnis
$\forall x(\sim BILD(x) \lor IN(f(x),x))$.

Existentiell quantifizierte Variablen, welche nicht im Wirkungsbereich eines Allquantors liegen, sind jeweils durch ein noch nicht verwendetes Konstantensymbol zu ersetzen. Dies führt z.B. von
$\exists x(P(x) \land \exists y(\forall z(Q(y,z))))$ zu
$(P(A) \land (\forall z(Q(B,z))))$.

Aus anschaulicher Sicht bedeutet das Streichen des Existenzquantors und das Ersetzen der quantifizierten Variablen durch eine Konstante die explizite Angabe eines Objekts, dessen Existenz durch die Formel zum Ausdruck gebracht wird. Befindet sich die zu ersetzende existentiell quantifizierte Variable y im Einflussbereich von Allquantoren mit Variablen $x_1,...,x_n$, so kann das konkrete Objekt, an welches die Variablen y zur Erfüllung der Formel gebunden wird, abhängig sein von den Objekten, an welche $x_1,...,x_n$ gebunden werden. Deshalb wird y nicht durch eine Konstante, sondern durch die Funktion $f(x_1,...,x_n)$ ersetzt.

Es sei hier nochmals darauf hingewiesen, dass im Hinblick auf die in Kap. 2.4. und 2.5. erläuterte Methode zum Theorem-Beweisen Schritt 5 die wesentliche Eigenschaft einer Menge M von Formeln erhält. Ist nämlich M' die aus M gewonnene Menge von Formeln, so ist die Menge der Formeln, die aus M folgen, identisch mit der Menge der Formeln, die aus M' folgen. Insbesondere gilt für die Verwendung von Skolemfunktionen, dass eine Formel vor Anwendung von Schritt 5 dann und nur dann ein Modell besitzt, wenn sie nach Anwendung von Schritt 5 ein Modell besitzt.

In <u>Schritt 6</u> werden sämtliche <u>Allquantoren an den Anfang der Formel</u> geschoben. Man beachte, dass nach Schritt 5 die einzigen in der Formel verbleibenden Quantoren Allquantoren sind. Da aufgrund von Schritt 4 jeder Quantor seine eigene Variable besitzt, können die Quantoren in der angegebenen Weise manipuliert werden, ohne dass sich der Wahrheitswert der Formel unter einer beliebigen Interpretation ändert. Man erhält so z.B. aus der Formel

$\forall x(P(x) \land \forall y(Q(x,y))) \lor \forall z(R(z))$ die Formel
$\forall x(\forall y(\forall z((P(x) \land Q(x,y)) \lor R(z))))$.

In <u>Schritt 7</u> erfolgt eine <u>Umformung in konjunktive Normalform</u>. Das Ziel ist hierbei, in einer Formel
$\forall x_1(\forall x_2(\ldots\forall x_n(\alpha)\ldots)$
den Teil α in die Form
$(\alpha_1 \lor\ldots\lor \alpha_i) \land (\alpha_{i+1} \lor\ldots\lor \alpha_k) \land\ldots\land (\alpha_l \lor\ldots\lor \alpha_m)$
zu bringen, wobei die α_j Literale sind. Für die nötigen Umformungen kann das Distributivgesetz von Bild 2.4 angewendet werden. Man erhält so z.B. aus
$\forall x(\forall y(A(x) \lor (B(x) \land (C(y) \lor D(y)))))$ die konjunktive Normalform
$\forall x(\forall y((A(x) \lor B(x)) \land (A(x) \lor C(y) \lor D(y))))$.

<u>Schritt 8</u> besteht aus der <u>Elimination sämtlicher Allquantoren</u>. Dieser Schritt bedeutet keine "wirkliche" Umformung, da anschliessend für jede Klausel implizit angenommen wird, dass alle auftretenden Variablen universell quantifiziert sind. Generell wird vorausgesetzt, dass ursprünglich ein Satz, also eine Formel ohne freie Variablen vorliegt.

In <u>Schritt 9</u> erfolgt die <u>Elimination aller Konjunktionen</u>. Eine nach Schritt 8 vorliegende Formel ist in konjunktiver Normalform $\alpha_1 \land \ldots \land \alpha_n$, wobei die α_i Disjunktionen von der Gestalt $\alpha_{i1} \lor\ldots\lor \alpha_{im}$ mit Literalen α_{ij} sind. Jede Formel $\alpha_1 \land\ldots\land \alpha_n$ wird nun dargestellt als Menge $\{\alpha_1,\ldots,\alpha_n\}$. Sind mehrere Formeln in konjunktiver Normalform gegeben, z.B. $\alpha_1 \land\ldots\land\alpha_n$ sowie $\beta_1 \land\ldots\land \beta_k$, so wird jede zunächst separat behandelt und anschliessend die Vereinigung gebildet, was für das vorliegende Beispiel $\{\alpha_1,\ldots,\alpha_n,\beta_1,\ldots,\beta_k\}$ ergibt. Für das Beispiel zu Schritt 7 erhält man nach Durchführung der Schritte 8 und 9 die Menge $\{A(x) \lor B(x), A(x) \lor C(y) \lor D(y)\}$ von Klauseln.

Schliesslich erfolgt in <u>Schritt 10</u> eine <u>Variablenumbenennung</u>, so dass keine Variable in mehr als einer Klausel auftritt. Dieser Schritt ist wichtig hinsichtlich der in Kap. 2.5. beschriebenen Inferenz-Methode. Für das Beispiel zu Schritt 9 erhält man
$\{A(x) \lor B(x), A(z) \lor C(y) \lor D(y)\}$.

Nach Durchführung von Schritt 10 ist die gewünschte Klausel-Form erreicht. Es sei hier nochmals daran erinnert, dass jede Variable in einer Klausel als universell quantifizierte Variable zu verstehen ist. Klauseln ohne Variablen heissen <u>Grundklauseln</u>.

Als abschliessendes Beispiel soll die Anwendung der Schritte 1-10 auf die Formeln in (2.1.1) gezeigt werden. Da keine Äquivalenzen auftreten, braucht Schritt 1 nicht angewendet zu werden. Schritt 2 liefert

(1) $\forall x(\sim\text{BILD}(x) \lor \exists y(\text{IN}(y,x)))$

(2) BILD (AUFNAHME1)

(2a) $\forall x(\sim\text{IN}(x,\text{AUFNAHME1}) \lor \text{WÜRFEL}(x))$

(3) $\exists x(\text{WÜRFEL}(x) \land \text{IN}(x,\text{AUFNAHME1}))$

Die Schritte 3 und 4 brauchen ebenfalls nicht angewendet zu werden. Die Anwendung von Schritt 5 auf (1) und (3) ergibt

(1) $\forall x(\sim\text{BILD}(x) \lor \text{IN}(f(x),x)))$

(3) WÜRFEL(A) $\land$ IN(A,AUFNAHME1)

Die Schritte 6 und 7 brauchen wiederum nicht angewendet zu werden. Nach den Schritten 8,9 und 10 erhält man schliesslich als Endergebnis die folgende Menge von Klauseln

(1) $\sim\text{BILD}(x) \lor \text{IN}(f(x),x)$

(2) BILD(AUFNAHME1)

(2a) $\sim\text{IN}(y,\text{AUFNAHME1}) \lor \text{WÜRFEL}(y)$ (2.2.1)

(3) WÜRFEL(A)

(3a) IN(A,AUFNAHME1).

2.3 Substitution und Unifikation

Universell quantifizierte Variablen, d.h. beliebige Variablen in einer Formel, die durch eine Umformung nach Kap. 2.2. gewonnen wurde, können als Platzhalter aufgefasst werden für konkrete Objekte eines Problemkreises unter einer Interpretation. Für die im Kap. 2.4. und 2.5. beschriebene Inferenz-Methode ist es nötig, zwei Literale aus verschiedenen Formeln miteinander zu indentifizieren, wobei jeweils eine Variable aus dem einen Literal durch einen Term aus dem anderen Literal ersetzt werden darf, um die Identität herzustellen. Diesen Ersetzungsprozess nennt man Unifikation. Beispielsweise kann man das Literal WÜRFEL(y) in (2a) von (2.2.1) durch Ersetzung der universell quantifizierten Variablen y durch die Konstante A in WÜRFEL(A) in (3) in (2.2.1) überführen.

Zur genaüeren Beschreibung der Unifikation wird der Begriff der Substitution benötigt. Seien $v_1,\ldots,v_n$ Variablen und $t_1,\ldots,t_n$ Terme. Eine <u>Substitu-</u>

<u>tion</u> ist eine Menge $S = \{t_1/v_1, \ldots, t_n/v_n\}$. Das Paar t_i/v_i bedeutet, dass der Term t_i für die Variable v_i in ein Literal eingesetzt wird, wobei angenommen wird, dass alle v_i in S verschieden sind und dass v_i nicht in t_i auftritt, i= 1,...,n. Ausgehend von einer atomaren Formel oder einem Term mit Variablen $v_1, \ldots, v_n$ und einer Substitution S erhält man durch Anwendung von S eine <u>In-stanz</u> von α, bezeichnet als $\{\alpha\}S$. Hierbei ist zu beachten, dass für jedes Auf-treten einer Variablen v_i immer der gleiche Term t_i substituiert werden muss. Somit erhält man z.B. aus dem Literal WÜRFEL(y) mithilfe der Substitution S = $\{A/y\}$ das Literal WÜRFEL(A), d.h. $\{WÜRFEL(y)\}S=\{WÜRFEL(A)\}$. Weitere Beispiele sind

$S_1=\{y/x,y/z\}$, $S_2=\{f(y)/x,A/z\}$,

$\alpha=P(x,f(z),A)$, $\beta=Q(x,y,x)$,

$\{\alpha\}S_1=\{P(y,f(y),A)\}$, $\{\alpha\}S_2=\{P(f(y),f(A),A)\}$,

$\{\beta\}S_1=\{Q(y,y,y)\}$, $\{\beta\}S_2=\{Q(f(y),y,f(y))\}$.

Eine Substitution S kann nicht nur auf ein einziges Literal oder einen Term angewendet werden, sondern auf eine beliebige Menge $M =\{\alpha_1, \ldots, \alpha_n\}$, wobei sich als Ergebnis die Menge MS ergibt. Sind $S_1=\{p_1/u_1, \ldots, p_n/u_n\}$ und $S_2=\{q_1/v_1, \ldots, q_m/v_m\}$ zwei Substitutionen, dann erhält man durch ihre <u>Komposi-tion</u> eine neue Substitution $S=S_1S_2$, welche gegeben ist durch $S=S_1' \cup S_2'$. Hier-bei enthält S_2' genau die Elemente q_i/v_i aus S_2, für welche die Variable v_i nicht unter den Variablen $u_1, \ldots, u_n$ von S_1 auftritt, i=1,...m. S_1' besteht aus Elementen r_j/u_j, wobei r_j aus p_j durch Anwendung der Substitution S_2 gewonnen wird. Für eine beliebige Menge M von Literalen oder Termen gilt $(MS_1)S_2=M(S_1S_2)$, d.h. das Ergebnis der Anwendung der Substitution S_1S_2 auf M ist identisch mit der Hintereinanderausführung von S_1 und S_2. Ferner kann man für beliebige Sub-stitutionen S_1,S_2 und S_3 zeigen, dass stets $(S_1S_2)S_3 = S_1(S_2S_3)$ gilt.

Als Beispiel betrachte man

$S_1 = \{f(u,v)/x\}$, $S_2 = \{A/u,g(w)/v,B/z\}$, $M = \{P(x,z)\}$,

$(MS_1)S_2 = \{P(f(u,v),z)\}S_2 = \{P(f(A,g(w)),B)\}$

$S_1S_2 = \{f(A,g(w))/x,A/u,g(w)/v,B/z\}$, $M(S_1S_2) = \{P(f(A,g(w)),B)\}$.

Wendet man eine Substitution S auf eine Menge $M = \{\alpha_1, \ldots, \alpha_n\}$ mit minde-stens zwei Elementen an und ist das Ergebnis MS einelementig, d.h. gilt $\{\alpha_1\}S=\{\alpha_2\}S=\ldots=\{\alpha_n\}S$, so heisst S ein <u>Unifikator</u> von M. Den Prozess der An-wendung eines Unifikators wird als <u>Unifikation</u> bezeichnet. Existiert für eine Menge M ein Unifikator, so heisst M <u>unifizierbar</u>. Z.B. ist $S=\{x/y,x/z\}$ ein Unifikator für die Menge $M=\{P(x,x),P(y,z)\}$ mit $MS=\{P(x,x)\}$.

Oft existieren mehrere Unifikatoren einer Menge M. Beispielsweise besitzt die Menge $M=\{P(x,x),P(y,z)\}$ neben $S=\{x/y,x/z\}$ auch den Unifikator $S'=\{A/x,A/y,A/z\}$. Unter allen Unifikatoren einer Menge von Literalen oder Termen existiert ein spezieller Unifikator, der sog. allgemeinste Unifikator S, der sich durch die Eigenschaft auszeichnet, dass für jeden beliebigen anderen Unifikator S' von M ein weiterer Unifikator S" existiert mit $\{\alpha_1,\ldots,\alpha_n\}S'=\{\alpha_1,\ldots,\alpha_n\}SS"$. Anschaulich interpretiert heisst dies, dass sich jeder Unifikator S' von M darstellen lässt als Hintereinanderschaltung, bei welcher zunächst der allgemeinste Unifikator S und dann ein weiterer Unifikator S" zur Anwendung kommt. Z.B. ist $\{x/y,x/z\}$ der allgemeinste Unifikator von $\{P(x,x),P(y,z)\}$. Man kann zeigen, dass das Ergebnis der Anwendung des allgemeinsten Unifikators auf eine Menge von Literalen oder Termen eindeutig bestimmt ist bis auf Umbenennung von Variablen. Natürlich ist nicht jede Menge von Termen oder Literalen unifizierbar; insbesondere existiert dann kein allgemeinster Unifikator.

Im Bild 2.5 ist ein Algorithmus zur Bestimmung des allgemeinsten Unifikators einer aus zwei Elementen bestehenden Menge von Literalen oder Termen angegeben. Die Beschränkung auf zwei Elemente ist insbesondere in Hinblick auf die Anwendung in Kap. 2.4. hinreichend. Eine atomare Formel $P(x_1,\ldots,x_n)$ sowie eine Funktion $f(y_1,\ldots,y_m)$ werden hierbei durch Listen $(P,x_1,\ldots,x_n)$ bzw. $(f,y_1,\ldots,y_m)$ dargestellt. Im angegebenen Algorithmus bezeichnet Länge(L) die Länge, I(L) das i-te Element sowie Rest(L) den Rest einer Liste L. Die Funktion APPEND(E,L) fügt das Element E an das Ende der Liste L an. NIL steht für die leere Liste.

Durch Anwendung des Algorithmus auf die Literale $L_1=P(y,z)$ und $L_2=P(x,x)$ erhält man $S=S_1S_2$, wobei $S_1=\{x/y\},S_2=\{x/z\}$, als allgemeinsten Unifikator mit $\{L_1\}S = \{L_2\}S =\{P(x,x)\}$. Für $L_1=Q(C,g(x,y),f(y))$ und $L_2=Q(y,g(x,y),f(x))$ ergibt sich z.B. als allgemeinster Unifikator S_1S_2, wobei $S_1=\{C/y\},S_2=\{C/x\}$ mit $\{L_1\}S=\{L_2\}S=\{Q(C,g(C,C),f(C))\}$. Die beiden Literale $L_1=R(g(x,y),z)$ und $L_2=R(x,A)$ sind nicht unifizierbar, da x in $g(x,y)$ auftritt.

2.4 Resolutionsregel

Der Grundgedanke beim Theorem-Beweisen ist die Gewinnung von logischen

```
FUNCTION UNIFY (L₁,L₂)
EINGABE : L₁ und L₂ in Listenform
RÜCKGABE : FAIL, falls L₁ und L₂ nicht unifizierbar sind; andernfalls
           enthält SUBST eine Liste von Elementen tᵢ/vᵢ, deren Komposition
           den allgemeinsten Unifikator ergibt.
IF L₁ oder L₂ ist einelementig THEN
   BEGIN  IF L₁ = L₂ THEN RETURN NIL;
          IF L₁ ist Variable THEN
                 IF L₁ tritt in L₂ auf THEN RETURN FAIL
          IF L₂ ist Variable THEN
                 IF L₂ tritt in L₁ auf THEN RETURN FAIL
                                      ELSE RETURN (L₁/L₂);
          RETURN FAIL;
   END;
IF NOT(Länge(L₁) = Länge(L₂)) THEN RETURN FAIL;
SUBST = NIL;
FOR I = 1 TO Länge(L₁) DO
   BEGIN  S:= UNIFY (I(L₁), I(L₂));
          IF S = FAIL THEN RETURN FAIL;
          IF NOT(S=NIL) THEN
              BEGIN   wende S auf Rest(L₁) und Rest(L₂) an;
                      SUBST := APPEND (S,SUBST);
              END
   END
END UNIFY
```

Bild 2.5 Algorithmus zur Unifikation

Schlussfolgerungen aus gegebenen Tatsachen. Auf formaler Ebene bedeutet dies die Ableitung neuer Formeln aus gegebenen Formeln mittels Inferenz-Regeln. Es wird im folgenden stets von Formeln in Klausel-Form (vgl. Kap. 2.2.) ausgegangen. Die <u>Resolutionsregel</u> besagt, dass aus einer Klausel der Form α v β und einer zweiten Klausel $\sim\beta$ v γ die Klausel α v γ abgeleitet werden kann. Man nennt die Klauseln α v β und $\sim\beta$ v γ die <u>Vorgänger</u> und α v γ den <u>Nachfolger</u> oder die <u>Resolvente</u> bei der Anwendung des Inferenz-Schrittes.

Zunächst sollen ausschliesslich Grundklauseln betrachtet werden. Verschiedene Varianten der Resolutionsregel sind im Bild 2.6 gezeigt. Die Form 1 der Resolutionsregel lässt sich so interpretieren, dass man nach zwei Klauseln sucht, wobei eine Klausel eine unnegierte atomare Formel β und die andere Klausel deren Negation $\sim\beta$ enthält. Aus diesen beiden Klauseln lässt sich die Nachfolger-Klausel erhalten, indem β gegen $\sim\beta$ "gekürzt" und die Disjunktion der restlichen Literale α und γ gebildet wird. Aufgrund der Kommutativität der Oder-Verknüpfung ist die Reihenfolge der atomaren Formeln in einer Klausel beliebig. Variante 2 entspricht der allgemeinen Form der Resolutionsregel. Entscheidend ist hier das unnegierte Auftreten einer atomaren Formel in der einen Vorgänger-Klausel und das negierte Auftreten im anderen Vorgänger. Existieren verschiedene atomare Formeln mit dieser Eigenschaft, so gibt es für zwei feste

Vorgänger-Klauseln mehrere mögliche Resolventen; vgl. hierzu auch Variante 5 in Bild 2.6. Variante 3 ist mit Fall 2 für n=m=1 identisch. In Fall 4 erfolgt eine Vereinfachung der Nachfolger-Klausel von $\beta \lor \beta$ zu β. Bei Variante 5 sind sowohl $\alpha \lor {\sim}\alpha$ als auch $\beta \lor {\sim}\beta$ mögliche Resolventen. Schliesslich bezeichnet NIL in Fall 6 die <u>leere Klausel</u>, für welche sich unter jeder Interpretation der Wahrheitswert <u>false</u> ergibt.

Zum Beispiel kann man aus den beiden Vorgänger-Klauseln IN(A,AUFNAHME1) und WÜRFEL(A) $\lor$ ~IN(A,AUFNAHME1) durch Anwendung der Resolutionsregel (Variante 3 von Bild 2.6) die Nachfolger-Klausel WÜRFEL(A) gewinnen. Aus den beiden Vorgänger-Klauseln ~IN(A,AUFNAHME1) $\lor$ BILD(AUFNAHME1) $\lor$ ~WÜRFEL(A) und WÜRFEL(A) $\lor$ IN(A,AUFNAHME1) lässt sich sowohl BILD(AUFNAHME1) $\lor$ ~WÜRFEL(A) $\lor$ WÜRFEL(A) als auch ~IN(A,AUFNAHME1) $\lor$ BILD(AUFNAHME1) $\lor$ IN(A, AUFNAHME1) ableiten (Variante 2 von Bild 2.6).

Als nächstes wird die Anwendung der Resolutionsregel auf Klauseln mit Variablen betrachtet. Es sei hier daran erinnert, dass jede in einer Klausel auftretende Variable universell quantifiziert ist. D.h., dass eine Klausel, welche den Wahrheitswert <u>true</u> unter einer Interpretation besitzt, für jede beliebige Zuordnung eines Objekts aus dem Problemkreis an eine Variable den Wahrheitswert <u>true</u> besitzt. Diese Tatsache erlaubt es, die Anwendung der Resolutionsregel auf Klauseln mit Variablen auszudehnen. Es wird im folgenden generell angenommen, dass für eine gegebene Menge von Klauseln die gleiche Variable nie in zwei verschiedenen Klauseln auftritt.

Seien $\alpha = \alpha_1 \lor \alpha_2 \lor ... \lor \alpha_n$ und $\beta = \beta_1 \lor \beta_2 \lor ... \lor \beta_m$ zwei Klauseln mit beliebigen Literalen $\alpha_1,...,\alpha_n,\beta_1,...,\beta_m$. Enthält α_i Variablen als Argumente und weicht β_j nur im Negationszeichen und eventuell in seinen Argumenten von α_i ab und sind ferner $\{\alpha_i\}$ und $\{\beta_j\}$ unifizierbar mit dem Unifikator S, so lässt sich aus den Vorgänger-Klauseln α und β die Resolvente $\{\alpha_1 \lor ... \lor \alpha_{i-1} \lor \alpha_{i+1} \lor$

<table>
<tr><td>1) $\alpha \lor \beta$
    ${\sim}\beta \lor \gamma$
────
    $\alpha \lor \gamma$</td><td>2) $\alpha_1 \lor \alpha_2 \lor ... \lor \alpha_n$
   $\beta_1 \lor \beta_2 \lor ... \lor \beta_m \lor {\sim}\alpha_1$
────
   $\alpha_2 \lor ... \lor \alpha_n \lor \beta_1 \lor ... \lor \beta_m$</td><td>3) α
   ${\sim}\alpha \lor \beta$
────
   β</td></tr>
<tr><td>4) $\alpha \lor \beta$
    ${\sim}\alpha \lor \beta$
────
    β</td><td>5) $\alpha \lor \beta$
   ${\sim}\alpha \lor {\sim}\beta$
────
   $\beta \lor {\sim}\beta$ und $\alpha \lor {\sim}\alpha$</td><td>6) α
   ${\sim}\alpha$
────
   NIL</td></tr>
</table>

Bild 2.6 Verschiedene Varianten der Resolutionsregel

...v α_n v β_1 v...v β_{j-1} v β_{j+1} v...v β_m}S ableiten. Aus anschaulicher Sicht bedeutet dies eine Verallgemeinerung der Resolutionsregel für Grundklauseln derart, dass zwei komplementäre Literale nicht mehr notwendig in allen Argumenten übereinstimmen müssen. Vielmehr kann die Resolutionsregel auch dann angewendet werden, wenn diese Uebereinstimmung erst durch eine geeignete Substitution herbeigeführt wird. Wie bereits im Falle der Grundklauseln diskutiert wurde, existieren auch bei Klauseln mit Variablen für zwei Vorgänger möglicherweise verschiedene Resolventen.

Als Beispiel sei auf (2.2.1) verwiesen. Aus (1) und (2) lässt sich unter Verwendung des Unifikators S_1={AUFNAHME1/x} die Resolvente IN(f(AUFNAHME1), AUFNAHME1) gewinnen. Aehnlich erhält man aus (1) und (2a) mit S_2={f(x)/y, AUFNAHME1/x} die Resolvente ~BILD(AUFNAHME1) v WÜRFEL(f(AUFNAHME1)). Aus (2a) und (3a) ergibt sich mit S_3={A/y} der Nachfolger WÜRFEL(A). Dies sind alle Resolutionsschritte, welche auf die Klauseln von (2.2.1) anwendbar sind.

2.5 Beweisen von Theoremen durch Resolution

In Kapitel 2.4. wurde gezeigt, wie durch Anwendung der Resolutionsregel aus zwei vorhandenen Klauseln eine neue Klausel abgeleitet werden kann. Um allgemein zu prüfen, ob eine beliebige Formel β aus einer Menge M = {α_1,...,α_n} von Formeln logisch folgt, wird wie folgt vorgegangen:
1) Hinzunahme der Negation ~β zur Menge M. Man erhält so eine Menge M' von Formeln.
2) Umformung von M' in Klausel-Form gemäss Kap. 2.2.
3) Anwendung der Resolutionsregel solange bis die leere Klausel NIL abgeleitet wurde. (Variante 6 in Bild 2.6) oder kein noch nicht verwendetes Paar von Klauseln existiert, auf welche die Resolutionsregel anwendbar ist.
4) Wurde NIL abgeleitet, so bedeutet dies, dass β logisch aus M folgt; andernfalls folgt β nicht aus M.

Die in Schritt 3 durch Anwendung der Resolutionsregel neu generierten Klauseln können in späteren Resolutionsschritten als Vorgänger verwendet werden. Man nennt die Menge M der ursprünglich gegebenen Formeln auch die Menge der Axiome und β das zu beweisende Theorem.

Das Vorgehen soll anhand der Formeln in (2.1.1) verdeutlicht werden. Gegeben seien (1), (2) und (2a) als Axiome und (3) als zu beweisendes Theorem. Die Negation von (3) liefert

(3') $\forall x(\sim(\text{WÜRFEL}(x) \wedge \text{IN}(x,\text{AUFNAHME1})))$.

Durch Umformung in Klausel-Form ergibt sich (vgl. (2.2.1))

(1) $\sim\text{BILD}(x) \vee \text{IN}(f(x),x)$

(2) $\text{BILD}(\text{AUFNAHME1})$ $\hspace{3cm}$ (2.5.1)

(2a) $\sim\text{IN}(y,\text{AUFNAHME1}) \vee \text{WÜRFEL}(y)$

(3') $\sim\text{WÜRFEL}(z) \vee \sim\text{IN}(z,\text{AUFNAHME1})$

Mit $S_1=\{\text{AUFNAHME1}/x\}$ erhält man durch Anwendung der Resolutionsregel aus (1) und (2) die Klausel

(4) $\text{IN}(f(\text{AUFNAHME1}),\text{AUFNAHME1})$.

Mit $S_2=\{f(\text{AUFNAHME1})/y\}$ ergibt sich aus (2a) und (4) die Klausel

(5) $\text{WÜRFEL}(f(\text{AUFNAHME1}))$.

Man gewinnt mit $S_3=\{f(\text{AUFNAHME1})/z\}$ aus (3') und (5)

(6) $\sim\text{IN}(f(\text{AUFNAHME1}),\text{AUFNAHME1})$.

Schliesslich erhält man aus (4) und (6) die leere Klausel NIL, womit gezeigt ist, dass in (2.1.1) die Formel (3) aus den Formeln (1), (2) und (2a) logisch folgt.

Das hier vorgestellte Beweisverfahren besitzt die Eigenschaften der <u>Widerspruchsfreiheit</u> und <u>Vollständigkeit</u>. Eine Inferenzregel R ist widerspruchsfrei, wenn jede Formel β, welche sich mittels R aus einer Menge M ableiten lässt, auch logisch aus M folgt. Man kann zeigen, dass die Resolutionsregel widerspruchsfrei ist. Eine Methode ist vollständig, wenn sich jede Formel β, welche logisch aus M folgt, auch tatsächlich aus M ableiten lässt. Die hier vorgestellte Methode, die sog. Refutationsmethode, die auf der Negation des zu beweisenden Theorems und der Ableitung der leeren Klausel beruht, ist vollständig. Der Beweis dieser Eigenschaft beruht auf der Tatsache, dass die Erweiterung der Menge M von Axionen um die Negation des zu beweisenden Theorems β zu einer unerfüllbaren Menge von Klauseln führt, falls β logisch aus M folgt, und dass ferner eine Menge von Klauseln unerfüllbar ist, genau dann wenn aus ihr die leere Klausel NIL, welche unter jeder Interpretation den Wahrheitswert <u>false</u> annimmt, mittels der Resolutionsregel ableitbar ist.

Die hier dargestellte Methode hat aus praktischer Sicht grosse Bedeutung beim automatischen Theorem-Beweisen erlangt. Hierfür gibt es zwei wesentliche Gründe. Erstens ist die Resolutionsregel für die Implementation auf einer Rechenanlage generell gut geeignet und zweitens ist von Vorteil, dass das

Inferenz-System mit nur einer Regel auskommt.

Ein Problem beim automatischen Theorem-Beweisen ist die partielle Entscheidbarkeit des Prädikatenkalküls 1. Ordnung. Die Vollständigkeit eines Systems von Inferenz-Regeln garantiert, dass nach endlich vielen Schritten immer ein Beweis für ein Theorem gefunden werden kann, falls dieses aus den Axiomen folgt. Anderseits ist die Terminierung des Ableitungsprozesses nicht gesichert, falls als "Theorem" eine Formel β vorgegeben wird, die nicht aus den Axiomen folgt. Es sind hier zwei Fälle möglich. Im ersten Fall, dem "harmlosen" von beiden, terminiert das Verfahren und es wird festgestellt, dass β nicht aus den Axiomen folgt. Im zweiten Fall jedoch - und dieser Fall lässt sich grundsätzlich nicht ausschliessen - gerät das Beweisverfahren in eine Endlosschleife. Für die hier betrachtete Methode auf der Basis der Resolutionsregel bedeutet dies, dass ständig neue Klauseln generiert werden, ohne dass das Terminierungskriterium jemals erfüllt wird. Diese unangenehme Eigenschaft ist jedoch keine spezielle Schwäche der Resolutionsregel, sondern gilt notwendigerweise für jedes vollständige und widerspruchsfreie System von Inferenzregeln im Prädikatenkalkül 1. Ordnung.

Die Eigenschaft, dass ein Resolutionsbeweis für ein Theorem β, welches aus einer Menge von Axiomen folgt, durch Ableitung von NIL sicher terminiert, sagt noch nichts darüber aus, wieviele Schritte bis zur Terminierung nötig sind und auf welche Klauseln bzw. in welcher Reihenfolge die Resolutionsregel anzuwenden ist. Die Effizienz eines Systems zum automatischen Beweisen von Theoremen hängt jedoch in hohem Mass von einer geschickten Strategie zur Auswahl der Klauseln bei der Resolution ab. Eine systematische Methode, welche die Ableitung von NIL gewährleistet, falls das zu beweisende Theorem aus den Axiomen folgt, ist das sogenannte stufenweise Vorgehen. Sei die Menge M_1 von Klauseln gegeben durch die Menge M der Axiome, erweitert um die Negation des zu beweisenden Theorems β, d.h. $M_1 = M \cup \{\sim\beta\}$. Man untersucht beim stufenweisen Vorgehen zunächst alle Paare von Klauseln in M_1 und wendet die Resolutionsregel immer an, falls möglich. Sei M_2 die Menge der so erhaltenen Klauseln, einschliesslich aller ursprünglich schon in M_1 enthaltenen Klauseln. Liegt allgemein die Menge M_i von Klauseln vor, so ergibt sich M_{i+1}, indem die Anwendung der Resolutionsregel systematisch auf alle Paare von M_i versucht wird. (Um die Duplizierung schon früher generierter Klauseln zu vermeiden, kann man sich auf solche Paare in M_i beschränken, die mindestens eine Klausel enthalten, welche beim Uebergang von M_{i-1} zu M_i neu generiert wurde, $i>2$.) Folgt das zu beweisende Theorem β aus den Axiomen, so ist die Existenz einer Menge M_j gesichert, die NIL enthält.

Beim stufenweisen Vorgehen werden systematisch alle aus einer Menge M ableitbaren Klauseln generiert. Diese Methode ist i.a. uneffektiv, da zum Ableiten von NIL meistens bereits eine Untermenge dieser Klauseln ausreicht. Durch die Verwendung einer _Unterstützungsmenge_ ergibt sich ein effizienteres Verfahren, wobei immer noch die Vollständigkeit der Inferenz-Methode gesichert ist, d.h. dass nach endlich vielen Schritten NIL generiert werden kann, falls das zu beweisende Theorem aus den Axiomen folgt. Unter der Strategie der Unterstützungsmenge werden nur solche Resolutionsschritte ausgeführt, bei denen mindestens eine Vorgängerklausel entweder direkt mit der Negation des zu beweisenden Theorems korrespondiert oder aus einer solchen Klausel abgeleitet wurde. Aus anschaulicher Sicht lässt sich diese Strategie so interpretieren, dass zur Ableitung des gewünschten Widerspruchs, d.h. der leeren Klausel NIL, in jedem Schritt direkt oder indirekt die Negation des zu beweisenden Theorems verwendet wird. Zur Gewinnung eines konkreten Algorithmus kann man z.B. die Strategie der Unterstützungsmenge mit dem stufenweisen Vorgehen kombinieren.

Bei anderen Ableitungsstrategien wird die Resolutionsregel generell auf solche Paare beschränkt, bei denen wenigstens eine Klausel aus der ursprünglichen Menge stammt oder bei denen eine Klausel aus nur einem Literal besteht. Im zweiten Fall resultiert eine systematische Verkürzung der Klauseln, d.h. eine Reduktion der Anzahl der enthaltenen Literale. Diese Eigenschaft ist erwünscht, da für die Ableitung von NIL zwei Klauseln mit jeweils nur einem Literal nötig sind. Im Gegensatz zum stufenweisen Vorgehen oder der Verwendung einer Unterstützungsmenge ist bei starrem Festhalten an den beiden letztgenannten Strategien nicht gesichert, dass NIL ableitbar ist, wenn das zu beweisende Theorem logisch aus den Axiomen folgt. Mit anderen Worten, die Vollständigkeit der Beweismethode geht hier zugunsten der Effizienz verloren.

Eine Strategie, welche die Auswahl von Klauseln steuert, kann zur Verbesserung der Effizienz ergänzt werden um Umformungsregeln zur Vereinfachung der vorliegenden Menge von Klauseln. Man kann z.B. zeigen, dass nach der _Elimination von Tautologien_ aus einer Menge M von Klauseln die leere Klausel NIL ableitbar ist, genau dann wenn NIL vor Streichen der Tautologien ableitbar war. Als Tautologie gilt hierbei eine Klausel, welche eine atomare Formel und deren Negation enthält. Beispiele für Tautologien sind B(y) v ~B(y) oder C(f(x)) v A(z) v ~C(f(x)).

Eine weitere wichtige Umformungsregel beruht auf dem <u>Subsumptions-Prinzip</u>. Eine Klausel $\alpha = \alpha_1 v \ldots v \alpha_n$ <u>subsummiert</u> eine Klausel $\beta = \beta_1 v \ldots v \beta_m$, falls eine Substitution S existiert, so dass die Instanz $\{\alpha\}S$ in β enthalten ist, d.h. $\{\alpha_1\}S = \beta_{i_1}, \ldots, \{\alpha_n\}S = \beta_{i_n}$. Die Elimination von Klauseln, die von einer anderen Klausel subsummiert werden, beeinflusst - ähnlich der Elimination von Tautologien - nicht die Erfüllbarkeit bzw. Unerfüllbarkeit einer Menge M von Klauseln. Somit lässt sich jedes Theorem, das aus M folgt, auch nach Streichen subsummierter Klauseln ableiten. Beispielsweise subsummiert P(x) die Klausel P(A). Ähnlich subsummiert P(x) die Klausel P(y) v Q(z). Als drittes Beispiel seien die Klauseln α=P(A,B) und β=P(A,x) v P(y,B) genannt; hier wird α von β subsummiert.

Zum Abschluss dieses Kapitels sei noch darauf hingewiesen, dass neben der Resolutionsregel andere Inferenzregeln existieren, die im Zusammenhang mit Widerspruchsbeweisen jeweils ein vollständiges und widerspruchsfreies System bilden. Genauere Literaturhinweise finden sich in Kapitel 2.8.

2.6 Konstruktives Beweisen

Bei verschiedenen Aufgabenstellungen genügt die Aussage, dass ein Theorem aus einer Menge von Axiomen logisch folgt, nicht. Vielmehr möchte man hier die konkrete Angabe von Objekten, für welche das Theorem gilt. Dies kann erreicht werden durch eine Erweiterung der in Kap. 2.5. beschriebenen Beweismethode.

Zunächst soll ein einfaches Beispiel betrachtet werden. Gegeben seien die Aussagen
(1) Objekt 1 ist ein Würfel
(2) Jeder Würfel ist in Aufnahme 1 abgebildet
Eine Möglichkeit der formalen Darstellung in Klausel-Form ist
(1) WÜRFEL(OBJEKT1)
(2) ~WÜRFEL(x) v IN(x,AUFNAHME1)
Das zu beweisende Theorem sei
(3) Aufnahme 1 enthält wenigstens ein Objekt
Die Darstellung im Prädikatenkalkül kann erfolgen durch
(3) $\exists y(IN(y,AUFNAHME1))$
Durch Negation und Umformung in Klausel-Form erhält man
(3') ~IN(y,AUFNAHME1)

Die Anwendung der Resolutionsregel auf (3') und (2) liefert
(4) ~WÜRFEL(x)

Mit der Substitution {OBJEKT1/x} ergibt sich aus (4) und (1) die leere Klausel NIL, womit bewiesen ist, dass (3) aus (1) und (2) folgt.

Geht man nun nicht von der Aussage (3) wie oben, sondern von der Frage "Welches Objekt enthält Aufnahme 1?" aus, so bietet sich an, für die Darstellung dieser Frage im Prädikatenkalkül ebenfalls die Formel (3) zu verwenden. Aus der Negation erhält man die Klausel (3') und der Beweis verläuft analog dem vorherigen Fall. Durch die Ableitung von NIL ist nun aber keinesfalls die gestellte Frage beantwortet. Vielmehr wurde lediglich die Existenz eines Objekts in Aufnahme 1 festgestellt. Das gesuchte Objekt, nämlich Objekt 1 lässt sich jedoch leicht feststellen, wenn man die im Beweis verwendeten Substitutionen verfolgt.

Das Vorgehen zur Generierung einer Anwort auf eine Frage der obigen Art, auch als <u>konstruktives Beweisen</u> bezeichnet, kann allgemein wie folgt skizziert werden. Man erweitert die Klausel α, welche der Negation des zu beweisenden Theorems entspricht, disjunktiv um eine atomare Formel ANSWER$(x_1,...,x_n)$. Wir nehmen hierbei an, dass ANSWER nicht bereits als Prädikatensymbol verwendet wird; $x_1,...,x_n$ seien alle in α auftretenden Variablen. Anschliessend wird der Resolutionsbeweis wie üblich durchgeführt. Die einzige Abweichung besteht darin, dass als Terminierungskriterium nicht die Generierung der leeren Klausel verwendet wird, sondern das Auftreten einer Klausel, die ausschliesslich das ANSWER-Prädikat enthält. Da ANSWER$(x_1,...,x_n)$ nur unnegiert auftritt, hat die vorgenommene Erweiterung keinerlei Einfluss auf den Ablauf des Resolutionsbeweises. Aus anschaulicher Sicht handelt es sich bei ANSWER$(x_1,...,x_n)$ um ein "Dummy"-Prädikat, dessen Argumente die Aufgabe haben, die im Beweis verwendeten Substitutionen festzuhalten.

Für obiges Beispiel ergibt sich somit anstelle von Klausel (3')
(3a') ~IN(y,AUFNAHME1) v ANSWER(y)
Durch Resolutionen erhält man
(4a) ~WÜRFEL(x) v ANSWER(x) und
(5a) ANSWER(OBJEKT1).
Bei Generierung von (5a) ist das Terminierungskriterium erfüllt und das aktuelle Argument des ANSWER-Prädikats gibt das gesuchte Objet an.

Man kann als Faustregel festhalten, dass Fragen, welche ausschliesslich Konstanten enthalten, lediglich einer Ja- oder Nein-Antwort bedürfen, so dass das ANSWER-Prädikat nicht benötigt wird. Fragen, in denen Fragewörter "wer", "wo", "warum" etc. auftreten, korrespondieren dagegen im Normalfall mit Formeln, welche Existenzquantoren und Variablen enthalten. In diesem Fall können die gesuchten Objekte mithilfe der oben dargestellten Methode unter Verwendung des ANSWER-Prädikates gewonnen werden.

Das bisher behandelte Beispiel spiegelt einen besonders einfachen Fall wieder. Einige komplexere Fälle werden im folgenden behandelt. Es kann z.B. die Negation eines zu beweisenden Theorems zu mehr als einer Klausel führen. In diesem Fall ist jede dieser Klauseln um das ANSWER-Prädikat mit den jeweils auftretenden Variablen zu erweitern. Liegt bei Terminierung des Verfahrens eine Klausel ANSWER $(t_1,...,t_n)$ v ANSWER$(s_1,...,s_m)$ v...v ANSWER$(r_1,...,r_l)$ mit Termen t_i, s_j und r_k vor, so bedeutet dies, dass mehrere korrekte Antworten auf die gestellte Frage möglich sind. Existieren für ein Theorem verschiedene Beweise, so korrespondiert jeder davon möglicherweise mit einer unterschiedlichen Belegung der Argumente im ANSWER-Prädikat.

Enthalten die Axiome Skolem-Funktionen, so werden diese i.a. auch im ANSWER-Prädikat auftreten. Dass eine derartige Antwort sinnvoll ist, folgt daraus, dass die "Bedeutung" der Skolemfunktion i.a. bekannt ist. Eine Skolemfunktion wird bei der Elimination eines Existenzquantors generiert und liefert ein Objekt, dessen Existenz die Formel, welche den Existenzquantor enthält, zum Ausdruck bringt. Als Beispiel sollen die beiden Axiome
(1) Jedes Bild enthält mindestens ein Objekt
(2) Aufnahme 1 ist ein Bild
betrachtet werden. Ihre Darstellung in Klausel-Form ist gegeben durch
(1) ~BILD(x) v IN(f(x),x)
(2) BILD(AUFNAHME1)
mit der Skolem-Funktion f(x). Aus anschaulicher Sicht liefert f(x) für ein Bild x ein Objekt, welches notwendigerweise - wie es (1) zum Ausdruck bringt - in x enthalten ist. Die Frage "Welches Objekt enthält Aufnahme 1?" kann, wie bereits vorher in diesem Kapitel diskutiert wurde, nach Negation, Umformung und Erweiterung dargestellt werden durch
(3') ~IN(y,AUFNAHME1) v ANSWER(y).
Durch Resolution lässt sich ANSWER(f(AUFNAHME1)) ableiten. Dies ist als Antwort durchaus akzeptabel, da die Bedeutung der Skolem-Funktion f bekannt ist. Sie gibt für ein Bild x eines der notwendigerweise darin enthaltenen Objekte

an. Man kann leicht nachprüfen, dass die Erweiterung der Klausel (3') in
(2.5.1) um ANSWER(z) mit den Klauseln von (2.5.1) ebenfalls zu ANSWER(f(AUF-
NAHME1)) führt. Die Technik des konstruktiven Beweisens lässt sich auch anwenden, falls Skolem-Funktion aus dem zu beweisenden Theorem entstehen.

2.7 Logisches Programmieren und Horn-Klauseln

Logisches Programmieren ist eine Teildisziplin der künstlichen Intelligenz,
die einerseits aus theoretischen und wissenschaftlichen Zielsetzungen heraus
Gegenstand der Forschung ist, die andererseits aber auch Hilfsmittel bereit-
stellen soll zur Implementation von Systemen für die unterschiedlichsten Anwendungen. Die im folgenden dargestellten Konzepte des logischen Programmierens lehnen sich an die Programmiersprache PROLOG an. Es besteht jedoch kei-
neswegs die Absicht, eine systematische Einführung in diese Sprache zu geben.
Vielmehr soll exemplarisch anhand einiger Konstrukte gezeigt werden, welche
Zusammenhänge zwischen den in Kap. 2.1.-2.6. behandelten Themen und dem logischen Programmieren bestehen.

Ein <u>logisches Programm</u> besteht aus einer Folge von <u>Anweisungen</u> der Form

$$\alpha \text{ oder} \tag{2.7.1}$$
$$\alpha_1 \wedge \alpha_2 \wedge \ldots \wedge \alpha_n \rightarrow \beta \quad , n \geqslant 1 \tag{2.7.2}$$

sowie einer Frage der Form

$$? \ \gamma_1 \wedge \gamma_2 \wedge \ldots \wedge \gamma_m \qquad , m \geqslant 1 \tag{2.7.3}$$

Die hier gewählte Darstellung weicht äusserlich von der PROLOG-Syntax ab,
ist ihr aber inhaltlich äquivalent. Der vorliegenden Form wurde der Vorzug gegeben, um die Zusammenhänge mit Kap. 2.1.- 2.6. zu verdeutlichen. Das Fragezeichen in (2.7.3) steht nur deshalb, um die Frage als solche kenntlich und
von Anweisungen der Form (2.7.1) für den Fall m=1 unterscheidbar zu machen. Es
ist kein syntaktischer Bestandteil der Formel selbst. Bei $\alpha, \alpha_1, \ldots, \alpha_n, \beta, \gamma_1,$
$\ldots, \gamma_m$ handelt es sich um unnegierte atomare Formeln nach Kap. 2.1., d.h. um
Prädikatensymbole mit Termen als Argumenten. Alle in einer Anweisung auftretenden Variablen sind im Sinne von Kap. 2.2. universell quantifiziert. Die
Frage in einem logischen Programm korrespondiert mit dem zu beweisenden Theo-

rem, während alle anderen Anweisungen als Axiome gemäss Kap. 2.5. zu verstehen sind.

Als Beispiel soll das folgende logische Programm betrachtet werden. (Die Nummern wurden eingeführt, um auf die Zeilen des Programms im Text verweisen zu können).

(1) KLEINER(A,B)

(2) KLEINER(A,C)

(3) HINTER (A,C)

(4) KLEINER (x,y) $\wedge$ VERDECKTVON(x,y) $\rightarrow$ UNSICHTBAR(x)　　　　　　(2.7.4)

(5) HINTER(u,v) $\rightarrow$ VERDECKTVON(u,v)

(6) ? UNSICHTBAR(z)

Dieses Programm kann aufgefasst werden als formale Darstellung der folgenden Aussagen:

(1) Objekt A ist kleiner als Objekt B.

(2) Objekt A ist kleiner als Objekt C.

(3) Objekt A befindet sich hinter Objekt C.

(4) Ist ein Objekt x kleiner als ein Objekt y und wird x von y verdeckt, so ist x unsichtbar

(5) Befindet sich ein Objekt u hinter einem Objekt v, so ist u verdeckt von v.

(6) Existiert ein unsichtbares Objekt?

Das generelle Prinzip, auf dem die _Abarbeitung_ eines logischen Programms durch einen _Interpreter_ beruht, ist das sukzessive Erfüllen von Zielen, wobei ein Ziel in eine Folge von Unterzielen zerlegt werden kann. Ist die Erfüllung eines Ziels erfolgreich, so wird zum nächsten Ziel übergegangen oder die Abarbeitung terminiert, falls alle Ziele erfüllt worden sind. Misslingt die Erfüllung eines Zieles z, so erfolgt ein Backtracking, d.h. es wird eine andere Alternative beim vorhergehenden Ziel ausgewählt und mit dieser die Erfüllung von z nochmals versucht. Das primäre Ziel bei der Abarbeitung eines Programms besteht in der sukzessiven Erfüllung der atomaren Formeln $\gamma_1,\ldots,\gamma_m$ der Frage $\gamma_1 \wedge \ldots \wedge \gamma_m$.

Im folgenden wird das angegebene Programm als Beispiel verwendet, um die Abarbeitung zu verdeutlichen. Die Frage besteht hier aus nur einer atomaren Formel, nämlich UNSICHTBAR(z). Aufgrund von (4) werden zwei Unterziele, nämlich KLEINER(z,y) und VERDECKTVON(z,y) aufgestellt. Die Zeichen x,y,u,v,z stehen für Variablen, während A,B,C als Konstanten im Sinne von Kap. 2.1. zu verstehen sind. Bei der Erfüllung von Zielen können Substitutionen nach Kap. 2.3. durchgeführt werden; d.h., dass Variablen durch Terme ersetzt werden dürfen. Dass Unterziel KLEINER(z,y) kann aufgrund von (1) mit z=A und y=B erfüllt werden. Somit wird als nächstes die Erfüllung des Unterzieles VERDECKTVON(z,y) mit z=A und y=B versucht. Dieses Unterziel wird wegen (5) in das Unterziel HINTER(A,B) überführt. An dieser Stelle stellt der Interpreter fest, dass HINTER(A,B) im vorliegenden Programm nicht erfüllbar ist. Somit beginnt die Suche nach einer anderen Alternative bei einem der vorhergehenden Schritte. Der letzte Schritt, bei dem eine solche Alternative existiert, ist die Erfüllung von KLEINER(z,y) mit z=A und y=C. Mit dieser Alternative ergibt sich das Unterziel VERDECKTVON(A,C), welches in HINTER(A,C) überführt wird. Dieses Unterziel ist aufgrund von (3) erfüllt. Somit kann auch UNSICHTBAR(A) als erfüllt angesehen werden. Als Ergebnis der Abarbeitung des Beispiel-Programmes ergibt sich somit als Antwort auf die gestellte Frage die Auskunft z=A. Dies bedeutet, dass aus (1) - (5) folgt, dass Objekt A unsichtbar ist.

Mit diesem Beispiel soll zunächst der Themenbereich des logischen Programmierens wieder verlassen werden, um an die Ausführungen von Kap. 2.1. - 2.6. anzuknüpfen. In Kap. 2.5. und 2.6. wurde generell davon ausgegangen, dass alle betrachteten Formeln des Prädikatenkalküls 1.Ordnung in Klausel-Form vorliegen. Dies ist keine Einschränkung, da jede beliebige Formel nach Kap. 2.2. umformbar ist. Einen Spezialfall der in Kap. 2.2. eingeführten Klauseln bilden Horn-Klauseln. Eine Horn-Klausel ist eine Klausel mit höchstens einem unnegierten Literal. Unnegierte Literale werden auch als positive, negierte Literale als negative Literale bezeichnet. Eine Horn-Klausel ist somit von der Form

$$\beta \vee \sim\alpha_1 \vee \ldots \vee \sim\alpha_n, \quad n \geqslant 0 \text{ oder} \tag{2.7.5}$$

$$\sim\beta_1 \vee \ldots \vee \sim\beta_m, \quad m \geqslant 1, \tag{2.7.6}$$

wobei jedes α_i und β_j ein positives Literal darstellt.

Aufgrund der im Schritt 2 von Kap. 2.2. angegebenen Umformmungsregel und der de Morgan'schen Gesetze von Bild 2.4. wird unmittelbar klar, dass (2.7.5) für den Fall $n \geqslant 1$ als Anweisung eines logischen Programms der Form (2.7.2) aufgefasst werden kann. Eine Horn-Klausel nach (2.7.5) mit $n=0$ ist per se eine Programmanweisung der Form (2.7.1). Schliesslich folgt aus den de Morgan 'schen Gesetzen, dass eine Horn-Klausel nach (2.7.6) der Negation einer Frage nach (2.7.3) entspricht, sowohl für $m=1$ als auch für $m \geqslant 1$. Zusammenfassend kann

56

also festgehalten werden, dass jede beliebige Horn-Klausel als Anweisung oder
negierte Frage eines logischen Programmes aufgefasst werden kann. Umgekehrt
kann man jede Anweisung (2.7.1) oder (2.7.2) eines logischen Programmes sowie
die Negation einer Frage nach (2.7.3) als Horn-Klausel ansehen.

Der enge Zusammenhang zwischen logischer Programmierung und Prädikatenlo-
gik, der aus den bisherigen Ueberlegungen folgt, wird vertieft durch die Tatsache, dass die Arbeitsweise eines Interpreters bei der Abarbeitung eines logischen Programms als spezielle Variante des Beweisverfahrens nach Kap. 2.5.
aufgefasst werden kann. Wir betrachten zunächst nur Programmanweisungen der
Form (2.7.2). Das Vorgehen des Interpreters, ein Ziel in Unterziele aufgrund
einer Anweisung aufzuspalten, lässt sich formal so charakterisieren, dass bei
Vorliegen eines Zieles γ und zweier Anweisungen der Form

$$\beta_1 \wedge \cdots \wedge \beta_i \wedge \cdots \wedge \beta_n \rightarrow \gamma, \quad n \geqslant 1 \text{ und} \tag{2.7.7}$$

$$\alpha_1 \wedge \cdots \wedge \alpha_m \rightarrow \beta_i \qquad , \quad m \geqslant 1 \tag{2.7.8}$$

zunächst γ aufgrund von (2.7.7) auf $\beta_1, \ldots, \beta_n$ zurückgeführt wird. Anschliessend erfolgt die Rückführung von β_i in die Unterziele $\alpha_1, \ldots, \alpha_m$. Fasst man
beide Regeln zusammen, wird also das Ziel γ auf die Unterziele $\beta_1, \ldots, \beta_{i-1}$,
$\beta_{i+1}, \ldots, \beta_n, \alpha_1, \ldots, \alpha_m$ zurückgeführt. Dieses Zusammenschalten zweier Regeln
lässt sich auch darstellen als

$$\beta_1 \wedge \cdots \wedge \beta_i \wedge \cdots \wedge \beta_n \rightarrow \gamma$$

$$\underline{\alpha_1 \wedge \cdots \wedge \alpha_m \rightarrow \beta_i}$$

$$\beta_1 \wedge \cdots \wedge \beta_{i-1} \wedge \alpha_1 \wedge \cdots \wedge \alpha_m \wedge \beta_{i+1} \wedge \cdots \wedge \beta_n \rightarrow \gamma \tag{2.7.9}$$

Eine zu (2.7.7) und (2.7.8) äquivalente Darstellung ist gegeben durch

$$\sim\beta_1 \vee \cdots \vee \sim\beta_i \vee \cdots \vee \sim\beta_n \vee \gamma \tag{2.7.10}$$

$$\sim\alpha_1 \vee \cdots \vee \sim\alpha_m \vee \beta_i \tag{2.7.11}$$

Man erkennt sofort, dass die Anwendung der Resolutionsregel auf (2.7.10) und
(2.7.11) die Klausel

$$\sim\beta_1 \vee \cdots \vee \sim\beta_{i-1} \vee \sim\beta_{i+1} \vee \cdots \vee \sim\beta_n \vee \sim\alpha_1 \vee \cdots \vee \sim\alpha_m \vee \gamma$$

liefert, welche äquivalent zu (2.7.9) ist. Somit ist gezeigt, dass die Arbeitsweise eines Interpreters bei der Verkettung von Anweisungen eines logischen Programmes der Form (2.7.2) der Anwendung der Resolutionsregel auf
Horn-Klauseln entspricht.

Stösst der Interpreter bei gegebenem (Unter-)Ziel α auf eine Anweisung der
Form (2.7.1) so wird dieses Unterziel als erfüllt angesehen. D.h., dass α aus
der Liste der Ziele gestrichen und zum nächsten Ziel übergegangen wird. Dieses
Verhalten lässt sich in Analogie zu (2.7.7) - (2.7.9) darstellen durch

$$\alpha_1 \wedge \ldots \wedge \alpha_i \wedge \ldots \wedge \alpha_n \rightarrow \beta$$
$$\underline{\alpha_i}$$
$$\alpha_1 \wedge \ldots \wedge \alpha_{i-1} \wedge \alpha_{i+1} \wedge \ldots \wedge \alpha_n \rightarrow \beta$$

Auch hier erkennt man unmittelbar, dass dies der Anwendung der Resolutionsregel äquivalent ist und zwar mit einer Vorgängerklausel, die genau ein Literal enthält; d.h. aus

$$\sim\alpha_1 \vee \ldots \vee \sim\alpha_i \vee \ldots \vee \sim\alpha_n \vee \beta \qquad \text{und}$$
$$\alpha_i$$

lässt sich mittels der Resolutionsregel

$$\sim\alpha_1 \vee \ldots \vee \sim\alpha_{i-1} \vee \sim\alpha_{i+1} \vee \ldots \vee \sim\alpha_n \vee \beta$$

gewinnen.

Nachdem gezeigt wurde, wie die Abarbeitung von Anweisungen der Form (2.7.1) und (2.7.2) durch die Resolutionsregel beschrieben werden kann, soll als letztes die Rolle der Frage in einem logischen Programm untersucht werden. Zunächst wird angenommen, dass die Frage aus nur einem positiven Literal γ besteht. Der Interpreter führt γ sukzessive mit Hilfe von Anweisungen der Form (2.7.2) auf Unterziele zurück bis schliesslich für jedes Unterziel eine Anweisung der Form (2.7.1) vorliegt. Wird die Arbeitsweise des Interpreters mittels der Resolutionsregel beschrieben, so geht man nicht von γ, sondern von der Negation $\sim\gamma$ aus. Jede Horn-Klausel, die einer Anweisung nach (2.7.1) oder (2.7.2) entspricht, hat genau ein positives Literal. Zusammen mit einer derartigen Klausel, welche das positive Literal γ enthält, wird nun die negierte Frage Vorgänger für die Anwendung der Resolutionsregel. Hierdurch entstehen i.a. neue negierte Literale, die eine ähnliche Rolle wie $\sim\gamma$ in der negierten Frage spielen. Wurden $m > 1$ negierte Literale erzeugt, so entspricht dem der Fall, dass von Anfang an die Frage des Programmes m positive Literale enthält. Zusammenfassend lässt sich also sagen, dass die Negation der Frage den "Auslöser" für eine Folge von Resolutionsschritten darstellt.

Zur Verdeutlichung der vorhergehenden Ausführungen soll ein Resolutionsbeweis für das Programm von (2.7.4) betrachtet werden. Die Negation der Frage sowie die Umformung in Klausel-Form liefert

(4) $\sim$KLEINER(x,y) v $\sim$VERDECKT(x,y) v UNSICHTBAR(x)

(5) $\sim$HINTER(u,v) v VERDECKTVON(u,v)

(6') $\sim$UNSICHTBAR(z)

Die Anweisungen (1) - (3) liegen in (2.7.4) bereits in Klausel-Form vor. Man beachte bei den folgenden Resolutionsschritten die Äquivalenz zu den Operationen des Interpreters bei der Abarbeitung des Programmes. Die Anwendung der Resolutionsregel auf (6') und (4) liefert

(7) ~KLEINER(x,y) v ~VERDECKTVON(x,y)

Aus (7) und (2) ergibt sich

(8) ~VERDECKTVON(A,C)

Aus (8) und (5) erhält man

(9) ~HINTER(A,C)

Schliesslich ergibt sich aus (9) und (3) die leere Klausel. Man kann leicht nachprüfen, dass mithilfe des Verfahrens nach Kap. 2.6. als Antwort ANSWER(A) gewonnen werden kann, was dem Ergebnis bei der Abarbeitung des Programmes durch den Interpreter entspricht.

Wäre bei der Generierung von (8) anstelle von (2) die Vorgängerklausel (1) verwendet worden, so hätte sich nicht ~VERDECKT(A,C), sondern ~VERDECKT(A,B) ergeben, was die Ableitung von NIL unmöglich gemacht hätte. Die Auswahl von (1) anstelle von (2) trat bei der geschilderten Abarbeitung des Programmes von (2.7.4) durch den Interpreter auf. Zur systematischen Behandlung aller Fälle bei mehreren derartigen Auswahlmöglichkeiten führt der Interpreter eine Tiefensuche mit Backtracking durch (vgl. auch Kap. 6.). Diese Kontrollstrategie kann natürlich auch für einen Theorem-Beweiser auf der Basis der Resolutionsregel verwendet werden. Durch die Beschränkung auf höchstens ein positives Literal in jeder Horn-Klausel kann die Anzahl von potentiellen Mehrdeutigkeiten signifikant reduziert werden.

Horn-Klauseln enthalten definitionsgemäss höchstens ein positives Literal und stellen somit eine echte Unterklasse der in Kap. 2.2. eingeführten Klauseln dar. Deshalb lassen sich nicht alle Probleme, die durch allgemeine Klauseln beschreibbar sind, direkt durch Horn-Klauseln darstellen. Mithilfe zusätzlicher Prädikate, welche der Negation der ursprünglich verwendeten Prädikate entsprechen, gelingt es jedoch, beliebige Klauseln in die Form von Horn-Klauseln umzuformen. Sei $\alpha = {\sim}\alpha_1\ v...v\ {\sim}\alpha_n\ v\ \beta_1\ v...v\ \beta_m$ mit $m \geqslant 1$ eine Klausel nach Kap. 2.2. Durch die Verwendung von Literalen $\beta'_1,...,\beta'_m$, wobei β'_i äquivalent ist zu ${\sim}\beta_i$ für $i=1,...m$ kann man α auch durch eine Horn-Klausel ${\sim}\alpha_1 v...v\ {\sim}\alpha_n\ v\ {\sim}\beta'_1\ v...v\ {\sim}\beta'_{i-1}\ v\ {\sim}\beta'_{i+1}\ v...v\ {\sim}\beta'_m\ v\ \beta_i$ gemäss (2.7.5) oder durch die Horn-Klausel ${\sim}\alpha_1\ v...v\ {\sim}\alpha_m\ v\ {\sim}\beta'_1\ v...v\ {\sim}\beta'_m$ gemäss (2.7.6) darstellen. Somit bedeutet die ausschliessliche Verwendung von Horn-Klauseln für praktische Anwendungen i.a. keine gravierende Einschränkung.

Hauptziel von Kap. 2.7. sollte es sein, Gemeinsamkeiten zwischen dem logischen Programmieren und den in Kap. 2.1. - 2.6. eingeführten Konzepten aufzuzeigen. Neben den diskutierten Gemeinsamkeiten existieren mehrere Unterschiede, die im folgenden erwähnt werden. So enthält z.B. die logische Programmiersprache PROLOG eine Reihe von Standardfunktionen und -prädikate, die im Prädikatenkalkül nicht vordefiniert sind. Die Reihenfolge der Anweisungen eines PROLOG-Programmes spielt ebenso eine Rolle wie die Reihenfolge, in welcher die Literale innerhalb einer Anweisung auftreten. Dies ist ein Gegensatz zum Prädikatenkalkül, bei dem sowohl die Reihenfolge der Klauseln als auch die Anordnung der Literale in einer Klausel ohne Bedeutung ist. Weitere Unterschiede zwischen Prädikatenkalkül und den meisten PROLOG-Implementationen bestehen bei der Unifikation. (Hier wird kein "occur-check" durchgeführt, d.h. es wird nicht geprüft, ob bei der Substitution einer Variablen x durch einen Term t die Variable x in t auftritt.)

2.8 Aufgaben

1. Gegeben sei die atomare Formel $\alpha=A(u,w,x,y,z)$ sowie die Substitutionen $S_1=\{a/x,f(z)/y,x/z\}$ und $S_2=\{b/x,c/z,d/u\}$. Geben Sie $\{\alpha\}S_1$, $(\{\alpha\}S_1)S_2$ sowie $\{\alpha\}S$ mit $S=S_1S_2$ an. Gilt $S_1S_2=S_2S_1$?

2. Gegeben seien drei Paare von atomaren Formeln
   a) $Q(x,y,y)$, $Q(u,f(u),v)$
   b) $P(x,f(x),C)$, $P(u,w,w)$
   c) $R(x,g(x),y,h(x,y),z,f(x,y,z)),R(u,v,e(v),w,f(v,w),t)$
   Wenden Sie den Algorithmus zur Bestimmung des allgemeinsten Unifikators auf a)-c) an.

3. Gegeben seien die folgenden umgangssprachlichen Aussagen:
   (1) Die Linie L1 ist an der Grenze der Region R1.
   (2) Die Linie L2 ist an der Grenze der Region R1.
   (3) Die Linie L2 ist an der Grenze der Region R2.
   (4) Wenn eine Linie l an der Grenze einer Region r auftritt und wenn die Linie l an der Grenze einer Region s auftritt, dann sind r und s Nachbarregionen.
   (5) Es existiert eine Region x, die Nachbarregion von R1 ist.
   a) Stellen Sie (1)-(5) als Formeln des Prädikatenkalküls 1. Ordnung dar.
   b) Bringen Sie die Formeln in Klausel-Form.
   c) Zeigen Sie durch Anwendung der Resolutionsmethode, dass (5) aus (1)-(4) folgt.

d) Betrachten Sie anstelle von (5) die Frage

    (5') Welche Region ist mit R1 benachbart?

    Führen Sie zur Beantwortung dieser Frage einen konstruktiven Beweis
    nach Kap. 2.6. durch. Ist die Lösung eindeutig bestimmt? Falls nein,
    diskutieren Sie die Gründe sowie Möglichkeiten zur Erreichung einer
    eindeutigen Lösung.

e) Stellen Sie (1)-(4) als Anweisungen eines logischen Programmes dar
    und verwenden Sie (5') als Frage.

f) Skizzieren sie die Abarbeitungsschritte des Interpreters für das logi-
    sche Programm von e). Ist das Ergebnis eindeutig bestimmt? Falls nein,
    diskutieren Sie die Gründe sowie Möglichkeiten zur Erreichung einer
    eindeutigen Lösung.

2.9 Bibliografischer Rückblick

Das automatische Beweisen von Theoremen wird als klassische Teildisziplin
in verschiedenen Büchern, welche der künstlichen Intelligenz allgemein gewidmet sind, behandelt, z.B. in [12, 14, 17] sowie in [7], Kap. XII. Bücher, die
sich ausschliesslich mit dem Prädikatenkalkül zum Theorem-Beweisen befassen,
sind [4, 9, 10, 18]. Die Ausführungen von Kap. 2.1. - 2.6. werden durch diese
Werke vollständig abgedeckt. Die Resolutionsregel und ihre Anwendung zum Theorem-Beweisen geht auf [15] zurück. Zum Standardwerk für die logische Programmiersprache PROLOG, wie sie in Kap. 2.7 grob skizziert wurde, hat sich [5]
entwickelt. Eine Reihe von Anwendungsbeispielen für PROLOG enthält [6].

Die Resolutionsregel und verschiedene ihrer Varianten besitzen einerseits
den Vorteil, effizient implementierbar zu sein, sind andererseits aber eher
unanschaulich. Systeme zum "natürlichen" Schliessen versuchen im Gegensatz
dazu, die menschliche Vorgehensweise beim Beweisen von Theoremen nachzubil-
den. Eine grundlegende und historisch bedeutsame Arbeit hierzu ist [8], während [2] eine Uebersicht mit vielen weiterführenden Literaturhinweisen darstellt. Eine weitere Inferenzmethode, die insbesondere den Anspruch auf Effizienz bezüglich Speicher- und Rechenzeitbedarf erhebt, ist die Konnektionsmethode [1].

Neben den streng auf dem Prädikatenkalkül 1. Ordnung beruhenden Methoden zum Theorem-Beweisen gibt es eine Reihe "nicht-klassischer" Logik-Ansätze für Anwendungen in der künstlichen Intelligenz. Sie erheben grundsätzlich den Anspruch, bestimmte Aspekte des menschlichen Schliessens adäquater zu behandeln, als dies im Prädikatenkalkül möglich ist. Hier ist insbesondere die nichtmonotone Logik zu nennen. Während im Prädikatenkalkül jede zu einem bestimmten Zeitpunkt gültige Formel uneingeschränkt auch noch zu einem späteren Zeitpunkt gültig ist und somit die Menge der gültigen Formeln monoton während einer Ableitung wächst, wird auf diese Eigenschaft bei der nichtmonotonen Logik verzichtet. Zwei bekannte Arbeiten zum nichtmonotonen Schliessen sind [11, 13], die beide in einem Sammelband zu dieser Thematik enthalten sind [3]. Ein weiterer wichtiger nicht-klassischer Teilbereich ist die unscharfe Logik [19, 20]. Charakteristisch ist hierbei, dass von den beiden Wahrheitswerten _true_ und _false_ auf das Intervall [0,1] von Wahrheitswerten übergegangen wird. Eine generelle Einführung und Uebersicht zu Methoden der nicht-klassischen Logik mit weiterführenden Literaturhinweisen gibt [16].

[1] Bibel, W.: Automated Theorem Proving. Vieweg-Verlag, Braunschweig-Wiesbaden,1982

[2] Bledsoe, W.W.: Non-resolution Theorem Proving. Artificial Intelligence 9, 1977, 1 - 35

[3] Bobrow, D.E. (Hrsg.): Special Issue on Non-Monotonic Logic. Artificial Intelligence 13, 1980

[4] Chang, C.-L., Lee, R.C.-T.: Symbolic Logic and Mechanical Theorem Proving. Academic Press, New York and London, 1973

[5] Clocksin, W.F., Mellish, C.ß.: Programming in Prolog (2nd Edition). Springer-Verlag, Berlin-Heidelberg-New York-Tokyo, 1984

[6] Coelho, H., Cotta, J.C., Pereira, L.M. (Hrsg.): How to Solve it with Prolog. Techn. Report Laboratories Nacional de Energhia Civil, Lissabon, 1982

[7] Cohen, P.R., Feigenbaum, E.A. (Hrsg.): The Handbook of Artificial Intelligence Vol. III. Pitmann Books Ltd., London, 1982

[8] Gentzen, G.: Untersuchungen über das logische Schliessen I. Math. Zeitschrift 30, 1935, 176-210

[9] Kowalski, R.: Logic for Problem Solving. North-Holland, New York-Amsterdam-Oxford, 1979

[10] Loveland, D.W.: Automated Theorem Proving. A Logical Basis. North-Holland, Amsterdam-New York-Oxford, 1978

[11] Mc Dermott, D., Doyle, J.: Non-Monotonic Logic I. Artificial Intelligence 13, 1980, 41 - 72

[12] Nilsson, N.J.: Principles of Artificial Intelligence. Springer Verlag, Berlin-Heidelberg-New York, 1982

[13] Reiter, R.: A Logic for Default Reasoning. Artificial Intelligence 13, 1980, 81 - 132

[14] Rich, E.: Artificial Intelligence. Mc Graw-Hill Book Co., New York etc., 1983

[15] Robinson, J.A.: A Machine-Oriented Logic Based on the Resolution Principle. Journal of the ACM, Vol. 12, No. 1, 1965, 23 - 41

[16] Turner, R.: Logics for Artificial Intelligence. Ellis Horwood Ltd., Chichester, England, 1984

[17] Winston, P.H.: Artificial Intelligence (2nd Edition). Addison-Wesley Publ. Co., Reading Massachusetts etc., 1984

[18] Wos, L., Overbeek, R., Lusk, E., Boyle, J.: Automated Reasoning Introduction and Applications. Prentice Hall, Englewood Cliffs, New Jersey, 1984

[19] Zadeh, L.A.: Fuzzy Sets. Information and Control 8, 1965, 338 - 353

[20] Zadeh, L.A. (Hrsg.): The Theory of Approximate Reasoning. Meltzer, B., Michie, D. (eds.): Machine Intelligence 9, 1979, 149 - 194

3 Relationalstrukturen und semantische Netze

Die grundlegende Idee bei der Verwendung des in Kapitel 2 behandelten Prädikatenkalküls 1. Ordnung zur Wissensrepräsentation und Inferenz liegt in der Darstellung von Fakten und Regeln eines Problembereichs durch logische Formeln und der Anwendung eines Systems von Inferenzregeln, z.B. der Resolutionsregel, zur Ableitung von Schlussfolgerungen. Die atomaren Einheiten bilden hierbei Objekte, dargestellt durch Variablen oder Konstanten unter eventueller Zuhilfenahme von Funktionen, sowie Relationen zwischen diesen. Bei der Verwendung von semantischen Netzen für die Wissensrepräsentation spielt ebenfalls die Darstellung von Objekten und Relationen eine fundamentale Rolle. Der Aspekt der expliziten Darstellung von Regeln zur Ableitung von Schlussfolgerungen tritt hier jedoch in den Hintergrund zugunsten der Modellierung des Aufbaus komplexer Objekte und Sachverhalte aus vielen Einzelkomponenten sowie der Darstellung von Objekthierarchien. Semantische Netze sollen nicht nur die Speicherung einzelner Wissenseinheiten erlauben, sondern auch den Zugriff auf "benachbartes" Wissen ermöglichen. Man spricht deshalb anstelle von semantischen Netzen manchmal auch von "assoziativen" Netzen oder Netzwerken. Semantische Netze gelten ähnlich dem Prädikatenkalkül 1. Ordnung als "klassische" Methode der Wissensrepräsentation in der künstlichen Intelligenz. Sie treten heute in vielen syntaktischen Variationen auf. Im vorliegenden Kapitel werden - weitgehend unabhängig von den verschiedenen konkreten äusseren Darstellungsformen - die grundlegenden Eigenschaften semantischer Netze behandelt. Ausgangspunkt und Basis hierfür bilden Graphen und Relationalstrukturen, denen Abschnitt 3.1 gewidmet ist.

3.1 Graphen und Relationalstrukturen

Graphen und eine ihrer möglichen Verallgemeinerungen, nämlich Relationalstrukturen, können als die einfachsten Typen eines semantischen Netzes angesehen werden. Der vorliegende Abschnitt ist ausschliesslich dieser elementaren Form semantischer Netze gewidmet.

Ein <u>gerichteter Graph</u> ist ein geordnetes Paar

$$G = (N,E),$$
(3.1.1)

wobei es sich bei N um eine endliche Menge von Knoten und bei $E \subseteq N \times N$ um eine endliche Menge von Kanten handelt. Ein Paar $(x,y) \in E$ wird als gerichtete Kante vom Knoten x zum Knoten y aufgefasst. Wir repräsentieren Graphen zeichnerisch durch Diagramme, indem wir die Knoten durch Punkte, Kreise, Rechtecke etc. und die Kanten durch Pfeile darstellen. Ein <u>ungerichteter</u> Graph liegt vor, wenn die Reihenfolge der Knoten x und y innerhalb eines jeden Elements $(x,y) \in E$ irrelevant ist bzw. wenn notwendigerweise für jede gerichtete Kante $(x,y) \in E$ eine Kante $(y,x) \in E$ in Gegenrichtung existiert.

Gerichtete Graphen der bisher betrachteten Art besitzen häufig nicht genügend Ausdruckskraft, um eine adäquate Modellierung der in der Bild- und Sprachanalyse interessierenden Zusammenhänge zu erlauben. Eine Steigerung der Ausdrucksfähigkeit ergibt sich durch die Verwendung von Knoten- und Kantenmarkierungen. Wir gehen im folgenden aus von einem Knotenmarkierungsalphabet $V = \{v_1,\ldots,v_n\}$ und einem Kantenmarkierungsalphabet $W = \{w_1,\ldots,w_m\}$. Ein <u>markierter Graph</u> ist ein 3-Tupel

$$G = (N,E,L),$$
(3.1.2)

wobei N wie in Gleichung (3.1.1) eine endliche Knotenmenge darstellt, während E ein m-Tupel $E = (E_{w_1},\ldots,E_{w_m})$ von binären Relationen bezeichnet mit $E_{w_i} \subseteq N \times N$, $i=1,\ldots,m$. $L : N \rightarrow V$ ist die Knotenmarkierungsfunktion. Man interpretiert jedes Paar $(x,y) \in E_{w_i}$ für beliebiges i, $1 \leq i \leq m$, als eine mit w_i markierte Kante von Knoten x zum Knoten y. Die Markierung eines Knoten x ist durch $L(x) \in V$ gegeben. Jeder unmarkierte Graph kann als spezieller markierter Graph mit einem einelementigen Knoten- und Kantenalphabet aufgefasst werden. Ist im folgenden von einem Graphen die Rede, so ist damit stets ein gerichteter markierter Graph gemeint, falls explizit keine anderen Vereinbarungen getroffen werden.

Ein Graph G ist <u>Untergraph</u> eines Graphen H, $G \subseteq H$, falls alle Knoten von G auch zu H gehören und die zwischen diesen Knoten existierenden Kanten in G und H übereinstimmen. Ein weiterer wichtiger Begriff aus der Graphentheorie ist die Isomorphie. Zwei Graphen G und H sind isomorph, falls sie strukturell identisch sind, einschliesslich der Knoten- und Kantenmarkierungen, und sich höchstens in der Bezeichnung der Knoten unterscheiden. Es existiert ein Untergraph-Isomorphismus von einem Graphen G nach einem Graphen H, wenn H einen Untergraphen enthält, der isomorph zu G ist.

Der Einsatz von Graphen bei der Wissensrepräsentation beruht auf der Idee, Objekte eines Problemkreises durch Knoten und Beziehungen zwischen diesen Objekten durch Kanten darzustellen. Die zu modellierenden Relationen können unterschiedlicher Natur sein und z.B. geometrische, temporäre, kausale, funktionale u.a. Zusammenhänge zum Ausdruck bringen. Ebenso wie hinsichtlich der Verwendung des Prädikatenkalküls festgestellt wurde, dass der Uebergang von einer intuitiv-informellen Ebene zu einer formalen Darstellung von Wissen nicht eindeutig ist, gibt es beim Einsatz von Graphen i.a. viele Möglichkeiten, ein und denselben Sachverhalt adäquat zu repräsentieren. Im folgenden soll als einfaches Beispiel die Modellierung eines 3-D Objekt-Prototypen durch einen Graphen betrachtet werden. Der Prototyp ist in Bild 3.1.a gezeigt. Eine mögliche formale Darstellung durch einen ungerichteten Graphen ist in Bild 3.1.c gegeben, wobei Ecken des Objekts durch Knoten und Kanten des Objekts durch Kanten in Graphen repräsentiert sind. Die Buchstaben a,...,l sind nicht als Knotenmarkierungen, sondern als Bezeichner für die Knoten selbst zu verstehen. Eine andere Möglichkeit der Modellierung durch einen ungerichteten, aber markierten Graphen ist in Abb. 3.1.d gezeigt. Konvexe Kanten sind hier mit + und konkave Kanten mit - markiert. Die ausserhalb der zur Darstellung von Knoten verwendeten Kreise stehenden Ziffern sind Knotenmarkierungen, welche jeweils die Zahl der vom Objekt an der entsprechenden Ecke eingenommenen Oktanden des 3-D Raumes angeben. Man beachte, dass die Graphen von Bild 3.1.c und d invariant bezüglich beliebiger 2-D Projektionen sowie Translation, Rotation und Skalierung des Prototypen sind.

Mithilfe von Graphen können nur binäre Relationen, nicht jedoch beliebige n-stellige Relationen direkt dargestellt werden. Dies ist keine Einschränkung aus theoretischer Sicht, da jedes Element $(x_1,...,x_n)$ einer n-stelligen Relation zerlegt werden kann in n-1 zweistellige ineinander verschachtelte Relationen $((...((x_1,x_2),x_3),...,x_{n-1}),x_n)$. Aus Gründen der Uebersichtlichkeit werden zur Darstellung von n-stelligen Relationen mit n>2 häufig jedoch Relationalstrukturen anstelle von Graphen verwendet. Eine Relationalstruktur ist

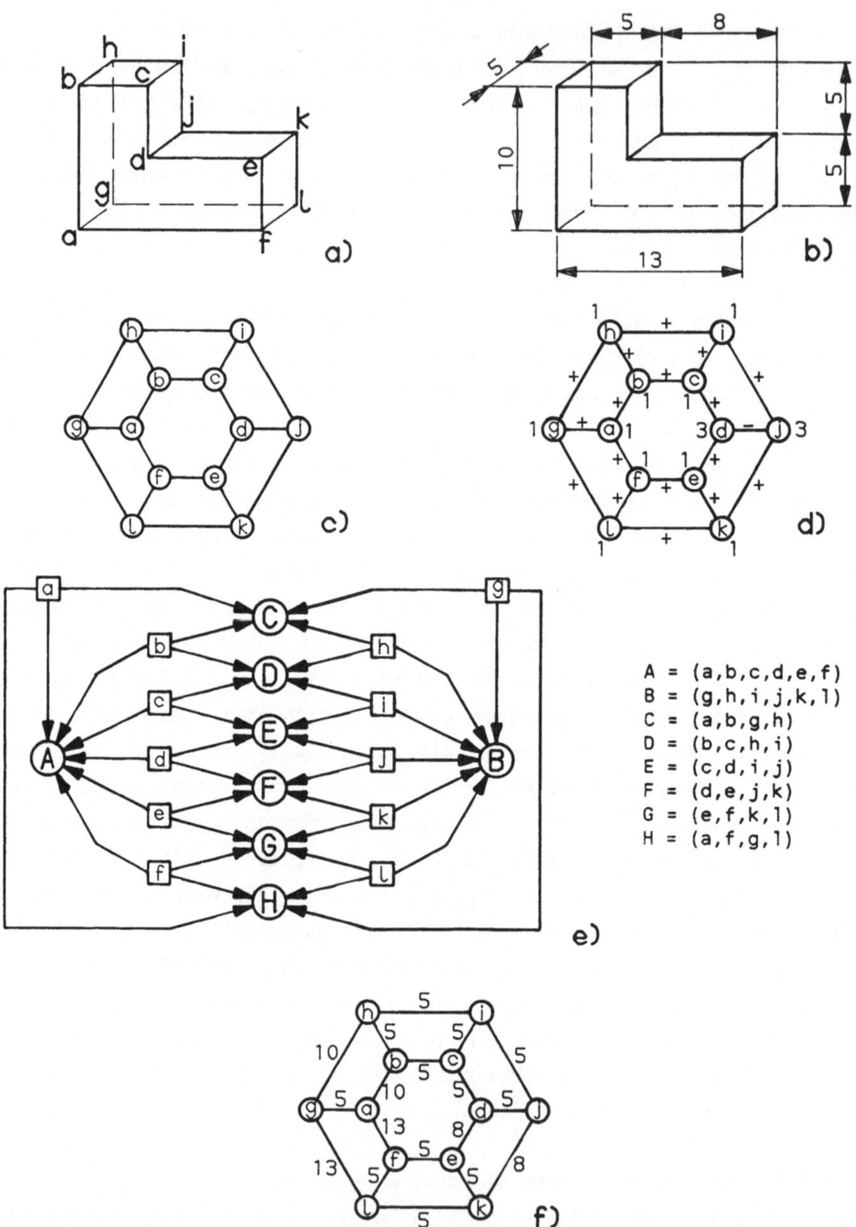

Bild 3.1 Darstellung eines 3-D Objekts durch Relationalstrukturen. a) 3-D Objekt-Prototyp, b) Prototyp mit Längenangaben, c) Darstellung durch ungerichteten, unmarkierten Graphen, d) Darstellung durch markierten Graphen, e) Darstellung durch Relationalstruktur, f) Darstellung durch attributierten Graphen.

ein Paar

$$S = (N,R), \qquad (3.1.3)$$

wobei N wiederum eine endliche Knotenmenge und $R = (R_1,\ldots,R_m)$ ein m-Tupel von Relationen ist. Bei R_i, $1 \leq i \leq m$, handelt es sich um eine k_i-stellige Relation, $k_i \geq 1$. Offensichtlich ist ein Graph mit Kantenmarkierungen ein Spezialfall für $k_i = 2$. Die Erweiterung einer Relationalstruktur um Knotenmarkierungen kann analog zu Graphen geschehen.

Als Beispiel ist in Bild 3.1.e eine mögliche formale Darstellung des Objekt-Prototypen von Bild 3.1.a durch eine Relationalstruktur gegeben. Die Knoten A,B,...,H entsprechen jeweils einer begrenzenden Ebene des Polyeders. So repräsentiert z.B. Knoten A die durch die Ecken a,b,...,f definierte Ebene in Bild 3.1.a. Die übrigen Zusammenhänge zwischen den Knoten der Relationalstruktur und den begrenzenden Flächen des Objekts in Bild 3.1.a können direkt Bild 3.1.e entnommen werden. Es tritt in Bild 3.1.e eine dreistellige Relation auf zur Modellierung der Eigenschaft, dass drei Grenzflächen des Objekts eine gemeinsame Ecke besitzen. Die Reihenfolge der Argumente, d.h. der Grenzflächen innerhalb eines 3-Tupels der Relation spielt hierbei keine Rolle. Die grafische Darstellung eines Elements der Relation erfolgt durch ein Rechteck mit drei wegführenden Pfeilen, die auf die Argumente verweisen. Die in den Rechtecken enthaltenen Bezeichnungen a,b,...,l entsprechen den Ecken in Bild 3.1.a.

Eine mächtige Erweiterung der bisher behandelten Relationalstrukturen, insbesondere hinsichtlich der Modellierungsfähigkeit, ergibt sich aus der Verwendung von _Attributen_. Man gelangt so, zu einer attributierten Relationalstruktur. Ein Attribut ist eine Funktion, welche einem Knoten oder einem Element einer n-stelligen Relation zugeordnet wird und welche dem Knoten bzw. dem Element der Relation einen Wert aus einem bestimmten Wertbereich zuordnet. Im ersten Fall spricht man von Knoten-, im zweiten Fall von Relationsattributen.

Eine _attributierte Relationalstruktur_ kann formal als Paar

$$S_a = (N_a,R_a) \qquad (3.1.4)$$

definiert werden. N_a ist eine endliche Menge von attributierten Knoten der Form $(x,\underline{\alpha})$, wobei $x \in N$ ein Knoten im Sinne von Gleichung (3.1.3) ist und der sog. Attributvektor $\underline{\alpha} = (\alpha_1,\ldots,\alpha_k)$ aus Funktionen $\alpha_i: N \to D_{\alpha_i}$ besteht, die jeweils einen Knoten $x \in N$ auf einen Wert aus einem Wertebereich D_{α_i} abbilden, $1 \leq i \leq k$. In ähnlicher Weise geht R_a aus dem m-Tupel $(R_1,\ldots,R_m)$ nach Gleichung (3.1.3) hervor, indem jedes Element $(x_1,\ldots,x_l)$ einer l-stelligen Relation R_j um einen Attributvektor $\underline{\beta} = (\beta_1,\ldots,\beta_s)$ erweitert wird mit $\beta_i: N^l \to D_{\beta_i}$. Ein

Relationsattribut β_i ist somit eine Funktion, die einem Element der Relation einen Wert aus einem Wertbereich D_{β_i} zuordnet.

Wir betrachten als Beispiel Bild 3.1.b in der Annahme, dass bei der Modellierung des Prototypen durch einen Graphen oder eine Relationalstruktur die Länge der Kanten eine Rolle spielt und erweitern den Graphen von Bild 3.1.c um die entsprechenden Attribute. Dazu verwenden wir das Attribut LAENGE: $N \times N \rightarrow N$, welches jeder Kante $z = (x,y) \in N \times N$ ihre Länge zuordnet. (N möge die Menge der natürlichen Zahlen bezeichnen.) Für eine konkrete Kante z liefert LAENGE(z) einen konkreten Zahlenwert, eben die gesuchte Länge. Eine graphische Darstellung ist in Bild 3.1.f gezeigt. Aehnlich könnte man den Knoten A,B,..., H in Bild 3.1.e Attribute zuordnen zur Darstellung von Flächeninhalt, Texturkoeffizienten, Farbe etc. der den Prototyp begrenzenden Ebenen.

Attribute werden in einer Relationalstruktur typischerweise verwendet, um quantitative Grössen zum Ausdruck zu bringen, während Knoten und Relationen zusammen mit ihren Markierungen eher strukturell-qualitative Aspekte repräsentieren. Abschliessend muss jedoch nochmals festgehalten werden, dass die Wahl von Attributen bei der Modellierung eines Problemkreises durch Relationalstrukturen i.a. nicht eindeutig bestimmt ist.

3.2 Semantische Netze – Konzepte und Instanzen

Semantische Netze sind ein Formalismus zur Wissensrepräsentation, bei welchem die Modellierung von Objekten und ihrer gegenseitigen Relationen im Vordergrund steht. Die in Kap. 3.1. behandelten Graphen und Relationalstrukturen können - insbesondere dann, wenn sie mit Attributen versehen sind - als eine primitive Form semantischer Netze aufgefasst werden. Ein semantisches Netz in seiner allgemeinen Form unterscheidet sich von einer Relationalstruktur im wesentlichen in zwei Aspekten. Erstens sind die Knoten eines semantischen Netzes komplexere Einheiten als die Knoten einer Relationalstruktur und zweitens treten in semantischen Netzen spezielle Relationen auf, mit denen eine Bedeutung assoziiert wird, welche allgemeiner ist als die Bedeutung der Relationen einer Relationalstruktur. Wir wollen uns in Kap. 3.2. auf die Struktur von Knoten in semanischen Netzen konzentrieren; eine Behandlung der Relationen folgt in Kap. 3.3.

Der syntaktische Aufbau eines Knotens eines semantischen Netzes ist in Bild 3.2.a,b gezeigt. Die gewählte Syntax korrespondiert mit keinem der aus der Literatur bekannten Formalismen exakt, bringt jedoch die wesentlichen Ideen dieser Ansätze zum Ausdruck. Knoten eines semantischen Netzes werden häufig auch als _Frames_ oder _Konzepte_ bezeichnet. Es soll im folgenden vor allem von der zweiten Bezeichnung Gebrauch gemacht werden. Die Darstellung eines Konzepts kann auch grafisch erfolgen, indem etwa eine Ellipse oder ein Rechteck, in welches der Name des Konzepts eingetragen ist, als Kern verwendet und mit markierten Pfeilen auf die übrigen Komponenten verwiesen wird. Diese Form der Darstellung führt jedoch bei Konzepten mit vielen Komponenten leicht zur Unübersichtlichkeit, weshalb im folgenden einer textuellen Darstellung nach Bild 3.2.a,b der Vorzug gegeben wird.

Die syntaktische Definition in Bild 3.2.a,b verwendet die erweiterte Backus-Naur Form, wie sie z.B. für die Definition der Programmiersprache PASCAL verwendet wurde. Terminale syntaktische Kategorien, die in einem konkreten Konzept auftreten, sind durch Folgen von unterstrichenen Grossbuchstaben, z.B. KONZEPT, INSTANZEN, TYP dargestellt, während Folgen von Kleinbuchstaben, z.B. konzeptname, typ oder prozedur nichtterminalen Kategorien entsprechen. Die Schreibweise [x] bedeutet die null- oder einmalige Wiederholung der durch x gegebenen Zeichenkette, während {x} für beliebig viele Wiederholungen von x steht, einschliesslich der nullmaligen Wiederholung. Somit kann z.B. eine beliebige Anzahl $n > 0$ von Konzeptnamen, jeweils durch Komma getrennt, in der Komponente GENERALISIERUNGEN eines Konzepts auftreten.

```
KONZEPT konzeptname
        GENERALISIERUNGEN [konzeptname {,konzeptname }]
        SPEZIALISIERUNGEN [konzeptname {,konzeptname }]
        INSTANZEN [instanzname {,instanzname }]
        [ATTRIBUTE
           attributname: attributdefinition
          {attributname: attributdefinition }]
ENDE konzeptname
```

Bild 3.2.a Syntaktischer Aufbau eines Konzepts

```
TYP typ
WERTEBEREICH wertebereich
ANZAHL-WERTE min, max
WERTE werte
DEFAULTWERTE werte
BERECHNUNG prozedur
AKTION-BEI-EINFÜGEN prozedur
```

Bild 3.2.b Syntaktischer Aufbau von "attributdefinition" in Bild 3.2.a

Im folgenden soll der in Bild 3.2.a,b dargestellte syntaktische Aufbau genauer diskutiert werden. Ein Konzept besteht auf oberster Ebene aus verschiedenen Komponenten, nämlich einer Komponente GENERALISIERUNGEN, einer Komponente SPEZIALISIERUNGEN u.s.w. Mithilfe dieser Komponenten soll ein Objekt, Ereignis, o.ä. aus einem Problemkreis mit allen seinen für eine bestimmte Anwendung interessierenden Eigenschaften vollständig beschrieben werden. Die Komponenten eines Konzepts werden in der Literatur häufig auch als <u>Slots</u> bezeichnet.

Bei den nichtterminalen syntaktischen Kategorien "konzeptname", "instanzname" und "attributname" handelt es sich um Identifikatoren im Sinne höherer Programmiersprachen zur Bezeichnung von Konzepten, Instanzen und Attributen. (Der Begriff Instanz wird später in diesem Kapitel erläutert.) Ueber diese Namen können Konzepte, Instanzen und Attribute extern von anderen Konzepten, Instanzen oder Programmen aus angesprochen werden. Die Slots GENERALISIERUNGEN, SPEZIALISIERUNGEN und INSTANZEN enthalten die Namen derjenigen Konzepte und Instanzen, die mit dem aktuellen Konzept direkt benachbart, d.h. über eine Relation verbunden sind. Eine genauere Behandlung der Relationen folgt in Kap. 3.3. Die Charakterisierung eines Konzepts im engeren Sinn erfolgt durch die Angabe verschiedener Attribute. (Man beachte hier auch den in Kap. 3.3. diskutierten Mechanismus der Vererbung von Slots.)

Zur Angabe eines Attributs ist ein Attributname und eine Attributdefinition erforderlich. Der syntaktische Aufbau einer Attributdefinition ist in Bild 3.2.b dargestellt. Während die in Bild 3.1.f betrachteten Attribute jeweils durch eine Funktion bzw. ihren Wert gegeben waren, handelt es sich bei den Attributen in einem allgemeinen semantischen Netz um komplexere Strukturen, die durch verschiedene Unterkomponenten charakterisiert sind. Als Typ eines Attributs treten üblicherweise aus höheren Programmiersprachen bekannte zusammengegesetzte oder elementare Datentypen, wie z.B. INTEGER oder ARRAY auf sowie Konzepte. Durch die Angabe eines Wertebereichs kann der durch den Typ a priori definierte Bereich eingeschränkt werden. Soll z.B. die Länge einer Geraden in einem digitalen Bild der Grösse 1024 x 1024 durch ein Attribut dargestellt werden, so könnte als Typ INTEGER mit dem Intervall [0,1448] als Wertebereich gewählt werden. (Die Obergrenze entspricht der Länge der Bilddiagonale.) Es ist durchaus denkbar, dass ein Attribut mehrere Werte besitzt. Z.B. ist es sinnvoll, bei der Beschreibung einer Person unter dem Attribut HOBBIES verschiedene Werte anzugeben, z.B. TENNIS, LITERATUR etc. In der Unterkomponente ANZAHL-WERTE ist es möglich, eine untere und obere Grenze für die Anzahl der verschiedenen Attributwerte anzugeben. Die Unterkomponente WERTE dient

schliesslich der konkreten Angabe der Werte eines Attributs. Sind zum aktuell-
en Zeitpunkt keine konkreten Werte für ein Attribut bekannt, so sind die unter
DEFAULTWERTE eingetragenen Angaben massgebend. In der Unterkomponente BERECH-
NUNG kann für das betrachtete Attribut eine Prozedur zur Berechnung eines oder
mehrerer Werte angegeben werden. Eine derartige Berechnungsprozedur wird manchmal auch als "if-needed"-Prozedur bezeichnet. Es sind hier verschiedene Varianten denkbar, z.B. dass direkt Programmcode in einer höheren Programmiersprache
verwendet wird, oder dass ein Prozeduraufruf in Form eines Prozedurnamens mit
Parametern steht. Die in der Unterkomponente AKTION-BEI-EINFUEGEN angegebene
Prozedur, manchmal auch "if-done"-Prozedur genannt, ist im Sinne einer sekun-
dären Aktion zu verstehen, die ausgeführt wird, wenn ein Wert für das betrachtete Attribut berechnet und in der WERT-Unterkomponente eingetragen wurde.
Derartige Sekundäraktionen können z.B. verwendet werden, um alphanumerische
oder grafische Meldungen an den Benutzer am Bildschirm auszugeben oder um In-
dextabellen zu aktualisieren.

Eine genauere Betrachtung von Bild 3.2.b zeigt, dass drei Unterkomponenten
in einer Attributdefinition Angaben über den Wert bzw. die Werte eines Attributs enthalten können, nämlich WERTE, DEFAULTWERTE und BERECHNUNG. Dies macht
es nötig, eine Vorrangregelung unter diesen Unterkomponenten zu vereinbaren.
Ueblicherweise besitzt WERTE die höchste Priorität, d.h. dass bei der Bestimmung des Werts eines Attributs zunächst auf die Unterkomponente WERTE zugegriffen wird. Hat nun DEFAULTWERTE höhere Priorität als BERECHNUNG, so wird
für den Fall, dass die WERTE-Unterkomponente unbesetzt ist, als nächstes die
DEFAULTWERTE-Unterkomponente geprüft und erst dann, wenn auch hier kein Eintrag vorliegt, die unter BERECHNUNG angegebene Prozedur aktiviert, die dann
den gewünschten Wert bzw. die gewünschten werte liefert. Besitzt umgekehrt
BERECHNUNG höhere Priorität als DEFAULTWERTE, so würden erst in dem Fall, dass
die in der BERECHUNG-Unterkomponente angegebene Prozedur keinen Wert liefern
kann (z.B. weil andere Attributwerte, die als Eingabedaten verwendet werden,
ebenfalls unbekannt sind) eventuell angegebene Defaultwerte als aktuelle Attributwerte verwendet. Ueblicherweise ist einer der oben skizzierten Mechanismen zur Prioritätenregelung fester Bestandteil einer Sprache zur Repräsentation semantischer Netze.

Ein Beispiel mit dem Konzept FAHRZEUG ist in Bild 3.3 angegeben. Die Slots
GENERALISIERUNGEN, SPEZIALISIERUNGEN und INSTANZEN werden in Kap. 3.3. noch
genauer diskutiert. Im vorliegenden Beispiel wird vereinfachend angenommen,
dass ein Fahrzeug durch die Angabe des Herstellers, der Farbe und der Anzahl

der Räder bereits hinreichend genau beschrieben ist. Die Unterkomponenten TYP und WERTEBEREICH sämtlicher Attribute bedürfen keiner weiteren Erklärung. (Wir beschränken uns auf lediglich drei Fahrzeughersteller und drei Farben.) In der Unterkomponente ANZAHL-WERTE ist festgelegt, dass ein konkretes Fahrzeug genau einen Hersteller, genau eine Farbe und entweder zwei oder vier Räder besitzt. Die Darstellung in Bild 3.3 enthält keine konkreten Attributwerte und auch keine Defaultwerte. Bei den Attributen HERSTELLER und FARBE ist in der BERECH-NUNG-Unterkomponente jeweils der Aufruf einer fiktiven Prozedur angegeben, welche die gesuchten Werte den Fahrzeug-Papieren entnimmt, während beim Attribut ANZAHL-RAEDER direkt eine Entscheidungsregel angegeben ist. Die Prozedur STATISTIK im Attribut FARBE kann man sich als eine Buchhaltungsoperation vorstellen, welche die Häufigkeit der Farben der dem System bekannten Fahrzeuge notiert.

Ein Konzept nach Bild 3.3 erinnert an einen zusammengesetzten Datentyp, wie er von höheren Programmiersprachen her bekannt ist. Eine wesentliche Verallgemeinerung ergibt sich jedoch aus dem in Kap. 3.3. behandelten Vererbungsmechanismus. Eine weitere, bei Datentypen herkömmlicher Art nicht vorhandene Möglichkeit ist die Angabe von Prozeduren in den BERECHNUNG- und AKTION-BEI-EINFUEGEN-Unterkomponenten der Attribute. Aufgrund dieser Verankerung von Prozeduren, im Englischen "procedural attachment" genannt, kann man semantische Netze als hybriden Formalismus zur Wissensrepräsentation betrachten, der sowohl die Darstellung prozeduralen als auch deklarativen Wissens erlaubt. Eine deklarative Methode der Wissensrepräsentation ist dadurch charakterisiert, dass die Aussagen über einen Problemkreis passive Bestandteile der Wissensbasis eines Systems darstellen, die der Abarbeitung durch einen Interpreter bedürfen. Im Gegensatz dazu ist das mithilfe einer prozeduralen Methode formulierte Wissen aktiver Natur, d.h. direkt ausführbarer Code. Eine andere Charakterisierung lautet, dass bei einer deklarativen Methode eher das "Was", bei einer prozeduralen Methoden dagegen eher das "Wie" der Eigenschaften von Elementen eines Problemkreises im Vordergrund steht.

Ein Konzept, wie es z.B. in Bild 3.3 betrachtet wurde, kann als generisches Element verstanden werden, welches prototypisch für eine Klasse von Objekten, Ereignissen etc. steht, zu welcher eine potentiell unendliche Anzahl individueller Mitglieder gehört. Ist im Zusammenhang mit semantischen Netzen von einem Konzept die Rede, so ist damit meist eine derartige generische Grösse, also ein Prototyp für eine Klasse gemeint. Die individuellen Mitglieder einer Klasse werden dagegen üblicherweise als Instanzen bezeichnet.

```
KONZEPT FAHRZEUG
    GENERALISIERUNGEN  BEWEGLICHES-OBJEKT
    SPEZIALISIERUNGEN  PKW, MOTORRAD
    INSTANZEN -
    ATTRIBUTE
    HERSTELLER:
        TYP STRING
        WERTEBEREICH {VW,BMW,OPEL}
        ANZAHL-WERTE 1,1
        WERTE -
        DEFAULTWERTE -
        BERECHNUNG PROCEDURE PRUEFE-PAPIERE (HERSTELLER)
        AKTION-BEI-EINFUEGEN -
    FARBE:
        TYP STRING
        WERTEBEREICH {WEISS,GRUEN,SCHWARZ}
        ANZAHL-WERTE 1,1
        WERTE -
        DEFAULTWERTE -
        BERECHNUNG PROCEDURE PRUEFE-PAPIERE (FARBE)
        AKTION-BEI-EINFUEGEN PROCEDURE STATISTIK
    ANZAHL-RAEDER:
        TYP INTEGER
        WERTEBEREICH {2,4}
        ANZAHL-WERTE 1,1
        WERTE -
        DEFAULTWERTE -
        BERECHNUNG IF PKW THEN 4 ELSE 2
        AKTION-BEI-EINFUEGEN -
ENDE FAHRZEUG
```

Bild 3.3 Beispiel für ein Konzept nach der Syntax von Bild 3.2.a,b

```
INSTANZ instanzname
    INSTANZ-VON konzeptname {,konzeptname}
    [ATTRIBUTE
      attributname : attributwert
      {attributname : attributwert}]
ENDE instanzname
```

Bild 3.4 Syntaktischer Aufbau einer Instanz

```
INSTANZ AUTO1
    INSTANZ-VON PKW
    ATTRIBUTE
    HERSTELLER : VW
    FARBE : WEISS
    ANZAHL-RAEDER : 4
ENDE AUTO1
```

Bild 3.5 Eine Instanz des Konzepts von Bild 3.3

Die Syntax einer <u>Instanz</u> ist in Bild 3.4 angegeben. Im Slot INSTANZ-VON
kann eine beliebige Anzahl n>1 von Konzepten angegeben werden. Dies sind die
Namen der Klassen, zu denen das betrachtete Individuum gehört. (Die Zuordnung
eines Individuums zu mehr als einer Klasse kann durchaus sinnvoll sein. Z.B.
kann ein menschliches Individuum verschiedenen Klassen wie INFORMATIKER, TEN-
NISSPIELER, WEIBLICH etc. angehören.) Im Gegensatz zu einem Konzept, in welchem die Attribute eine generische Rolle spielen und deshalb durch eine Reihe
von Unterkomponenten charakterisiert werden, sind bei einer Instanz lediglich
die Werte eines Attributs relevant. Ein Beispiel für eine Instanz des in Bild
3.3 gezeigten Konzepts ist in Bild 3.5 angegeben. Es handelt sich hierbei um
einen weissen PKW des Herstellers VW mit vier Rädern, welcher den Namen AUTO1
besitzt.

Die verschiedenen Angaben in den Attributdefintionen eines Konzepts impli-
zieren semantische Bedingungen hinsichtlich der Attributwerte in den zugehörigen Instanzen. Die erste dieser Bedingungen besagt, dass eine Instanz semantisch nur dann korrekt ist, wenn alle Attributwerte bezüglich des Typs und des
Wertebereichs den im Konzept getroffenen Vereinbarungen entsprechen. Weiterhin
muss die Anzahl der verschiedenen Werte eines bestimmten Attributs in einer
Instanz innerhalb des im Konzept durch Minimum und Maximum spezifizierten Be-
reichs liegen. Hieraus folgt insbesondere, dass alle in einem Konzept angegebenen Attribute in jeder Instanz dieses Konzepts in Form einer Menge von
zugehörigen Attributwerten auftreten müssen, solange die Konzeptdefinition
unter ANZAHL-WERTE nicht den Wert Null als Minimum enthält. Gehört eine Instanz zu mehreren Konzepten, so können in diesem Zusammenhang Konflikte auftreten. Eine genauere Diskussion hierzu folgt in Kap. 3.3.

Unter der Annahme, dass das in Bild 3.5 unter INSTANZ-VON angegebene Konzept PKW die gleichen Attribute wie das in Bild 3.3 definierte Konzept FAHR-
ZEUG besitzt überzeugt man sich leicht, dass die oben diskutierten semantisch-
en Korrektheitsbedingungen für Bild 3.5 erfüllt sind. Es treten nämlich alle
in Bild 3.3 angegebenen Attribute in Bild 3.5 auf. Jedes dieser Attribute besitzt genau einen Wert, welcher hinsichtlich des Typs und Wertebereichs den
Spezifikationen in Bild 3.3 entspricht.

3.3 Semantische Netze – Relationen und Vererbung

Das vorliegende Kapitel ist den Relationen gewidmet, die in einem semantischen Netz existieren. Ein erster Typ dieser Relationen trat bereits in Kap. 3.2. auf. Es handelt sich um die im INSTANZ-VON-Slot einer Instanz angegebenen Konzeptnamen. Jeder derartige Name stellt einen Verweis dar auf das entsprechende Konzept und kann z.B. grafisch durch eine Kante repräsentiert werden, welche zwischen dem das Konzept und dem die Instanz repräsentierenden Knoten verläuft. Eine derartige zweistellige Relation soll im folgenden als INSTANZ-VON-Relation bezeichnet werden. Aus Konsistenzgründen verlangen wir, dass zu jedem Verweis im INSTANZ-VON-Slot einer Instanz I auf ein Konzept K ein Verweis im INSTANZEN-Slot von K auf I existiert und umgekehrt. Die Umkehrung der INSTANZ-VON-Relation, d.h. die durch die Verweise von den Konzepten auf die Instanzen gegebene Relation bezeichnen wir als INSTANZ-Relation. Als Beispiel für die beiden genannten Relationen betrachte man die Instanz AUTO1 in Bild 3.5 und das zugehörige Konzept PKW in Bild 3.6.

Ein wichtiger Aspekt bei der Verwendung semantischer Netze zur Wissensrepräsentation ist der explizite Umgang mit Ober- und Unterklassen. Sowohl eine aktuell betrachtete Klasse von Objekten, Ereignissen etc. als auch jede ihrer Ober- und Unterklassen werden jeweils durch ein Konzept repräsentiert. Ist Klasse A eine Unterklasse von B (oder in anderen Worten, ist B eine Oberklasse von A) so nennt man A auch Spezialisierung von B und B Generalisierung von A. Die in einem Konzept X in den Slots GENERALISIERUNGEN bzw. SPEZIALISIERUNGEN angegebenen Konzeptnamen bezeichnen nun genau die Menge der Ober- bzw. Unterklassen von X. Um auch hier die Konsistenz zu gewährleisten, fordern wir, dass zu jedem im GENERALISIERUNGEN-Slot eines Konzepts A eingetragenen Verweis auf ein Konzept B der SPEZIALISIERUNGEN-Slot von B einen Verweis auf A enthält und umgekehrt. Ist im folgenden die Rede davon, dass Konzept A eine Generalisierung (bzw. Spezialisierung) von B ist, so impliziert dies automatisch, dass B Spezialisierung (bzw. Generalisierung) von A ist, auch wenn dies nicht explizit erwähnt wird. Aus Gründen, die in Kap. 3.4. im Zusammenhang mit der Abarbeitung eines semantischen Netzes durch einen Interpreter offensichtlich werden, ist es sinnvoll zu fordern, dass die GENERALISIERUNGEN- bzw. SPEZIALISIERUNGEN-Relation eine Halbordnung darstellt. Hieraus folgt insbesondere, dass bezüglich dieser Relationen keine Zyklen in semantischen Netzen auftreten können. Als Beispiel für die GENERALISIERUNGEN- und SPEZIALISIERUNGEN-Relation können das Konzept PKW in Bild 3.6 und das Konzept FAHRZEUG in Bild 3.3 dienen. Die GENERALISIERUNGEN- und SPEZIALISIERUNGEN-Slots werden - ebenfalls wie die INSTANZEN- und INSTANZ-VON-Slots - zur textuellen Darstellung der direkten Nachbarschaften von Konzepten in semantischen Netzen verwendet. Eine andere Möglichkeit besteht z.B. darin, Konzepte (einschliesslich ihrer Attribute) durch Knoten und Relationen durch.markierte Kanten zu repräsentieren.

```
KONZEPT PKW
     GENERALISIERUNGEN FAHRZEUG
     SPEZIALISIERUNGEN -
     INSTANZEN AUTO1
ENDE PKW
```

Bild 3.6 Das Konzept PKW als Spezialisierung des Konzepts FAHRZEUG von
         Bild 3.3

```
KONZEPT MOTORRAD
     GENERALISIERUNGEN FAHRZEUG
     SPEZIALISIERUNGEN -
     INSTANZEN MOTO1, MOTO2
     ATTRIBUTE
     HERSTELLER:
          TYP STRING
          WERTEBEREICH {BMW}
          ANZAHL-WERTE 1,1
          WERTE BMW
          DEFAULTWERTE -
          BERECHNUNG -
          AKTION-BEI-EINFUEGEN -
     FARBE:
          TYP STRING
          WERTEBEREICH {WEISS,SCHWARZ}
          ANZAHL-WERTE 1,1
          WERTE -
          DEFAULTWERTE -
          BERECHNUNG PROCEDURE PRUEFE-PAPIERE (FARBE)
          AKTION-BEI-EINFUEGEN PROCEDURE STATISTIK
     FUEHRERSCHEINKLASSE:
          TYP INTEGER
          WERTEBEREICH {4,5}
          ANZAHL-WERTE 1,1
          WERTE -
          DEFAULTWERTE 4
          BERECHNUNG PROCEDURE PRUEFE-PAPIERE (FKLASSE)
          AKTION-BEI-EINFUEGEN -
ENDE MOTORRAD
```

Bild 3.7 Das Konzept MOTORRAD als Spezialisierung des Konzepts FAHRZEUG von
         Bild 3.3

Die zentrale Idee, die in semantischen Netzen mit der GENERALISIERUNGEN-
und SPEZIALISIERUNGEN-Relation verknüpft ist und bezüglich welcher diese Relationen über die in einer Relationalstruktur verwendeten Relationen hinausgehen, ist das Vererbungsprinzip. Es besagt, dass ein Konzept A alle seine
Attribute auf jede seiner Spezialisierungen vererbt bzw. dass umgekehrt ein
Konzept B von jeder seiner Generalisierungen sämtliche dort angegebenen Attribute erbt. Somit spielt ein Konzept die Rolle eines Prototypen, der Attribute
nicht nur für seine direkten Klassenmitglieder, sondern auch für alle Unterklassen und deren Mitglieder festlegt. Als Beispiel betrachte man in Bild 3.6
das Konzept PKW als Spezialisierung des Konzepts FAHRZEUG in Bild 3.3. Das
Konzept PKW enthält explizit keine Attribute, besitzt aber dennoch die drei
Attribute HERSTELLER, FARBE und ANZAHL-RAEDER, die mittels des Vererbungsprinzips von FAHRZEUG auf PKW übertragen werden. Durch das Vererbungsprinzip kann
eine kompakte und der menschlichen Anschauung entgegenkommende Form der Repräsentation erzielt werden, indem ein Attribut in einer Hierarchie von Ober-
bzw. Unterklassen jeweils nur an einer Stelle angegeben wird und zwar bei der
allgemeinsten Klasse, für welche das Attribut relevant ist.

Häufig bleibt beim Uebergang von einer Klasse zu einer Spezialisierung ein
Attribut zwar noch grundsätzlich relevant, muss aber in Details modifiziert
werden. Gibt man beispielsweise bei einem Konzept MENSCH als WERTEBEREICH für
das Attribut ALTER ein Intervall mit der Untergrenze 0 an, so liegt es nahe,
beim Konzept ERWACHSENER, einer Spezialisierung von MENSCH, dieses Attribut
zu modifizieren, indem man die Untergrenze von WERTEBEREICH auf 18 festlegt.
Eine Modifikationsregel für Attribute, wie sie häufig in semantischen Netzen
Verwendung findet, ist im folgenden beschrieben. Es sei X ein Konzept mit einem Attribut mit Namen A und es sei ferner Y eine Spezialisierung von X. Tritt
in Y kein Attribut namens A explizit auf, so erbt Y das Attribut A von X und
zwar ohne Modifikation mit allen den in X angegebenen Unterkomponenten. (Als
Beispiel betrachte man die Attribute HERSTELLER, FARBE und ANZAHL-RAEDER im
Konzept PKW in Bild 3.6.) Enthält dagegen auch Y ein Attribut mit Namen A, so
ist der Vererbungsmechanismus von X auf Y bezüglich A ausser Kraft gesetzt. In
diesem Fall ist nur das in Y angegebene Attribut mit Namen A für Y massgebend,
d.h. das in X angegebene Attribut namens A ist für Y irrelevant. Als Beispiel
betrachte man das Konzept MOTORRAD in Bild 3.7. MOTORRAD besitzt ein (explizit
nicht angegebenes) Attribut ANZAHL-RAEDER, welches von der Generalisierung
FAHRZEUG in Bild 3.3 geerbt wird. Da die Attribute HERSTELLER und FARBE explizit in Bild 3.7 auftreten, wird der Vererbungsmechanismuss von FAHRZEUG auf
MOTORRAD bezüglich dieser beiden Attribute blockiert. Dies bedeutet, dass für

das Konzept MOTORRAD spezielleres Wissen über diese beiden Attribute verwendet wird. In unserem fiktiven Beispiel gehen wir davon aus, dass es unter den betrachteten Fahrzeugherstellern nur einen Hersteller von Motorrädern gibt und dass nur WEISS oder SCHWARZ mögliche Farben für Motorräder sind.

Der eben geschilderte Vererbungsmechanismus, einschliesslich der Ausserkraftsetzung, kann auch aus zugriffsorientierter Sicht veranschaulicht werden. Soll auf ein Attribut mit Namen A eines Konzepts X zugegriffen werden, so wird zunächst geprüft, ob in X das gewünschte Attribut explizit angegeben ist. Falls dies nicht der Fall ist, werden alle direkten Generalisierungen $Y_1,\ldots,$ Y_n von X auf das explizite Vorhandensein des Attributs mit Namen A geprüft, anschliessend alle Generalisierungen $Z_1,\ldots,Z_{i_m}$ des Konzepts Y_i, $i=1,\ldots,n$ u.s.w. Ist die dem Netz durch die GENERALISIERUNGEN- und SPEZIALISIERUNGEN-Relation aufgeprägte Struktur nicht baumförmig - wir hatten zu Beginn dieses Kapitels nur die Eigenschaft einer Halbordnung gefordert - so können bei einer derartigen Zugriffsstrategie Konflikte auftreten. Besitzt nämlich ein Konzept X zwei Generalisierungen Y und Z und besitzt ferner Y und Z jeweils ein Attribut namens A, welches nicht explizit in X angegeben ist, so ist a priori nicht klar, ob X das Attribut A von Konzept Y oder Z erbt. In diesem Fall sind zusätzliche Regeln zur Konfliktauflösung erforderlich. Eine solche Regel kann z.B. lauten, dass für jedes potentielle Konflikt-Attribut die Konzepte des Netzes nach Prioritäten zu ordnen sind und das Attribut von dem Konzept mit höchster Priorität geerbt wird.

Ein Konzept kann neben den von seinen Generalisierungen geerbten und eventuell modifizerten Attributen weitere, in den Generalisierungen nicht vorhandene Attribute besitzen. Ein Beispiel ist das Attribut FUEHRERSCHEINKLASSE in Bild 3.7. Dieses Konzept existiert in der Generalisierung nicht. Es würde jedoch auf alle Spezialisierungen von MOTORRAD vererbt, falls solche vorhanden wären und die Modifikationsregel nicht in Kraft träte.

Sämtliche bisher zu den GENERALISIERUNGEN- und SPEZIALSIERUNGEN-Relationen durchgeführten Ueberlegungen zur Vererbung gelten sinngemäss auch für die INSTANZ-VON- und INSTANZEN-Relationen. D.h. dass die Attribute der Instanz eines Konzepts X festgelegt sind durch genau die Attribute, welche X besitzt, wobei i.a. ein Teil dieser Attribute explizit in X angegeben ist, während der Rest von Generalisierungen geerbt wird. Der grundsätzliche Unterschied zwischen Konzepten und Instanzen besteht darin, dass Attribute in Instanzen lediglich durch Werte charakterisiert sind und dass auf die Angabe von TYP,

WERTEBEREICH etc. verzichtet wird. Umgekehrt ist es aber für die semantische Korrektheit einer Instanz Bedingung, dass alle Attribute tatsächlich mit konkreten Werten belegt sind, solange nicht die Zahl 0 als mögliche ANZAHL-WERTE für ein bestimmtes Attribut spezifiziert wurde. Die Belegung eines Attributs einer Instanz mit einem Wert bedeutet, dass entweder der Wert explizit in der Instanz angegeben ist oder dass er in einem Konzept auftritt und von dort per Vererbungsprinzip entlang von SPEZIALISIERUNGEN- und INSTANZEN-Relationen auf die Instanz übertragen wird. Z.B. besitzt das Attribut HERSTELLER im Konzept MOTORRAD in Bild 3.7 einen konkreten Wert, der per Vererbungsprinzip auf die beiden Instanzen MOTO1 und MOTO2 übertragen wird, so dass in diesen Instanzen das HERSTELLER-Attribut nicht mehr explizit angegeben werden muss.

Die bisher betrachteten INSTANZEN-, INSTANZ-VON-, GENERALISIERUNGEN- und SPEZIALISIERUNGEN-Relationen bilden die Standardrelationen eines semantischen Netzes. Verschiedene Repräsentationsformalismen für semantische Netze beinhalten weitere Standardrelationen, z.B. die Relation TEIL mit ihrer Inversen TEIL-VON. Mithilfe dieser Relationen soll modelliert werden, wie komplexe, durch Konzepte repräsentierte konzeptuelle Einheiten hierarchisch aus einfacheren Bestandteilen aufgebaut sind. Die Verwendung dieser Relationen kann ohne Zweifel bei bestimmten Anwendungen zu einer Erhöhung der Tranzparenz der Darstellung führen. Auf der anderen Seite lassen sich diese Relationen aber auch durch Attribute darstellen. Besitzt z.B. ein Konzept A ein anderes Konzept B als TEIL, so kann man in A ein Attribut mit Namen TEIL vorsehen, welches als WERTE das Konzept B besitzt.

Versucht man, einen Problemkreis mithilfe eines semantischen Netzes zu formalisieren, so treten neben den Standardrelationen i.a. weitere Relationen geometrischer, zeitlicher, kausaler etc. Natur auf. Eine naheliegende Möglichkeit ihrer Darstellung ist dadurch gegeben, dass man in den Konzepten und Instanzen Slots mit entsprechenden Bezeichnungen vorsieht. Die genauere Betrachtung zeigt jedoch, dass dieses Vorgehen einen gravierenden Nachteil mit sich bringt, nämlich den Verlust der Problemunabhängigkeit. Einem Interpreter, welcher zum Zweck der Wissensnutzung über einem semantischen Netz operiert, müssen alle Relationen bekannt sein, und diese Relationen werden bei dem skizzierten Vorgehen von Anwendung zu Anwendung variieren. Somit wäre es nicht mehr möglich - wie z.B. bei der Verwendung der Resolutionsregel beim Prädikatenkalkül - mit einem festen Interpreter oder einer festen Menge von Interpreter-Prozeduren unabhängig von der speziellen Anwendung auszukommen. Die Schwierigkeiten lassen sich jedoch beheben, indem man problemspezifische Relationen

```
KONZEPT GEMEINSAMER-BESITZER
    GENERALISIERUNGEN -
    SPEZIALISIERUNGEN -
    INSTANZEN GB1
    ATTRIBUTE
    ARGUMENT-FAHRZEUG1:
        TYP KONZEPT
        WERTEBEREICH FAHRZEUG
        ANZAHL-WERTE 1,1
        WERTE -
        DEFAULTWERTE -
        BERECHNUNG -
        AKTION-BEI-EINFUEGEN -
    ARGUMENT-FAHRZEUG2:
        TYP KONZEPT
        WERTEBEREICH FAHRZEUG
        ANZAHL-WERTE 1,1
        WERTE -
        DEFAULTWERTE -
        BERECHNUNG -
        AKTION-BEI-EINFUEGEN -
    ARGUMENT-BESITZER:
        TYP KONZEPT
        WERTEBEREICH PERSON
        ANZAHL-WERTE 1,1
        WERTE -
        DEFAULTWERTE -
        BERECHNUNG -
        AKTION-BEI-EINFUEGEN -
ENDE GEMEINSAMER-BESITZER
```

Bild 3.8 Ein Konzept zur Darstellung einer Relation


```
INSTANZ GB1
    INSTANZ-VON GEMEINSAMER-BESITZER
    ATTRIBUTE
    ARGUMENT-FAHRZEUG1:AUTO1
    ARGUMENT-FAHRZEUG2:MOTO2
    ARGUMENT-BESITZER:MUELLER
ENDE GB1
```

Bild 3.9 Eine Instanz des Konzepts in Bild 3.8

durch Konzepte darstellt. Die Attribute dieser Konzepte dienen dazu, auf die Argumente der dargestellten Relation zu verweisen. Als Beispiel ist in Bild 3.8 eine dreistellige Relation angegeben, die besagt, dass ein Fahrzeug X und ein Fahrzeug Y einen gemeinsamen Besitzer Z haben. Eine Instanz hiervon zeigt Bild 3.9. Während die Attribute ARGUMENT-FAHRZEUG1, ARGUMENT-FAHRZEUG2 und ARGUMENT-BESITZER in Bild 3.8 auf andere Konzepte als Argument der Relation verweisen, haben die entsprechenden Verweise in der Instanz in Bild 3.9 jeweils eine Instanz zum Ziel.

3.4 Wissensnutzung in Relationalstrukturen und semantischen Netzen

Probleme der Wissensnutzung und Kontrolle unter allgemeinen Gesichtspunkten sind Gegenstand von Kap.6. Im folgenden wird das Schwergewicht nur auf solche Aspekte gelegt, die direkt mit Relationalstrukturen und semantischen Netzen zu tun haben.

3.4.1 Vergleich von Relationalstrukturen

Relationalstrukturen wie sie in Kap. 3.1. behandelt wurden finden typischerweise Verwendung in der Bildanalyse zur Darstellung von Objekt-Prototypen, ähnlich wie in Bild 3.1 gezeigt. Wir wollen im folgenden vor allem von diesem Anwendungsbereich ausgehen.

Die Verwendung von Verfahren zum Vergleich von Relationalstrukturen, auch <u>Matching</u> genannt, beruht auf der Idee, eine Relationalstruktur R, welche ein unbekanntes Objekt repräsentiert, mit einer Reihe anderer Relationalstrukturen $P_1, \ldots, P_N$, welche jeweils einen Objekt-Prototyp repräsentieren, zu vergleichen. Die Erkennung des unbekannten Objekts erfolgt dadurch, dass es mit dem ähnlichsten Prototyp identifiziert, d.h. der gleichen Objektklasse zugeordnet wird.

Aufgrund der möglichen Variationen der individuellen Mitglieder einer Objektklasse einerseits und aufgrund von Störungen andererseits ist es i.a. nicht möglich, das Auffinden des ähnlichsten Prototypen auf die Bestimmung eines Isomorphismus oder Subgraph-Isomorphismus zurückzuführen (vgl. Kap. 3.1.). Statt dessen geht man i.a. von <u>elementaren Transformationen</u> aus, z.B. dem Löschen, Einfügen und Ummarkieren von Knoten und Relationen. Sind die betrachteten Relationalstrukturen mit Attributen versehen, so werden auch diese von den elementaren Transformationen betroffen. Die formale Definition der Aehnlichkeit von Relationalstrukturen beruht auf <u>Kosten</u> für jede der elementaren Transformationen. Liegen zwei verschiedene Relationalstrukturen R und S vor, so existieren i.a. verschiedene Folgen t elementarer Transformationen, welche R in S überführen. Die Summation der Kosten aller elementarer Transformationen, die in einer bestimmten Folge t auftreten, sei $d_t(R,S)$. Die <u>Aehnlich-</u>

<u>keit</u> von R und S lässt sich nun definieren als

$$d(R,S) = \min_{t} \{d_t(R,S)\} \tag{3.4.1}$$

Je kleiner d(R,S) ist, desto ähnlicher sind sich die Relationalstrukturen R und S.

Erfüllen die Kosten der elementaren Transformationen bestimmte Voraussetzungen, so besitzt d(R,S) die Eigenschaften einer <u>Metrik</u>, wie man leicht nachweisen kann. Ein Algorithmus zum Vergleich von Relationalstrukturen nach Gl. (3.4.1) muss unter allen möglichen Transformationsfolgen t, die R in S überführen, diejenige mit minimalen Kosten finden. Dieses Problem ist in seiner allgemeinen Form mit einer hohen Rechenkomplexität behaftet. Jedoch lassen sich bei konkreten Anwendungen häufig Heuristiken zur Beschleunigung des Verfahrens finden. Insbesondere können hier die in Kap. 6. behandelten Methoden verwendet werden.

Als Beispiel betrachte man den Prototyp-Graphen in 3.10.a, der analog zu Bild 3.1 als Repräsentation einer 3-D Pyramide verstanden werden kann. In Bild 3.10.b ist eine 2-D Projektion einer solchen Pyramide gezeigt. Eine mögliche Graph-Darstellung R, die aus Bild 3.10.b mittels geeigneter Vorverarbeitungs- und Segmentierungsoperationen gewonnen werden kann, ist in Bild 3.10.c dargestellt. Geht man von den beiden Prototypen P_1 in Bild 3.1.c und P_2 in Bild 3.10.a aus und definiert man für jede elementare Transformation Kosten in Höhe von 1, so ergibt sich $d(R,P_1) = 4$ (Einfügung eines Knotens und dreier Kanten in R) sowie $d(R,P_1) < d(R,P_2)$. Somit wird das Objekt in Bild 3.10.b

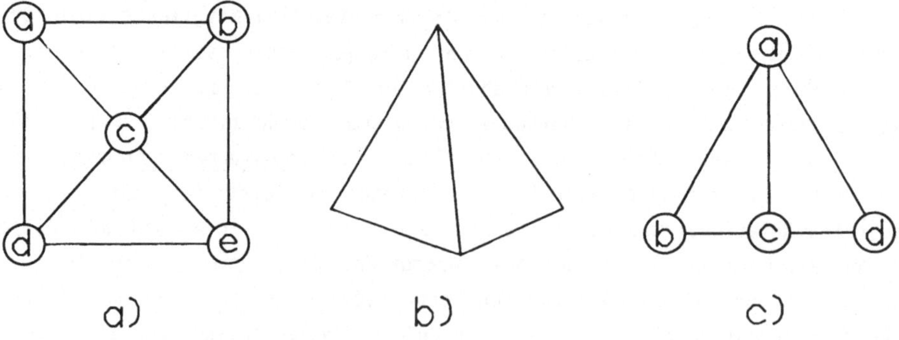

Bild 3.10 : a) Modellierung einer 3-D Pyramide durch einen Graphen; b) 2-D Projektion einer Pyramide; c) Graph-Repräsentation der 2-D Projektion aus b).

nach dem hier skizzierten Vergleichsverfahren als Pyramide erkannt. Auf weitere Anwendungen von Methoden zum Vergleich von Relationalstrukturen wird in Kap. 3.7. hingewiesen.

3.4.2 Wissensnutzung in semantischen Netzen

Der in Kap. 2 behandelte Prädikatenkalkül ist dadurch ausgezeichnet, dass die Abarbeitung einer Wissensbasis mithilfe einer festen Interpretations- bzw. Kontrollstrategie auf der Basis der Resolutionsregel völlig unabhängig von der jeweiligen Anwendung erfolgen kann. Auch die in Kap. 3.4.1. behandelte Methode kann als weitgehend problemunabhängig betrachtet werden. Diese Eigenschaft der anwendungsunabhängigen Interpretierbarkeit gilt nicht mehr bei semantischen Netzen in ihrer allgemeinen Form. Hier ist dem Entwickler eines wissensbasierten Systems ein so hohes Mass an Flexibilität an die Hand gegeben, den aktuellen Problembereich formal darzustellen, dass einheitliche Kontrollstrategien jeweils nur noch für Teilklassen von Aufgabenstellungen angebbar sind. Wir wollen uns im folgenden darauf beschränken, nur solche elementaren Mechanismen der Wissensnutzung für semantische Netze zu behandeln, die als anwendungsunabhängige Grundbausteine in verschiedenen problemabhängigen Interpretationsverfahren verwendbar sind. Konkrete Beispiele für komplette problemspezifische Kontrollstrategien über semantischen Netzen werden in den Kapiteln 8 und 9 gegeben.

Unabhängig von einer konkreten Anwendung erfordert jeder Interpretationsmechanismus über einem semantischen Netz einen Grundvorrat <u>elementarer Zugriffsoperationen</u>. Hierzu gehören insbesondere die folgenden Operationen:

- Lesen eines Slots eines Konzepts oder einer Instanz. Als konkretes Beispiel stelle man sich das Lesen des Wertes des HERSTELLER-Attributs in der Instanz von Bild 3.5 vor. Ist der fragliche Slot nicht explizit im angegebenen Konzept oder der Instanz vorhanden, so muss nach dem Vererbungsprinzip entlang der INSTANZ-VON- bzw. GENERALISIERUNGEN-Relationen gesucht werden. Aufgrund der Zyklenfreiheit eines semantischen Netzes bezüglich der GENERALISIERUNGEN- bzw. SPEZIALISIERUNGEN-Relation - diese Eigenschaft folgt direkt aus der vorausgesetzten Halbordnung, vgl. Kap. 3.3. - führt dieser Suchprozess nicht zu Endlosschleifen.

- Einfügen, Löschen oder Aendern eines Slots einer Instanz. Auf der Basis dieser Operationen lassen sich als weitere problemunabhängige Prozeduren das Generieren sowie das Löschen einer kompletten Instanz definieren. Bei der Bestimmung der konkreten Werte von Attributen beim Generieren von Instanzen sind insbesondere die Vorrangregeln unter den WERTE-, DEFAULTWERTE- und BERECHNUNG-Unterkomponenten zu berücksichtigen.
- Test auf Existenz eines Konzepts oder einer Instanz. Das Konzept bzw. die Instanz, deren Existenz geprüft wird, kann hierbei in verschiedenen Stufen der Detaillierung angegeben werden. Eine genauere Diskussion folgt anschliessend im Zusammenhang mit dem Matching von Konzepten und Instanzen.
- Test auf die Existenz einer Standardrelation zwischen Konzepten oder Instanzen. Dies kann ebenfalls als Spezialfall des anschliessend diskutierten Matching angesehen werden.

Bei obigen Elementaroperationen wird davon ausgegangen, dass sämtliche Konzepte eines semantischen Netzes Einheiten darstellen, auf die während eines Laufs des Systems, d.h. während der Abarbeitung einer Menge von Eingabedaten nur lesend, nicht jedoch schreibend zugegriffen wird mit Ausnahme der INSTANZEN-Slots. Im Gegensatz dazu werden die Instanzen dynamisch verändert und dienen der Darstellung von Ergebnissen und Zwischenergebnissen; vgl. auch Kap. 1.2. (Diese Phase der Systemkonfiguration, bei der die Füllung eines semantischen Netzes mit Wissen erfolgt und bei der natürlich auch Schreiboperationen auf den Konzepten stattfinden, soll hier nicht in die Betrachtung einbezogen werden.)

Eine weitere Klasse problemunabhängiger Operationen auf semantischen Netzen ist durch das sog. <u>Matching</u> von Konzepten und Instanzen gegeben. Bei oberflächlicher Betrachtung existieren hier Aehnlichkeiten mit den Vergleichsverfahren über Relationalstrukturen nach Kap. 3.4.1. Bei detaillierterer Untersuchung fällt jedoch eine Reihe von Unterschieden auf. So ist die im Zusammenhang mit Gl. (3.4.1) diskutierte Aehnlichkeit zwischen Relationalstrukturen allgemeiner als der Aehnlichkeitsbegriff bei Konzepten und Instanzen, wo meist nur eine binäre Entscheidung "Uebereinstimmung" oder "Nicht-Uebereinstimmung" bzw. "Match" oder "Nicht-Match" zulässig ist. Auf der anderen Seite wird Matching in semantischen Netzen häufig nicht nur zum Zweck des Vergleichs und des Feststellens von Aehnlichkeiten, sondern im Sinne eines "Information-Retrival" angewendet, wobei unbekannte Slots von Konzepten oder Instanzen abgefragt werden. (Dies ist mit dem Prozess der Unifikation nach Kap. 2.3. verwandt, wie in Kap. 3.5. noch genauer ausgeführt wird.)

Zunächst soll nur das Matching einzelner Konzepte und Instanzen betrachtet werden. Die einfachste Form besteht hier in einer Ueberprüfung, ob ein gegebenes Konzept oder eine Instanz, im folgenden <u>Zielkonzept</u> bzw. <u>Zielinstanz</u> genannt, im Netz vorhanden ist. Wir lassen dabei zu, dass im Falle eines positiven Ergebnisses die Menge der Slots des Zielkonzepts bzw. der Zielinstanz eine Untermenge der im Netz tatsächlich auftretenden Slots ist. Gehen wir von einem semantischen Netz aus, das aus den in Bild 3.3, 3.5 und 3.6 - 3.9 dargestellten Konzepten und Instanzen besteht und betrachten wir Bild 3.11 als Zielinstanz, so liefert die Matching-Operation ein positives Ergebnis, während für die Zielinstanz in Bild 3.12 das Ergebnis negativ ausfällt.

Eine Verallgemeinerung ergibt sich durch die Verwendung von Variablen in Zielkonzepten und -instanzen. In diesem Fall besteht das gewünschte Ergebnis aus der Angabe derjenigen Grössen, die für die Variablen einzusetzen sind, so dass die Matching-Operation erfolgreich ausgeführt werden kann. Z.B. lässt sich die Zielinstanz in Bild 3.13 als formale Darstellung der Frage "Existiert ein PKW des Herstellers VW und wenn ja, welchen Namen X und welche Farbe Y besitzt er?" auffassen. Die Variablen X und Y, deren Wert das gewünschte Ergebnis der Matching-Operation bildet, sind in Bild 3.13 durch ein vorgestelltes Fragezeichen kenntlich gemacht. Legen wir das gleiche semantische Netz wie im Zusammenhang mit Bild 3.11 und 3.12 zugrunde, so ergibt sich als Ergebnis X=AUTO1,Y=WEISS.

Die bisher gezeigten Beispiele zum Matching lassen sich in vielfältiger Weise verallgemeinern. Zum Abschluss soll ein weiteres Beispiel betrachtet werden, in welchem mehrere miteinander verknüpfte Zielinstanzen auftreten. Wir gehen aus von der Frage "Welche Person Y besitzt zwei PKWs?", die sich formal durch die Vereinigung der Zielinstanzen in Bild 3.14.a,b und c repräsentieren lässt. Neben der mit dem Fragezeichen markierten Variablen ?Y, die für die gesuchte Antwort steht, werden hier drei weitere Variablen X1, X2 und X3 verwendet, die in der gesuchten Antwort nicht direkt auftreten. Die Variablen X2 und X3 werden jedoch benötigt, um sicherzustellen, dass es sich bei ARGU-MENT-FAHRZEUG1 und ARGUMENT-FAHRZEUG2 jeweils um einen PKW handelt. Man beachte, dass zur Gewinnung einer korrekten Antwort gefordert werden muss, dass X2 und X3 verschieden sind.

```
INSTANZ AUTO1
    INSTANZ-VON PKW
    ATTRIBUTE
    FARBE : WEISS
ENDE AUTO1
```

Bild 3.11 Beispiel für eine Zielinstanz

```
INSTANZ AUTO1
    INSTANZ-VON PKW
    ATTRIBUTE
    HERSTELLER : VW
    FARBE : WEISS
    FUEHRERSCHEINKLASSE : 3
ENDE AUTO1
```

Bild 3.12 Ein weiteres Beispiel für ein Zielinstanz

```
INSTANZ ?X
    INSTANZ-VON PKW
    ATTRIBUTE
    HERSTELLER : VW
    FARBE : ?Y
ENDE ?X
```

Bild 3.13 Eine Zielinstanz mit Variablen ?X und ?Y

```
a) INSTANZ X1
       INSTANZ-VON GEMEINSAMER-BESITZER
       ATTRIBUTE
       ARGUMENT-FAHRZEUG1 : X2
       ARGUMENT-FAHRZEUG2 : X3
       ARGUMENT-BESITZER : ?Y
   ENDE X1

b) INSTANZ X2
       INSTANZ-VON PKW
   ENDE X2

c) INSTANZ X3
       INSTANZ-VON PKW
   ENDE X3
```

Bild 3.14 Untereinander verknüpfte Zielinstanzen

3.5 Semantische Netze und Prädikatenkalkül

Im folgenden sollen einige Beziehungen zwischen semantischen Netzen und dem in Kap. 2 behandelten Prädikatenkalkül 1. Ordnung diskutiert werden. Wir betrachten zunächst Instanzen von der in Bild 3.15 gezeigten allgemeinen Form. Hierbei seien I ein Instanzname, $K_1,\ldots,K_m$ Konzeptnamen, $A_1,\ldots,A_n$ Attributnamen und $W_1,\ldots,W_n$ Werte für die Attribute, z.B. konkrete Zahlenwerte oder Instanznamen. Aus der Sicht des Prädikatenkalküls lassen sich $I,K_1,\ldots,K_m$ sowie $W_1,\ldots,W_n$ als Konstanten und $A_1,\ldots,A_n$ jeweils als zweistellige Prädikate auffassen. Wir verwenden im folgenden die Schreibweise $A_j(I,W_j)$, um auszudrücken, dass das Attribut A_j in der Instanz I den Wert W_j besitzt, $j=1,\ldots,n$. Weiterhin wird das zweistellige Prädikat INSTANZ-VON(x,y) verwendet, welches dem entsprechenden Slot in Bild 3.15 entspricht und zum Ausdruck bringt, dass x eine Instanz von y ist. Somit lässt sich die in Bild 3.15 enthaltene Information in äquivalenter Weise auch durch die prädikatenlogische Formel

$$\text{INSTANZ-VON}(I,K_1) \wedge \ldots \wedge \text{INSTANZ-VON}(I,K_m) \wedge$$
$$\wedge A_1(I,W_1) \wedge \ldots \wedge A_n(I,W_n) \tag{3.5.1}$$

darstellen.

```
INSTANZ I
     INSTANZ-VON K1,...,Km
     ATTRIBUTE
     A1 : W1
     A2 : W2
       .
       .
       .
     An : Wn
ENDE I
```

Bild 3.15 Allgemeine Form einer Instanz

```
KONZEPT K
     GENERALISIERUNGEN G1,...,Gl
     SPEZIALISIERUNGEN S1,...,St
     INSTANZEN I1,...,Ik
     ATTRIBUTE
     A1 :
     A2 :
       .
       .
       .
     An :
ENDE K
```

Bild 3.16 Allgemeine Form eines Konzepts

Eine Instanz beinhaltet nur Aussagen über konstante, d.h. konkrete individuelle Objekte und ist konsequenterweise in der Darstellung nach Gl. (3.5.1) frei von Variablen und Quantoren. Demgegenüber spielt ein Konzept, wie es in seiner allgemeinen Form in Bild 3.16 dargestellt ist, eine generische Rolle und legt jeweils eine Klasse individueller Objekte fest. Ein Konzept K kann deshalb als Regel mit Quantoren und Variablen aufgefasst werden, die besagt, dass jede potentielle Instanz I von K die Attribute $A_1,...,A_n$ mit jeweils konkreten Werten besitzt. In der Schreibweise des Prädikatenkalküls erhalten wir somit zur Darstellung von Bild 3.16 die Formel

$$\forall x[\text{INSTANZ-VON}(x,K) \to \exists y_1(\exists y_2 ... (\exists y_n(A_1(x,y_1) \wedge ... \wedge A_n(x,y_n))...)] \qquad (3.5.2)$$

Die Attributdefinitionen in Bild 3.16 spielen im folgenden keine Rolle und wurden deshalb weggelassen. Man beachte, dass die im INSTANZEN-Slot in Bild 3.16 angegebenen Instanzen jeweils nur die zu einem bestimmten Zeitpunkt existierenden Instanzen bezeichnen und i.a. nur eine Untermenge aller potentiell möglichen Instanzen von K bilden. Die Formel in Gl. (3.5.2) spiegelt die in Kap. 3.3 diskutierte semantische Korrektheitsbedingung wieder, die besagt, dass in einer Instanz alle Attribute, welche das zugehörige Konzept besitzt, vorhanden und mit Werten belegt sein müssen. (Der Spezialfall, dass ein Attribut möglicherweise null Werte annehmen darf, soll von der Betrachtung ausgeschlossen werden.) Interpretiert man in Umkehrung von Gl. (3.5.2) eine beliebige Instanz, die Werte für die Attribute $A_1,...,A_n$ besitzt, als eine Instanz von K, so lässt sich dies durch die folgende Formel darstellen.

$$\forall x[\exists y_1(\exists y_2 ... (\exists y_n(A_1(x,y_1) \wedge ... \wedge A_n(x,y_n))...) \to \text{INSTANZ-VON}(x,K)] \qquad (3.5.3)$$

Die Beseitigung der Existenzquantoren in Gl. (3.5.2) unter Verwendung von Skolemfunktionen sowie die Vernachlässigung des Allquantors (vgl. Kap. 2.2.) liefert die Formel

$$\text{INSTANZ-VON}(x,K) \to A_1(x,f_1(x)) \wedge ... \wedge A_n(x,f_n(x)) \qquad (3.5.4)$$

In dieser Darstellung kann $f_i(x)$ direkt als Zugriffsfunktion interpretiert werden, welche den Wert des Attributs A_i einer beliebigen Instanz x des Konzepts K liefert. Führt man eine systematische Umformung von Gl. (3.5.2) in Klauselform durch (vgl. Kap. 2.2.), so ergibt sich

$$(1) \quad \sim\text{INSTANZ-VON}(x_1,K) \vee A_1(x_1,f_1(x_1))$$

$$(2) \quad \sim\text{INSTANZ-VON}(x_2,K) \vee A_2(x_2,f_2(x_2))$$

$$\cdot$$
$$\qquad\qquad\qquad\qquad\qquad\qquad\qquad\qquad\qquad (3.5.5)$$
$$\cdot$$

$$\cdot$$

$$(n) \quad \sim\text{INSTANZ-VON}(x_n,K) \vee A_n(x_n,f_n(x_n))$$

mit den Variablen $x_1,\ldots,x_n$, wobei die Klauseln (1)-(n) vereinbarungsgemäss durch den Λ-Konnektor verbunden sind.

Die bisherigen Zusammenhänge zwischen semantischen Netzen und dem Prädikatenkalkül wurden aus rein intuitiver Sicht abgeleitet. Eine strengere Begründung ergibt sich jedoch daraus, dass auf der Basis der bisher erläuterten Zusammenhänge bestimmte Operationen über semantischen Netzen mit Inferenzregeln des Prädikatenkalküls korrespondieren. Wir betrachten im folgenden als Beispiel eine der Matching-Operationen von Kap. 3.4. Die Instanz von Bild 3.5 sowie das Konzept von Bild 3.3 lassen sich gemäss Gl. (3.5.1) und (3.5.5) durch die folgenden Klauseln darstellen

(1) INSTANZ-VON(AUTO1,PKW)

(2) HERSTELLER(AUTO1,VW)

(3) FARBE(AUTO1,WEISS)

(4) ANZAHL-RÄDER(AUTO1,WEISS)   (3.5.6)

(5) ~INSTANZ-VON$(x,$PKW$)$ v HERSTELLER$(x,f_1(x))$

(6) ~INSTANZ-VON$(y,$PKW$)$ v FARBE$(y,f_2(y))$

(7) ~INSTANZ-VON$(z,$PKW$)$ v ANZAHL-RÄDER$(z,f_3(z))$

Hierbei entsprechen (1)-(4) der Konjunktion in Gl. (3.5.1). Die Zielinstanz von Bild 3.11 kann im Prädikatenkalkül formuliert werden durch

INSTANZ-VON(AUTO1,PKW) Λ FARBE(AUTO1,WEISS)   (3.5.7)

Wir fassen Gl. (3.5.7) als zu beweisendes Theorem auf und erhalten durch Negation

(8') ~INSTANZ-VON(AUTO1,PKW) v ~FARBE(AUTO1,WEISS)   (3.5.8)

Durch Anwendung der Resolutionsregel unter Verwendung der Klauseln (1), (3) und (8') lässt sich die leere Klausel ableiten, womit bewiesen ist, dass Gl. (3.5.7) aus (1)-(7) in Gl. (3.5.6) folgt. Wir erhalten somit auf der Basis des Prädikatenkalküls nachträglich eine formale Beschreibung der Wirkungsweise der in Kap. 3.4. im Zusammenhang mit Bild 3.11 diskutierten Matching-Operation.

Als weiteres Beispiel soll die Zielinstanz in Bild 3.13 betrachtet werden. Die "Variablen" ?X und ?Y spielen aus prädiaktenlogischer Sicht die Rolle von existenziell quantifizierten Variablen. Wir erhalten somit als zu beweisendes Theorem

$\exists u(\exists v($ INSTANZ-VON$(u,$PKW$)$ Λ HERSTELLER$(u,$VW$)$ Λ FARBE$(u,v)))$ (3.5.9)

Die Negation liefert

~INSTANZ-VON$(u,$PKW$)$ v ~HERSTELLER$(u,$VW$)$ v ~FARBE(u,v) (3.5.10)

Auch hier lässt sich unter Anwendung der Resolutionsregel mithilfe von (1)-(3) in (3.5.6) sowie den Substitutionen AUTO1/u und WEISS/v die leere Klausel ableiten.

Die bisherigen Ueberlegungen können aus abstrakter Sicht gedeutet werden als Definition der <u>Semantik</u> (d.h. Bedeutung) semantischer Netze auf der Basis des Prädikatenkalküls. Wir haben uns hierbei auf die elementaren Aspekte semantischer Netze beschränkt und z.B. Vererbungsmechanismen oder Vorrangregeln nicht behandelt. Eine weitere Beschränkung, die für Kap. 3. gesamthaft gilt, ist die Tatsache, dass die betrachteten semantischen Netze als logischen Konnektor nur die Konjunktion verschiedener Elemente erlauben. Diese Elemente sind einerseits Konzepte und Instanzen auf globaler Ebene in einem semantischen Netz sowie andererseits die einzelnen Attribute innerhalb eines Konzepts oder einer Instanz. Auf mögliche Verallgemeinerungen wird in Kap 3.7. verwiesen.

3.6 Aufgaben

1. Diskutieren Sie verschiedene Möglichkeiten, den Objekt-Prototypen in Bild 3.1.a sowie die Pyramide nach Bild 3.10 als semantisches Netz darzustellen.

2. Nehmen Sie wie in Kap. 3.4.1. als Kosten für das Löschen und Einfügen von Knoten und Kanten jeweils den Wert 1 an. Gehen Sie von den Graphen in Bild 3.1.c und 3.10.a als Prototypen P_1 und P_2 aus und berechnen Sie für jede mögliche 2-D Projektion R der beiden Prototypen die Ähnlichkeit $d(R,P_1)$ und $d(R,P_2)$. Ist nach dem Verfahren von Kap. 3.4.1. eine Fehlerkennung möglich und wenn ja, unter welchen Voraussetzungen?

3. Geben Sie eine zu Bild 3.8 und 3.9 äquivalente Formulierung im Prädikatenkalkül an. Stellen Sie ferner die Zielinstanz in Bild 3.14 als zu beweisendes Theorem dar und versuchen Sie einen Beweis mithilfe der Resolutionsregel. Diskutieren Sie das Ergebnis.

4. Gehen Sie von einer prozeduralen Programmiersprache Ihrer Wahl aus, z.B. PASCAL, MODULA oder C. Konzipieren Sie Datenstrukturen und Zugriffsalgorithmen für die Implementierung semantischer Netze.

3.7 Bibliografischer Rückblick

Die ersten Arbeiten zu semantischen Netzen reichen bis in die Mitte der
60-er Jahre zurück. Wesentliche Impulse, die auch heutige Arbeiten noch stark
beeinflussen, gingen von [10] aus. Als generelle Übersicht und umfassende Einführung in die Thematik semantischer Netze kann der Sammelband [5] dienen. Aus
der Literatur sind zahlreiche Sprachen zur Wissensrepräsentation auf der Basis
semantischer Netze bekannt. Beispiele sind KRL [3], PSN [11] oder KL-ONE [4].
Die neuerdings immer häufiger verwendete Technik der objektorientierten Programmierung beruht ganz wesentlich auf den in Kap. 3.1.-3.4. behandelten Prinzipien. Darüberhinausgehend spielt bei der objektorientierten Programmierung
der Austausch von Nachrichten zwischen den Elementen eines semantischen Netzes
eine wichtige Rolle. Beispiele für objektorientierte Programmiersprachen sind
SMALLTALK [6], LOOPS [2] oder KEE [9]. Die Implementation semantischer Netze
mithilfe der Programmiersprache LISP wird in [16], Kap. 22 behandelt. Eine
Einführung und Übersicht zur Wissensnutzung durch den Vergleich von Relationalstrukturen mit weiterführenden Literaturverweisen findet sich in [1], Kap.
11. Zusammenhänge zwischen semantischen Netzen und dem Prädikatenkalkül, die
in verschiedenen Aspekten über den in Kap. 3.5. behandelten Stoff hinausgehen,
sind in [8,13] und [12], Kap. 9 beschrieben.

Beispiele für die Anwendung semantischer Netze in Bild- und Sprachanalyse
finden sich in [7,14,15]. Weitere Beispiele werden noch ausführlicher in den
Kapiteln 8 und 9 behandelt.

[1] Ballard, D.H., Brown, C.M.: Computer Vision. Prentice Hall, Englewood
Cliffs, New Jersey, 1982
[2] Bobrow, D.G., Stefik, M.: The LOOPS Manual. Xerox Corp., Palo Alto, Ca.,
1983
[3] Bobrow, D.G., Winograd, T.: An Overview of KRL, a Knowledge Representation Language. Cognitive Science 1 (1977) 3-46
[4] Brachman, R.J., Schmolze, J.G.: An Overview of the KL-ONE Knowledge Representation System. Cognitive Science 9 (1985) 171-216
[5] Findler, N.V. (ed.): Associative Networks. Academic Press, Orlando etc.,
1979
[6] Goldberg, A., Robson, D.: SMALLTALK-80 The Language and its Implementation. Addison-Wesley, Reading, Ma., 1983

[7] Hanson, A.R., Riseman, E.M.: VISIONS: A Computer System for Interpreting Scenes. In Hanson, A.R., Riseman, E.M. (eds.): Computer Vision Systems. Academic Press, New York (1978), 303-333

[8] Hayes, P.H.: The Logic of Frames. In Metzing, D. (ed.): Frame Conceptions and Text Understanding. Walter de Gruyter, Berlin (1979), 46-61

[9] Kunz, J.C., Kehler, T.P., Williams, M.D.: Applications Development Using a Hybrid AI Development System. The AI Magazine 5 (1984) 41-54

[10] Minsky, M.: A Framework for Representing Knowledge. In Winston, P.H. (ed.): The Psychology of Computer Vision. Mac Graw Hill, New York (1975), 211-277

[11] Mylopoulos, J., Shibahara, T., Tsotsos, J.K.: Building Knowledge Based Systems: The PSN Experience. IEEE Computer Magazine (1983) 83-89

[12] Nilsson, N.J.: Principles of Artificial Intelligence. Springer, Berlin, Heidelberg, New York, 1983

[13] Schubert, L.K.: Extending the Expressive Power of Semantic Networks. Artificial Intelligence 7 (1976) 163-198

[14] Tsotsos, J.K., Mylopoulos, J., Covvey, H.D., Zucker, S.W.: A Framework for Visual Motion Understanding. IEEE Trans. PAMI-2 (1980) 563-573

[15] Walker, D.E.: SRI Research on Speech Understanding. In Lea, W.(ed.): Trends in Speech Recognition. Prentice-Hall, Englewood Cliffs, New Jersey (1980), 294-315

[16] Winston, P.H., Horn, B.K.P.: LISP. Addison-Wesley, Reading, Ma., 1981

4 Regelsysteme

Regelsysteme, auch Produktionensysteme genannt, stellen eine weitere "klassische" Methode für die Wissensrepräsentation und Inferenz in der künstlichen Intelligenz dar. Besondere Bedeutung haben Regelsysteme durch die Tatsache gewonnen, dass ein Grossteil der heute bekannten Expertensysteme auf diesem Formalismus beruht. Es existieren zahlreiche Anwendungen von Regelsystemen in Bild- und Spracherkennung.

Die grundlegende Architektur eines Regelsystems ist in Bild 4.1 gezeigt. Offensichtlich handelt es sich hierbei um einen Spezialfall von Bild 1.3. Ein Regelsystem ist durch drei Komponenten charakterisiert, nämlich die <u>Wissensbasis</u>, welche das für einen bestimmten Problemkreis relevante Langzeitwissen enthält, die <u>Datenbasis</u>, auch Kurzzeitwissensspeicher genannt, in welchem Zwischen- und Endergebnisse für ein aktuelles Problem abgelegt werden, und die <u>Inferenzkomponente</u>, auch Regelinterpreter genannt, welchem die Aufgabe der Wissensnutzung, d.h. die Anwendung des in der Wissensbasis gespeicherten Wissens auf ein aktuelles Problem zukommt. Grundlegende Eigenschaften von Wissensbasis, Datenbasis und Inferenzkomponente werden in den Kapiteln 4.1. und 4.2. behandelt. Auf Erweiterungen der in Kap. 4.1. und 4.2. behandelten Konzepte wird in Kap. 4.3. eingegangen. Es existieren zahlreiche Zusammenhänge zwischen Regelsystemen und anderen Methoden der Wissensdarstellung, insbesondere dem Prädikatenkalkül und semantischen Netzen, welche in Kap. 4.4. diskutiert werden.

4.1 Wissens- und Datenbasis

Die Wissensbasis eines Regelsystems dient der Speicherung von Fakten und

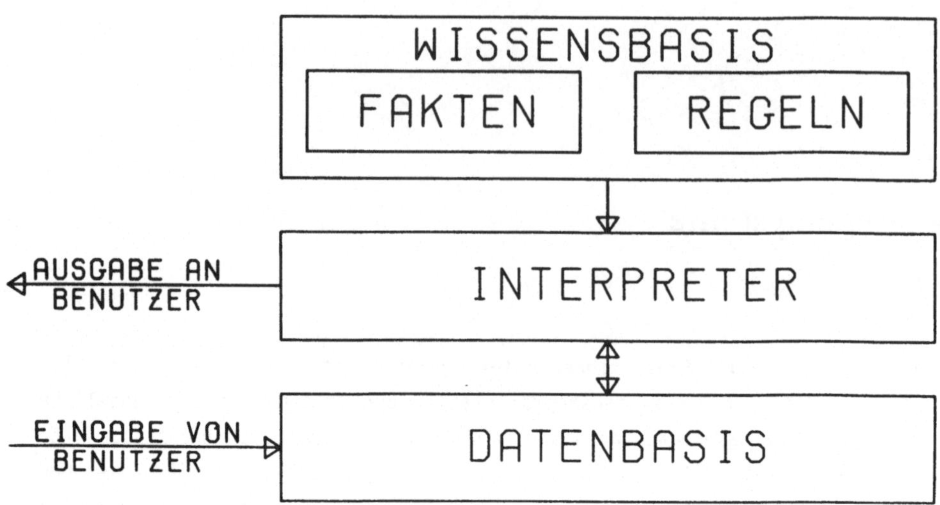

Bild 4.1 Die drei grundlegenden Komponenten eines Regelsystems.

Regeln, mit deren Hilfe aus Eingabedaten aus einem bestimmten Problemkreis Schlussfolgerungen über deren Bedeutung gezogen werden können. Im Bereich der Bild- und Sprachanalyse werden die Eingabedaten üblicherweise durch Vorverarbeitungs- und Segmentierungsoperationen aus Sensordaten gewonnen. Wie aus Bild 4.1 hervorgeht, hat die Wissensbasis eines Regelsystems eine "read-only"-Funktion inne. D.h., dass Zugriffe des Interpreters nur lesender, nie schreibender Natur sind. Diese Eigenschaft ist dadurch begründet, dass die in der Wissensbasis enthaltenen Einträge generelles, unveränderliches Wissen darstellen, das unabhängig von den jeweils aktuell zu interpretierenden Eingabedaten ist. (Aehnlich wie bei der Behandlung semantischer Netze in Kap. 3. gehen wir davon aus, dass der Prozess der Wissensakquisition, d.h. das Füllen der Wissensbasis mit Fakten und Regeln aus dem Problemkreis, bei dem natürlich auch lesend auf die Wissensbasis zugegriffen wird, abgeschlossen ist.)

Der syntaktische Aufbau der Wissensbasis eines Regelsystems ist exemplarisch in Bild 4.2 gezeigt. Die gewählte Syntax stellt eine Vereinfachung der aus der Literatur bekannten Formalismen dar, wurde jedoch so gewählt, dass die wichtigsten, den meisten Regelsystemen gemeinsamen Ideen zum Ausdruck kommen. Die zur Definition in Bild 4.2 verwendete verallgemeinerte Backus-Naur Form wurde bereits im Zusammenhang mit Bild 3.2.a,b erläutert und wird im folgenden als bekannt vorausgesetzt. Die in Bild 4.2 auftretenden Begriffe sind nicht bis auf die Stufe einzelner Zeichen definiert. Jedoch sollte ihre

Bedeutung anhand der im Text erläuterten Beispiele klar werden.

Wie aus Bild 4.2 hervorgeht, besteht die Wissensbasis eines Regelsystems aus einer Reihe von Fakten und Regeln. Alle Fakten und Regeln tragen Nummern zu ihrer Identifizierung. Die Einheiten eines Problemkreises, über welche Wissen in der Wissensbasis zum Ausdruck gebracht werden soll, werden im folgenden als Objekte bezeichnet. Ein Objekt ist charakterisiert durch eine Reihe von Attributen, die jeweils einen Wert annehmen können. Beispiele für Objekte aus dem Bereich der Bildanalyse sind Regionen mit Attributen wie Fläche, Form, Farbe oder Texturdeskriptoren sowie Linien mit Attributen wie Länge, mittlerer Kontrast etc. Aus Bild 4.2 geht hervor, dass zwei Typen von Fakten in der Wissensbasis auftreten können, nämlich Elementarfakten und Metafakten. Fakten des ersten Typs werden zur Angabe konkreter Werte für Attribute von Objekten verwendet. Beispiele für Elementarfakten sind FARBE(HIMMEL) = BLAU oder FLAECHE(AUTO) = KLEIN. Metafakten werden nach Bild 4.2 weiter in vier verschiedene Typen untergliedert. Mithilfe von Metafakten des ersten Typs lässt sich für das Attribut eines Objekts ein Bereich möglicher Werte definieren. Durch das Schlüsselwort MULTI kann zum Ausdruck gebracht werden, dass ein Attribut eines Objekts gleichzeitig mehrere Werte annehmen kann. Wie bereits in Kap. 3. als Beispiel zitiert wurde, kann etwa das Attribut HOBBIES eines Objekts, welches eine Person bezeichnet, sinnvollerweise verschiedene Werte annehmen, z.B. TENNIS, MUSIK etc. Metafakten des dritten Typs steuern die Ausgabe von Text sowie das Einlesen von Daten bzw. den Aufruf von Vorverarbeitungs- und Segmentierungsprozeduren. Der Auslösemechanismus hierzu wird

```
wissensbasis → [nr:fakt{,nr:fakt}][nr:regel{,nr:regel}].
fakt → elementarfakt | metafakt
elementarfakt → attribut(objekt) = wert
metafakt → WERTEBEREICH (attribut(objekt)) = wertebereich |
           MULTI (attribut(objekt)) |
           BENUTZER (attribut(objekt)) = 'text' |
           ZIEL (attribut(objekt))
regel → IF bedingung THEN aktion
bedingung → literal { ∧ literal }
literal → ~(term) | term
term → elementarterm | metaterm
elementarterm → prädikat(attribut(objekt),wert)
metaterm → prädikat(attribut(objekt))
aktion → elementaraktion{,elementaraktion}
elementaraktion → attribut(objekt) = wert | STOP
datenbasis → [nr:attribut(objekt) = wert{,nr:attribut(objekt)=wert}].
```

Bild 4.2 Beispiel-Syntax für Wissens- und Datenbasis eines Regelsystems.

in Kap. 4.2. noch genauer behandelt. Mithilfe des Schlüsselworts ZIEL lässt sich schliesslich festlegen für welche Attribute von Objekten Werte als Ergebnis der Analyse bestimmt werden sollen.

Neben Fakten verschiedener Art enthält die Wissensbasis eine Reihe von Regeln, die auch als Produktionen bezeichnet werden. Eine Regel besteht aus den Schlüsselwörtern IF und THEN sowie einer Bedingung und einer Aktion. Die Bedingung einer Regel ist nach Bild 4.2 die Und-Verknüpfung einer Reihe von Literalen. (Der Begriff "Literal" ebenso wie die im folgenden erläuterten Begriffe "Term" und "Prädikat" weichen im vorliegenden Kapitel in ihrer Bedeutung leicht von den in Kap. 2. verwendeten gleichnamigen Bezeichnungen ab.) Literale sind negierte oder unnegierte Terme. Es existieren zwei Typen von Termen, nämlich Elementarterme und Metaterme. Terme der ersten Art sind zweistellige Prädikate, die zu einem gegebenen Paar, bestehend aus dem Attribut eines Objekts und einem Wert, den Wahrheitswert true oder false liefern. Beispiele für Elementarterme sind GROESSER(LAENGE(LINIE5),20) oder GLEICH (FLAECHE(REGION3),1368). Als wichtigste Prädikate treten in Elementartermen die arithmetischen Vergleichsoperatoren $>, \geqslant, =, \neq, <, \leqslant$ auf. Zur Verbesserung der Uebersichtlichkeit wird im folgenden anstelle der Präfixschreibweise von Bild 4.2 immer eine Infixschreibweise verwendet. Wir schreiben also z.B. LAENGE (LINIE5) $>$ 20 und FLAECHE(REGION3) = 1368 anstelle von GROESSER(LAENGE(LINIE5), 20) und GLEICH(FLAECHE(REGION3),1368). Im Gegensatz zu Elementartermen bestehen Metaterme aus einstelligen Prädikaten mit jeweils einem Attribut eines Objekts als Argument. Prädikate, die typischerweise in Metatermen Verwendung finden, sind EINDEUTIG oder BEKANNT mit ihren Negationen MEHRDEUTIG oder UNBEKANNT. So liefert z.B. EINDEUTIG(A(O)) den Wahrheitswert true genau dann wenn zum betrachteten Zeitpunkt das im Argument angegebene Attribut A des Objekts O genau einen Wert besitzt. Aehnlich ergibt sich für BEKANNT(A(O)) der Wahrheitswert true genau dann wenn das Attribut A des Objekts O wenigstens einen Wert besitzt.

Unter Verwendung von Elementar- und Metatermen sowie von Klammern und logischen Konnektoren lassen sich nach der Syntax von Bild 4.2 komplexere Bedingungen für Regeln aufbauen. Die Beschränkung auf den Und-Konnektor und die Negation stellt keine echte Einschränkung dar, da sich jeder andere Konnektor mithilfe von Und und der Negation ausdrücken lässt. Die Bedeutung einer Regel liegt darin, dass genau in dem Fall, dass die Bedingung den Wahrheitswert true ergibt, die Ausführung der hinter THEN angegebenen Aktion möglich ist. Man bezeichnet die Ausführung der Aktion auch als Feuern der Regel. Die

Aktion einer Regel besteht aus einer Folge von Elementaraktionen. Bei der Ausführung einer Elementaraktion erfolgt die Zuweisung eines Werts an ein Attribut eines Objekts oder das Anhalten des Programms. Als Beispiel betrachte man die Wissensbasis in Bild 4.3. In den Regeln mit den Nummern W8 - W13 tritt jeweils nur eine Elementaraktion auf. Die Ausführung der Aktion der Regel W8 bedeutet z.B., dass das Attribut LARGE des Objekts REGION den Wert YES zugewiesen bekommt.

Zu Anfang von Kap. 4.1. wurde erläutert, dass die in der Wissensbasis enthaltenen Einträge unveränderliches Langzeitwissen repräsentieren, welches unabhängig von den jeweils aktuellen Eingabedaten ist. Im Gegensatz dazu spielt die Datenbasis eines Regelsystems die Rolle eines Kurzzeitspeichers, dessen Einträge Ergebnisse oder Zwischenergebnisse darstellen, die aus den jeweils aktuellen Eingabedaten durch den Interpreter abgeleitet wurden. Wir gehen im folgenden von der in Bild 4.2 gezeigten Syntax für eine Datenbasis aus. Ein Eintrag in der Datenbasis ist somit syntaktisch identisch mit einem Elementarfakt bzw. einer Elementaraktion der Wissensbasis. Als Beispiel ist in Bild 4.4 eine Datenbasis, die zu der Wissensbasis von Bild 4.3 gehört, gezeigt.

```
W1:   WERTEBEREICH (SIZE(region)) = [1...262144],
W2:   WERTEBEREICH (LARGE(region)) = {YES,NO },
W3:   WERTEBEREICH (ELONGATED(region)) = {YES,NO },
W4:   WERTEBEREICH (VEGETATION(region)) = {YES,NO },
W5:   WERTEBEREICH (WATER(region)) = {YES,NO },
W6:   WERTEBEREICH (INTERPRETATION(region)) = {FOREST,ROAD,RIVER,CAR },
W7:   MULTI (INTERPRETATION(region))
W8:   IF SIZE(region) ⩾ 10000 THEN LARGE(region) = YES,
W9:   IF SIZE(region) < 500 THEN LARGE(region) = NO,
W10:  IF LARGE(region) = YES ∧ VEGETATION(region) = YES ∧ WATER(region) - NO
      THEN INTERPRETATION(region) = FOREST,
W11:  IF ELONGATED(region) = YES ∧ VEGETATION(region) = NO ∧ WATER(region) = NO
      THEN INTERPRETATION(region) = ROAD,
W12:  IF ELONGATED(region) = YES ∧ VEGETATION(region) = NO ∧ WATER(region) = YES
      THEN INTERPRETATION(region) = RIVER,
W13:  IF LARGE(region) = NO ∧ VEGETATION(region) = NO ∧ WATER(region) = NO
      THEN INTERPRETATION(region) = CAR.
```

Bild 4.3 Beispiel für eine Wissensbasis nach der Syntax von Bild 4.2.

```
D1:  SIZE(R1) = 105,           D8:  WATER(R2) = NO,
D2:  ELONGATED(R1) = NO,       D9:  SIZE(R3) = 56,
D3:  VEGETATION(R1) = NO,      D10: VEGETATION(R3) = NO,
D4:  WATER(R1) = YES,          D11: WATER(R3) = NO,
D5:  SIZE(R2) = 632,           D12: ELONGATED(R3) = NO,
D6:  ELONGATED(R2) = YES,      D13: LARGE(R1) = NO.
D7:  VEGETATION(R2) = NO,
```

Bild 4.4 Datenbasis für die Wissensbasis von Bild 4.3.

Die in Bild 4.3 gezeigten Regeln stellen eine Vereinfachung einiger Regeln eines realisierten Systems dar, das zur Interpretation von Luftbildern entwickelt wurde. Wir können hierbei davon ausgehen, dass Attribute von Regionen wie z.B. SIZE, ELONGATED, VEGETATION etc. mithilfe spezieller Prozeduren der Bildverarbeitung gewonnen werden.

4.2 Interpreter

Die Aufgabe des Interpreters eines Regelsystems ist die Ableitung von Schlussfolgerungen aus vorgegebenen Eingabedaten unter Verwendung der in der Wissensbasis enthaltenen Fakten und Regeln. Der zentrale Mechanismus beim Ableitungsprozess ist das Feuern von Regeln. Die Ausführung einer Elementaraktion der Form $A(O) = W$, d.h. die Zuweisung des Werts W an das Attribut A des Objekts O, bedeutet die Aufnahme des Eintrags $A(O) = W$ unter einer noch nicht verwendeten Nummer in die Datenbasis. Ein Attribut A eines Objekts O besitzt den Wert W genau dann, wenn die Datenbasis oder die Wissensbasis einen Eintrag der Form $A(O) = W$ enthält. Existiert ein Metafakt $\underline{MULTI}(A(O))$ in der Wissensbasis, so kann $A(O)$ mehrere Werte besitzen, d.h. es können Einträge $A(O) = W_1$, $A(O) = W_2$ u.s.w. mit $W_i \neq W_j$ für $i \neq j$ in der Daten- und Wissensbasis enthalten sein. Der Unterschied zwischen Elementarfakten in der Wissens- und Datenbasis ist semantischer Natur. Während derartige Einträge in der Wissensbasis konstante, d.h. von konkreten Eingabedaten unabhängige Fakten darstellen, repräsentieren die entsprechenden Einträge in der Datenbasis Fakten, die aufgrund der aktuellen Eingabedaten gefolgert wurden. Ist z.B. für einen bestimmten Problemkreis die Bildgrösse immer konstant gleich 1024 x 1024 Bildpunkte, so liegt es nahe, dies durch den Eintrag FLAECHE(BILD) = 1048576 in der Wissensbasis festzuhalten. Die Grösse X einer Teilregion R eines bestimmten Bildes wäre dagegen typischerweise durch FLAECHE(R) = X in der Datenbasis zu speichern.

Es existieren zwei grundsätzliche Methoden, nach denen ein Interpreter den Inferenzprozess, d.h. die Ableitung von Regeln vollziehen kann, nämlich die Vorwärtsableitung (datengetriebene Ableitung, bottom-up inference, forward-chaining) sowie die Rückwärtsableitung (zielgetriebene Ableitung, top-down inference, backward-chaining). Diese beiden Verfahren werden in Kap. 4.2.1. und 4.2.2. genauer behandelt.

4.2.1 Vorwärtsableitung

Wir gehen in Kap. 4.2.1. davon aus, dass sich sämtliche durch das Regelsystem auszuwertenden Eingabedaten zu Beginn des Inferenzprozesses, d.h. beim Starten des Interpreters, in der Datenbasis befinden. Diese Eingabedaten werden beim Einsatz von Regelsystemen in Bild- und Sprachanalyse i.a. durch Vorverarbeitungs- und Segmentierungsoperationen gewonnen, während bei anderen Anwendungen von Regelsystemen in Expertensystemen häufig auch eine manuelle Eingabe durch den Benutzer erfolgt.

Der grundlegende Algorithmus für die Vorwärtsableitung ist in Bild 4.5 gezeigt. Das Verfahren beruht auf der Idee, zyklisch zu testen, für welche Regeln die Bedingungen erfüllt sind und diese Regeln dann zu feuern. Hierbei treten verschiedene wichtige Detailfragen auf, die im folgenden diskutiert werden.

Der Algorithmus von Bild 4.5 ist in drei Phasen unterteilt. In der ersten Phase erfolgt die Bestimmung der anwendbaren Regeln. Dies bedeutet, dass alle Regeln der Wissensbasis auf ihre Anwendbarkeit getestet werden. Eine Regel heisst anwendbar, wenn in der Datenbasis oder unter den Fakten der Wissensbasis Einträge existieren, so dass sich <u>true</u> als Wahrheitswert für die Bedingung ergibt.

Eine wesentliche Steigerung der Ausdrucksfähigkeit eines Produktionensystems ergibt sich durch die Verwendung von Variablen in Fakten und Regeln der Wissensbasis. Wir wollen im folgenden nur Variablen für Objekte betrachten. Sämtliche Ueberlegungen lassen sich jedoch direkt auf Variablen für Attribute und Werte verallgemeinern. Tritt in einer Regel zur Bezeichnung eines Objekts keine Konstante, sondern eine Variable auf, so kann diese Variable bei der Bestimmung der Anwendbarkeit der Regel und bei der Anwendung selbst mit einer beliebigen Objektkonstanten eines Fakts der Daten- oder Wissensbasis identifiziert werden. Dieser Identifikationsprozess, der die <u>Bindung</u> der Variablen an eine Konstante bedeutet, kann als Spezialfall der in Kap. 2.3. behandelten Substitution aufgefasst werden. Tritt eine Variable gleichen Namens in einer Regel mehrfach auf, so ist zu beachten, dass sie konsistent, d.h. jeweils an die gleiche Konstante gebunden werden muss. Ist im folgenden von einer anwendbaren Regel die Rede, so wollen wir in dem Fall, dass die Regel Objektvariablen enthält, stets eine konsistente Bindung als Teil dieser Regel betrachten.

```
REPEAT
    Bestimmung der anwendbaren Regeln;
    Konfliktauflösung;
    Aktionsführung
UNTIL Terminierungskriterium
```

Bild 4.5 Grundlegender Algorithmus zur Vorwärtsableitung


```
W9   mit Bindung R1/region wegen D1
W9   mit Bindung R3/region wegen D9
W11  mit Bindung R2/region wegen D6, D7, D8
```

Bild 4.6 Vollständige Konfliktmenge zu Bild 4.3 und 4.4

Können die Variablen einer Regel auf verschiedene Art konsistent an Konstanten
gebunden werden, so dass sich <u>true</u> als Wahrheitswert für die Bedingung ergibt,
so nennt man die Regel mehrfach anwendbar. Im folgenden sollen Objektvariablen
durch Folgen von Kleinbuchstaben dargestellt werden, während für Objektkonstanten Folgen von Grossbuchstaben und Ziffern verwendet werden. Wir betrachten als Beispiel Bild 4.3 und 4.4. Die Regel W9 mit der Bindung R1/region - es
wird hier die gleiche Schreibweise wie in Kap. 2.3. für Substitutionen verwendet - ist aufgrund von D1 anwendbar, während die Regel W8 nicht anwendbar
ist. Wegen D9 ist die Regel W9 sogar mehrfach anwendbar. Ein weiteres Beispiel für eine anwendbare Regel ist W11 mit der Bindung R2/region aufgrund
von D6, D7 und D8. Bei der Regel W12 ergibt sich zwar für die einzelnen Elementarterme ELONGATED(region) = YES, VEGETATION(region) = NO und WATER(region)
= YES z.B. mit den Bindungen R2/region, R2/region und R1/region jeweils der
Wahrheitswert <u>true</u>, es kann jedoch keine konsistente Bindung mit dem Wahrheitswert <u>true</u> gefunden werden; deshalb ist z.B. W12 nicht anwendbar.

Wie man anhand der eben diskutierten Beispiele erkennt, werden i.a. für
eine gegebene Wissens- und Datenbasis mehrere anwendbare Regeln existieren,
wobei verschiedene dieser anwendbaren Regeln mehrfach anwendbar sind. Die
Gesamtheit dieser Regeln bildet die sog. <u>Konfliktmenge</u>. Als Beispiel ist in
Bild 4.6 die vollständige Konfliktmenge zu Bild 4.3 und 4.4 gezeigt. Die Aufgabe des Interpreters besteht nun darin, nach der Bestimmung der Konfliktmenge
in der Phase der <u>Konfliktauflösung</u> unter den Mitgliedern der Konfliktmenge
eine Regel auszuwählen, deren Aktion dann ausgeführt wird. Im folgenden werden
einige aus der Literatur bekannte Strategien zur Konfliktauflösung vorgestellt.

1. Auswahl einer Regel, die noch nicht angewendet wurde. Die hier betrachteten

Regelsysteme besitzen die Eigenschaft der Monotonie. Dies bedeutet, dass die Datenbasis mit der Anwendung von Regeln monoton wächst und dass einmal in der Datenbasis vorhandene Elemente nicht mehr entfernt werden. Daraus folgt insbesondere, dass eine Regel, die zu einem Zeitpunkt t_1 anwendbar ist, auch zu jedem späteren Zeitpunkt $t_2 > t_1$ angewendet werden kann. Um die überflüssige Reproduktion der gleichen Fakten durch wiederholtes Anwenden der gleichen Regel zu vermeiden, ist es sinnvoll, in monotonen Systemen einmal angewandte Regeln für spätere Anwendungen generell zu sperren. (Man beachte, dass wir eventuell nötige Bindungen von Variablen an Konstante als zu einer anwendbaren Regel gehörig betrachten. Dies bedeutet, dass Regeln mit Variablen in der Bedingungen nur für solche Anwendungen gesperrt werden, bei denen die gleichen Bindungen wie bei einer früheren Anwendung verwendet werden.) Unter der Annahme, dass D13 in Bild 4.4 mittels W9 mit der Bindung R1/region aufgrund von D1 abgeleitet wurde, kann mit der hier betrachteten Strategie das erste Element in Bild 4.6 aus der Konfliktmenge eliminiert werden.

2. Ordnen der Elemente der Datenbasis nach Prioritäten und Auswahl der Regel, deren erstes Literal der Bedingung durch den Eintrag der höchsten Priorität erfüllt wird. Ein häufig verwendetes Ordnungskriterium ist der Zeitpunkt des Eintrags eines Elements in die Datenbasis, wobei späteren Einträgen die höhere Priorität zukommt. Unter der Annahme, dass neue Elemente stets am Ende der Datenbasis eingefügt werden, ist diese Strategie äquivalent mit dem Abarbeiten der Datenbasis von hinten nach vorn, wobei jedes Element mit dem ersten Literal einer jeden Regel in der Konfliktmenge verglichen wird. Für die Konfliktmenge in Bild 4.6 erfolgt unter dieser Strategie die Auswahl des zweiten Elements.

3. Auswahl der Regel höchster Spezifität. Die Spezifität ist ein Mass für die Stärke der Restriktionen in der Bedingung einer Regel. Häufig wird diese Vorschrift dahingehend konkretisiert, dass einer Regel R der Vorzug vor einer Regel S gegeben wird, wenn die Menge der Literale der Bedingung von S, unter Berücksichtigung eventueller Variablenbindungen, in der Menge der Literale der Bedingung von R echt enthalten ist. Wir nehmen als Beispiel an, dass die Wissensbasis neben den in Bild 4.3 gezeigten Einträgen eine Regel der Form

W14: IF   VEGETATION(region) = NO $\land$ WATER(region) = NO
     THEN INTERPRETATION(region) = MANMADE

enthält. Wegen D7 und D8 in Bild 4.4 ist neben den in Bild 4.6 gezeigten

Elementen auch W14 mit der Bindung R2/region in der Konfliktmenge enthalten. Weiterhin ist W14 mit der Bindung R3/region ein Element der Konfliktmenge. Durch Anwendung der Spezifitätsstrategie wird W14 mit der
Bindung R2/region von W11 mit R2/region aus der Konfliktmenge verdrängt,
während W14 mit R3/region in der Konfliktmenge verbleibt.

4. Explizites Ordnen der Regeln nach einer vordefinierten Priorität. Eine
   konkrete Möglichkeit besteht z.B. darin, die Priorität der Regeln gemäss
   der Reihenfolge ihrer Niederschrift zu vereinbaren. In diesem Fall kann
   die Bestimmung der anwendbaren Regeln und die Konfliktauflösung in Bild
   4.5 einfach realisiert werden durch das sequentielle Prüfen der Regeln
   auf Anwendbarkeit und das direkte Ausführen der ersten anwendbaren Regel.
   Ist die erste anwendbare Regel mehrfach anwendbar, so sind zusätzliche
   Vereinbarungen zur Konfliktauflösung nötig.

Im allgemeinen liefert die Anwendung einer der oben genannten Strategien
auf eine Konfliktmenge kein eindeutiges Ergebnis; d.h., dass die Konfliktmenge
zwar verkleinert, nicht aber notwendig einelementig wird. Deshalb verwendet
man häufig eine Kombination mehrerer Strategien. Kann auch auf diese Weise
keine endgültige Entscheidung herbeigeführt werden, so erfolgt meist in
letzter Instanz die zufällige Auswahl einer der in der Konfliktmenge verbliebenen Regeln oder die Ausführung sämtlicher dieser Regeln. Die Konflikt-
auflösungsstrategie ist i.a. ein fester Bestandteil des Interpreters eines
Regelsystems und muss bei der Formulierung des problemspezifischen Wissens
duch Fakten und Regeln in Betracht gezogen werden.

Wurde in der Konfliktauflösungsphase durch den Interpreter nach einer der
oben skizzierten Strategien eine Regel bestimmt, so erfolgt anschliessend
die Anwendung dieser Regel, d.h. die Ausführung der im THEN-Teil angegebenen
Elementaraktionen. Die Ausführung einer Elementaraktion der Form A(O) = W,
wobei A ein Attribut, O ein Objekt und W einen Wert darstellt, wird dadurch
realisiert, dass ein Eintrag der Form A(O) = W in die Datenbasis aufgenommen
wird. Eventuelle Bindungen von Variablen in der Bedingung einer Regel müssen
auch in jeder Elementaraktion vorgenommen werden. So resultiert z.B. die Anwendung der Regel W11 mit der Bindung R2/region in einem Eintrag der Datenbasis der Form D14: INTERPRETATION(R2) = ROAD. Durch die Anwendung einer
Regel verändert sich der Inhalt der Datenbasis. Somit wird sich im nächsten
Durchlauf durch die REPEAT-Schleife in Bild 4.5 i.a. eine andere Konfliktmenge ergeben. So ist z.B. nach Anwendung der Regel W9 mit R3/region die in

Bild 4.6 nicht enthaltene Regel W13 mit R3/region anwendbar.

Die drei Phasen des Interpretationsprozesses von Bild 4.5, nämlich Bestimmung der anwendbaren Regeln, Konfliktauflösung und Aktionsausführung werden solange zyklisch wiederholt, bis eine Terminierungsbedingung eintritt. Im folgenden werden einige häufig verwendete Bedingungen erläutert.

1. Auftreten von STOP als auszuführende Elementaraktion. Auf diese Weise kann die Terminierung des Inferenzprozesses explizit in der Wissensbasis festgelegt werden. Besteht im Beispiel von Bild 4.3 und 4.4 die Aufgabe etwa lediglich darin, ein Auto zu finden, so bietet sich an, den Aktionsteil der Regel W13 um eine zweite Elementaraktion, nämlich STOP zu erweitern. Auf diese Weise terminiert der Ableitungsprozess, sobald eine Region als Auto interpretiert wurde.

2. Für jedes Attribut A eines Objekts O, das als Argument eines Metafakts ZIEL(A(O)) auftritt, wurde wenigstens ein Wert ermittelt. (U.U. erfolgt eine Modifikation dieses Kriteriums durch die Zusatzbedingung, dass die Wissensbasis nicht gleichzeitig einen Eintrag MULTI(A(O)) enthält, vgl. auch Kap. 2.4.2.) Tritt als Argument eines ZIEL-Metafakts eine Objektvariable auf, so kann dies auf zwei verschiedene Arten interpretiert werden, je nachdem, ob man die Variable existentiell oder universell quantifiziert verstehen will. Im ersten Fall stopt der Inferenzprozess, sobald der erste Wert des geforderten Attributs für ein beliebiges Objekt gefunden wurde, während im zweiten Fall die Aufgabe im Auffinden aller Objekte besteht, für welche für das angegebene Attribut ein Wert abgeleitet werden kann.

3. Die Konfliktmenge ist leer. Da in diesem Fall keine anwendbare Regel existiert, terminiert der Inferenzprozess. Diese Situation lässt sich so deuten, dass sämtliche Schlussfolgerungen, die aus den initialen Fakten der Datenbasis mithilfe der Einträge der Wissensbasis gezogen werden können, vorliegen. Es ist allerdings nicht sichergestellt, dass sich unter diesen abgeleiteten Fakten das gewünschte Ergebnis befindet. Verwenden wir für das Beispiel von Bild 4.3 und 4.4 zur Konfliktauflösung die Strategie 1, zusammen mit dem Ordnen der Regeln entsprechen ihrer Niederschrift, so ergeben sich die folgenden Einträge in der Datenbasis: D14: LARGE(R3) = NO, D15: INTERPRETATION(R2) = ROAD, D16: INTERPRETATION(R3) = CAR. An dieser Stelle terminiert der Ableitungsprozess mit leerer Konfliktmenge.

4. Vorgabe einer oberen Schranke beim Start des Interpreters für die Anzahl
der Durchläufe durch die REPEAT-Schleife in Bild 4.5. Damit kann die
Terminierung des Ableitungsprozesses innerhalb einer vorgegebenen Zeit-
spanne sichergestellt werden, auch für den Fall, dass eventuelle andere
Terminierungskriterien bis dahin nicht wirksam werden.

4.2.2 Rückwärtsableitung

Die in Kap. 4.2.1. diskutierte Vorwärtsableitung ist dadurch charakterisiert, dass vom IF-Teil einer Regel auf den THEN-Teil geschlossen wird. Dieses Vorgehen ist dann nützlich, wenn beim Start des Interpreters die Eingabedaten vollständig vorliegen und wenn weiterhin eine grosse Anzahl von Attributen als potentielle Ziele des Inferenzprozesses existiert. Wir nennen ein
Attribut A eines Objekts O ein Ziel, wenn als Ergebnis eines Laufs des Interpreters aus den Eingabedaten ein Wert W für A(O) abgeleitet werden soll. Ist
im Gegensatz dazu die Menge der Eingabedaten zu Beginn des Inferenzprozesses
möglicherweise unvollständig oder existieren nur relativ wenige Attribute als
Ziel, so kann die Verwendung einer rückwärtsgerichteten Inferenzprozedur vor-
teilhafter sein. Die Rückwärtsableitung beruht auf der Idee, zur Ableitung
eines Werts eines Attributs zu prüfen, mithilfe welcher Regeln der Wert möglicherweise gewonnen werden kann und dann sukzessive die Werte aller in den
Bedingungen dieser Regeln auftretenden Attribute zu bestimmen. Mit anderen
Worten, bei der Rückwärtsableitung wird jeweils vom THEN-Teil einer Regel auf
die Voraussetzungen im IF-Teil übergegangen. Wir schränken in Kap. 4.2.2. die
Syntax von Regeln dahingehend ein, dass nur noch eine Elementaraktion hinter
THEN erlaubt ist. Als Verallgemeinerung von Kap. 4.2.1. setzen wir nicht mehr
voraus, dass alle Eingabedaten zu Beginn des Inferenzprozesses in der Datenbasis verfügbar sind. Vielmehr lassen wir zu, dass Eingabedaten, d.h. Werte
von Attributen, dynamisch durch Befragen des Benutzers oder durch die Ausführung spezieller Prozeduren ermitteln werden, sobald sie benötigt werden. Es
wird im folgenden von einer Reihe $A_1(O_1),\ldots, A_n(O_n)$ von Zielen ausgegangen.
Die Aufgabe des Interpreters besteht also darin, Werte $W_1,\ldots,W_n$ für $A_1(O_1)$,
$\ldots, A_n(O_n)$ zu bestimmen.

Die Rückwärtsableitung beruht auf zwei sich gegenseitig aufrufenden Funktionen, die in Bild 4.7 gezeigt sind. Die Funktion APPLY wird von FINDVALUE

mit dem Parameter RULE aufgerufen und hat die Aufgabe, die Regel RULE auf Anwendbarkeit zu überprüfen und gegebenenfalls die Anwendung zu vollziehen. Bevor die Ueberprüfung der Anwendbarkeit erfolgen kann, müssen alle in der Bedingung von RULE auftretenden Attribute Werte besitzen. Die Bestimmung dieser Werte erfolgt durch die Funktion FINDVALUE. Wurde mithilfe dieser Funktion für alle benötigten Attribute ein Wert abgeleitet, so erfolgt mithilfe der Funktion EVALUATE ein Test, ob sich für die Bedingung von RULE der Wahrheitswert <u>true</u> ergibt. Ist dies der Fall, dann wird die Aktion der Regel durch den Aufruf der Prozedur ACTION ausgeführt, d.h. ein Eintrag der Form attribut(objekt) = wert in die Datenbasis aufgenommen. Die von APPLY aufgerufene Funktion EVALUATE sowie die Prozedur ACTION beruhen auf einfachen Operationen über der Datenbasis und werden hier nicht weiter behandelt.

Der Einfachheit halber ist die in Bild 4.7 angegebene Funktion APPLY nur für Elementarterme, nicht aber für Metaterme konzipiert (vgl. Bild 4.2). Zur Bestimmung des Wahrheitswerts einer Bedingung, in welcher Elementarterme auftreten, sind konkrete Werte für Attribute nötig. Die Bestimmung dieser Werte erfolgt in der DO-Schleife in APPLY. Bei Metatermen, z.B. BEKANNT (A(O)) kommt es dagegen nicht auf den konkreten Wert von A(O) an; vielmehr interessiert hier nur, ob überhaupt ein Wert von A(O) in der Datenbasis eingetragen ist. Zur zusätzlichen Behandlung von Metatermen kann APPLY z.B. durch eine Fallunterscheidung erweitert werden, in welcher geprüft wird, ob ein Attribut A in einem Elementar- oder einem Metaterm auftritt. Für Attribute in Elementartermen erfolgt dann ein Aufruf der Funktion FINDVALUE von Bild 4.7, während für Metaterme eine modifizierte Funktion verwendet wird.

Die Funktion FINDVALUE wird von APPLY mit dem Parameter ATTRIBUTE aufgerufen und hat die Aufgabe, einen Wert für ATTRIBUTE zu bestimmen. Die Bezeichnung ATTRIBUTE steht in Bild 4.7 für das Attribut eines Objekts. Da das explizite Objekt im hier betrachteten Zusammenhang nicht relevant ist, wird auf seine Angabe zur Vereinfachung der Schreibweise verzichtet. Zur Bestimmung des Werts eines Attributs sind im FINDVALUE drei Möglichkeiten vorgesehen, nämlich die Ueberprüfung der Fakten in der Daten- und der Wissensbasis, das Anfordern eines Werts vom Benutzer sowie die Bestimmung eines Werts mithilfe von Regeln der Wissensbasis. Diese drei Möglichkeiten werden von FINDVALUE in der angegebenen Reihenfolge untersucht. Konnte ein Wert von ATTRIBUTE aufgrund eines Eintrags in der Daten- oder der Wissensbasis ermittelt werden, so erfolgt die Rückgabe von SUCCESS an die aufrufende Funktion. Andernfalls wird geprüft, ob ein <u>BENUTZER</u>-Metafakt mit dem gesuchten

```
FUNCTION APPLY(RULE)
    EINGABE  :   RULE, eine Regel nach der Syntax von Bild 4.2 mit einer
                 Elementaraktion in der rechten Seite.
    RUECKGABE : SUCCESS, falls RULE auf Datenbasis angewendet werden konnte.
                 FAIL, sonst.
    FOR alle Attribute A in der Bedingung von RULE
    DO IF FINDVALUE(A) = FAIL THEN RETURN FAIL;
    IF EVALUATE(RULE) = TRUE
        THEN  BEGIN  ACTION(RULE);
                     RETURN SUCCESS;
              END;
        ELSE  RETURN FAIL;
END APPLY


FUNCTION FINDVALUE(ATTRIBUTE)
    EINGABE  :   ATTRIBUTE, ein Attribut, dessen Wert zu ermitteln ist.
    RUECKGABE : SUCCESS, falls Wert ermittelt wurde.
                 FAIL, sonst.
    IF  ATTRIBUTE besitzt aufgrund von Fakten der Wissens- oder Datenbasis
                 einen Wert THEN RETURN SUCCESS;
    IF  es existiert ein BENUTZER-Metafakt mit ATTRIBUTE als Argument THEN
        BEGIN   Ausgabe von 'text';
                lies Benutzereingabe;
                Eintrag in Datenbasis;
                IF ATTRIBUTE besitzt aufgrund der Benutzereingabe einen Wert
                   THEN RETURN SUCCES;
        END;
    FOR alle Regeln R in der Wissensbasis, die direkt zur Bestimmung des
        Werts von ATTRIBUTE beitragen
    DO  IF APPLY(R) = SUCCESS THEN RETURN SUCCESS;
    RETURN FAIL;
END FINDVALUE
```

Bild 4.7 Die Funktionen APPLY und FINDVALUE als Grundlage für die
          Rückwärtsableitung

W_1 : ZIEL(A_1),
W_2 : BENUTZER(A_6) = '...',
W_3 : BENUTZER(A_9) = '...',
W_4 : BENUTZER(A_{12}) = '...',
W_5 : BENUTZER(A_{13}) = '...',
W_6 : BENUTZER(A_{14}) = '...',

W_7 : IF $A_2 \wedge A_3$ THEN A_1,
W_8 : IF $A_4 \wedge A_5 \wedge A_6$ THEN A_1,
W_9 : IF $A_7 \wedge A_8$ THEN A_3,
W_{10} : IF $A_9 \wedge A_{10}$ THEN A_4,
W_{11} : IF $A_{11} \wedge A_{12}$ THEN A_4,
W_{12} : IF A_{13} THEN A_6,
W_{13} : IF A_{14} THEN A_6.

$D_1 : A_2$, $D_2 : A_5$, $D_3 : A_7$, $D_4 : A_{10}$, $D_5 : A_{11}$, $D_6 : A_{12}$, $D_7 : A_{13}$.

Bild 4.8 Beispiel für Wissens- und Datenbasis bei der Rückwärtsableitung

Attribut als Argument existiert. Ist dies der Fall, so erfolgt die Ausgabe des in der Wissensbasis im Metafakt angegebenen Textes an den Benutzer. Hierbei handelt es sich üblicherweise um eine Aufforderung, einen Wert für das gesuchte Attribut einzugeben. Eine Eingabe durch den Benutzer wird anschliessend in der Datenbasis abgespeichert. Dann wird geprüft, ob nun das gesuchte Attribut aufgrund der Benutzereingabe einen Wert besitzt. Falls ja, erfolgt die Rückgabe von SUCCESS an das aufrufende Programm. Anstelle einer Aufforderung an den Benutzer, einen Wert eines Attributs einzugeben, erfolgt bei Anwendungen in Bild- und Spracherkennung häufig auch der Aufruf spezieller Vorverarbeitungs- oder Segmentierungsprozeduren, die einen derartigen Wert liefern. Existiert für das gesuchte Attribut kein Eintrag in der Daten- oder der Wissensbasis und ist auch dem Benutzer kein Wert bekannt bzw. konnte durch eine externe Prozedur kein Wert ermittelt werden, so erfolgt als letzte Möglichkeit der Versuch, einen Wert durch Anwendung einer Regel zu bestimmen. Ist $A(0)$ das betrachtete Attribut eines Objekts, so wird für jede Regel R, deren THEN-Teil die Form $A(0) = W$ für beliebiges W hat, die Funktion APPLY(R) aufgerufen. War APPLY erfolgreich, so gibt FINDVALUE das Ergebnis SUCCESS an die aufrufende Funktion zurück. Andernfalls sind alle Versuche von FINDVALUE, einen Wert für das gesuchte Attribut zu finden, erfolglos verlaufen und es erfolgt die Rückgabe von FAIL an die aufrufende Funktion. Die Aufgabe des Interpreters, für eine Reihe von Zielen, d.h. Attributen jeweils einen Wert abzuleiten, lässt sich schliesslich durch die folgende Anweisung realisieren:
FOR alle Ziele A DO FINDVALUE(A).

Die Funktionen von Bild 4.7 sollen anhand eines Beispiels noch genauer erläutert werden. Wir betrachten dazu die Wissens- und die Datenbasis von Bild 4.8. Es mögen $A_1,...,A_{14}$ Attribute bezeichnen. Zur Vereinfachung der Schreibweise wird auf die Angabe von Prädikat, Objekt und Wert in Elementartermen verzichtet. So würde z.B. die Regel W8 aus Bild 4.3 hier lediglich durch IF SIZE THEN LARGE und der Eintrag D1 aus Bild 4.4 hier lediglich durch SIZE angegeben. Zur weiteren Vereinfachung wurde auf die explizite Angabe eines Texts in den BENUTZER-Metafakten W2 - W6 verzichtet. Aufgrund von W1 in Bild 4.8 erfolgt beim Start des Interpreters der Aufruf von FINDVALUE mit dem Argument A_1. Die folgenden Funktionsaufrufe zusammen mit ihren Parametern sind in Bild 4.9 angegeben, wobei F als Abkürzung für FINDVALUE und A als Abkürzung für APPLY steht. Die Nummern an den Pfeilen zeigen die chronologische Reihenfolge an, in welcher Funktionsaufrufe und die Rückgabe von Werten erfolgen. Anfragen an den Benutzer finden aufgrund von W2 - W6 innerhalb von

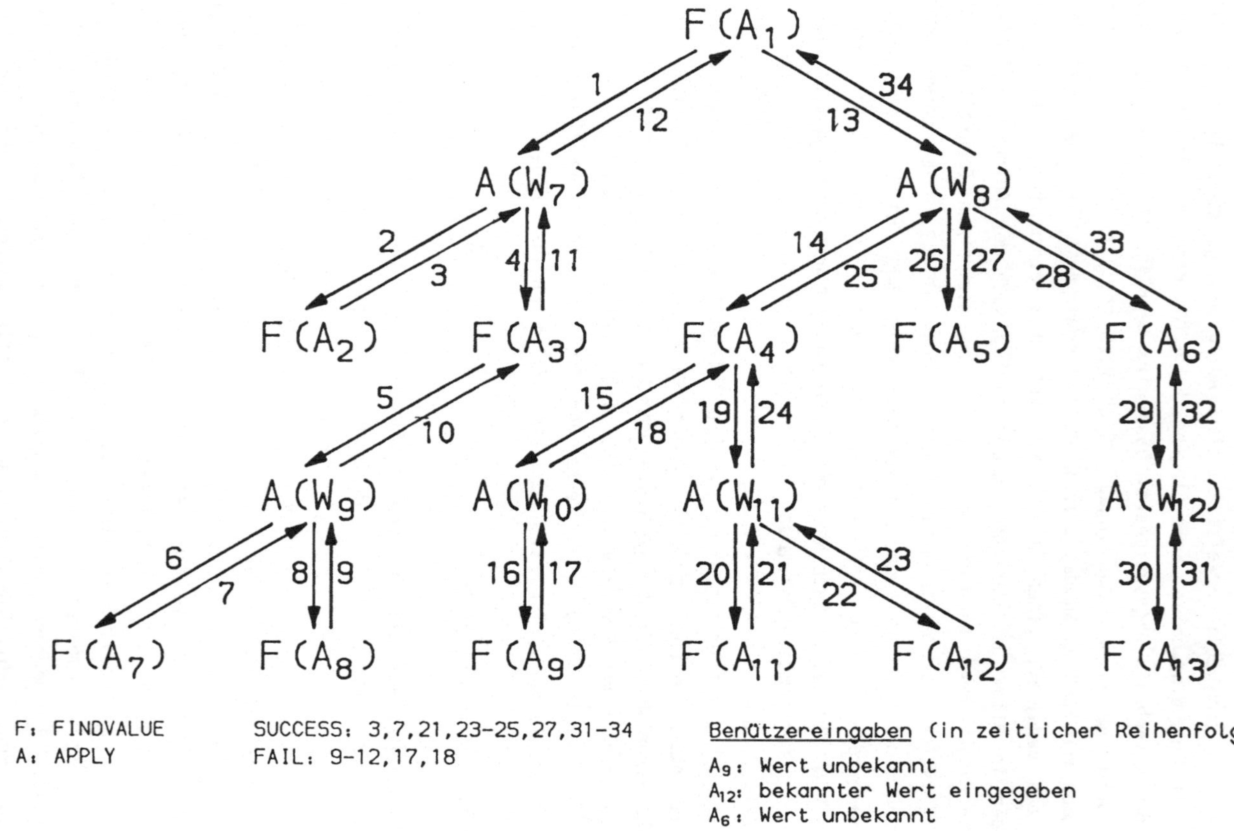

Bild 4.9 Gegenseitige Aufrufe der Funktionen FINDVALUE und APPLY für das Beispiel in Bild 4.8

FINDVALUE(A_9), FINDVALUE(A_{12}) und FINDVALUE(A_6) statt. Die hypothetischen, für dieses Beispiel verwendeten Eingaben des Benutzers sind in Bild 4.9 ebenfalls angegeben. Nach einer Reihe von gegenseitigen Aufrufen von FINDVALUE und APPLY kann schliesslich ein Wert für A_1 abgeleitet werden.

Der skizzierte Algorithmus zur Rückwärtsableitung kann in eine Endlosschleife geraten, falls die Regeln der Wissensbasis Rekursionen enthalten. Wir wollen direkte Rekursionen der Form IF ... $\wedge$ A $\wedge$... THEN A von der Betrachtung ausschliessen und nur indirekte Rekursionen über $n > 2$ Regeln der folgenden Form zulassen:

IF ... $\wedge$ A_1 $\wedge$... THEN A_2

IF ... $\wedge$ A_2 $\wedge$... THEN A_3

.

.

.

IF ... $\wedge$ A_{n-1} $\wedge$... THEN A_n

IF ... $\wedge$ A_n $\wedge$... THEN A_1.

Offenbar können Endlosschleifen einfach dadurch vermieden werden, dass der Interpreter eine Liste L führt, in welcher alle Attribute vermerkt sind, für welche ein Wert gesucht wird. Sobald ein Wert für ein Attribut bekannt ist, wird dieses aus L entfernt. Zur Vermeidung von Endlosschleifen braucht nun nur die Funktion FINDVALUE so modifiziert zu werden, dass eine Regel in der FOR-Schleife übergangen wird, falls in ihrem IF-Teil ein Attribut auftritt, das auch in L enthalten ist. Mit dieser Erweiterung können beliebige indirekte Rekursionen in den Regeln der Wissensbasis zugelassen werden.

Es muss hier darauf hingewiesen werden, dass der bisher diskutierte Algorithmus für die Rückwärtsableitung nur eine unter verschiedenen Möglichkeiten darstellt. Insbesondere sind auch Interpreter bekannt, bei denen in der Funktion FINDVALUE die Ermittlung eines Werts für ein Attribut durch Anwendung einer Regel generell vor der Ausgabe einer Anfrage an den Benutzer erfolgt. Weiterhin ist es naheliegend, den Interpreter so zu erweitern, dass MULTI-Metafakten berücksichtigt werden. Ein MULTI-Metafakt in der Wissensbasis bringt zum Ausdruck, dass ein Attribut mehrere Werte annehmen kann. Die Erweiterung kann z.B. durch Modifikation von FINDVALUE erfolgen, so dass bei einem Aufruf alle möglichen Werte für ein in einem MULTI-Metafakt als Argument auftretendes Attribut abgeleitet werden.

4.3 Erweiterungen

In Kap. 4.1. und 4.2. wurden in exemplarischer Form die grundlegenden Konzepte von Regelsystemen behandelt. Daneben existiert eine Reihe möglicher Erweiterungen, die im folgenden kurz skizziert werden. Die detaillierte Behandlung würde den Rahmen dieses Kapitels sprengen. Hinweise auf weiterführende Literatur finden sich in Kap. 4.6.

Die Syntax von Bild 4.2 erlaubt nur Datenbasis-Einträge der Form attribut (objekt) = wert. Hier sind viele Verallgemeinerungen möglich auf komplexere Datenstrukturen wie Listen, Bäume etc. Zum Testen und Einfügen solcher Strukturen in der Datenbasis ist es nötig, allgemeinere Bedingungen und Aktionen in Regeln als die in Bild 4.2 angegebenen vorzusehen. Generell können Bedingungen und Aktionen entweder in parametrischer, vom Interpreter auszuwertender Form wie in Bild 4.2 oder direkt als Prozedur auftreten. Eine wichtige Verallgemeinerung des bisher betrachteten Modells bilden <u>nichtmonotone</u> Regelsysteme, bei denen die Löschung oder Aenderung bestehender Datenbasiseinträge als Aktionen einer Regel auftreten können.

Häufig sind sowohl das in einem Regelsystem durch Fakten und Regeln repräsentierte Wissen als auch die auszuwertenden Eingabedaten mit Unsicherheiten behaftet. Hieraus entsteht das Problem, aus unsicheren Daten mithilfe von vagem Wissen Schlussfolgerungen zu ziehen, wobei insbesondere die Sicherheit interessiert, mit welcher eine Schlussfolgerung aufgestellt werden kann. Zur Modellierung der Unsicherheit in Regelsystemen gibt es zahlreiche Möglichkeiten, die auf Wahrscheinlichkeitstheorie, unscharfer Logik, sog. Sicherheitsfaktoren und anderen Ansätzen beruhen. In manchen Regelsystemen sind derartige Formalismen fester Bestandteil der Syntax. Eine ausführlichere Behandlung von Unsicherheiten bei Inferenz und Kontrolle findet sich auch in Kap. 6.

Die in Kap. 4.2. behandelten Methoden der Vor- und Rückwärtsableitung lassen sich zu einem gemischten Verfahren kombinieren, das sich durch besondere Flexibilität auszeichnet und das in speziellen Anwendungsfällen effizienter arbeitet als jede der Einzelstrategien. Bei der <u>gemischten Ableitung</u> wechseln sich Phasen der Vor- und Rückwärtsableitung ab. Ueblicherweise startet man mit einer Vorwärtsableitung, bei der potentielle Ziele aufgrund der vorhandenen Eingabedaten bestimmt werden. Es wird nicht verlangt, dass alle Eingabedaten beim Start des Interpreters vollständig zur Verfügung stehen. Ist eine

Reihe potentieller Ziele anhand der vorliegenden Eingabedaten bestimmt, so wird in einer anschliessenden Phase der Rückwärtsableitung die Verifikation eines jeden Zieles versucht, wobei vom Benutzer bzw. von externen Programmen zusätzliche Eingabedaten angefordert werden. Hierbei kann man sich auf solche Eingabedaten, d.h. auf die Werte solcher Attribute beschränken, die zur Verifikation des aktuell betrachteten Ziels tatsächlich nötig sind. Jedesmal, wenn neue Eingabedaten verfügbar sind, kann erneut eine Vorwärtsableitung gestartet werden, um neue potentielle Ziele zu ermitteln, die dann anschliessend in einer Phase der Rückwärtsableitung zu verifizieren sind. Ein mögliches Terminierungskriterium bei der gemischten Ableitung ist, dass alle potentiellen Ziele durch eine Rückwärtsableitung verifiziert bzw. falsifiziert worden sind.

Ein wesentliches Merkmal von Regelsystemen ist die deklarative Natur der Wissensrepräsentation, bei der prozedurale Aspekte, die das Zusammenwirken verschiedener Fakten und Regeln betreffen, nicht berücksichtigt werden müssen. Als Vorteil resultiert ein hoher Grad an Flexibilität und Modularität der Wissensbasis. Der Preis, der hierfür zu zahlen ist, besteht in einem möglicherweise grossen "Overhead" des Interpreters bei der Bestimmung der anwendbaren Regeln und der Konfliktauflösung bei der Vorwärtsableitung nach Bild 4.5. Zur Verringerung des im Interpreter nötigen Aufwandes - unter einer möglichst weitgehenden Aufrechterhaltung von Modularität und Flexibilität des Repräsentationsformalismus - wurden verschiedene Kontrollmechanismen für Regelsysteme vorgeschlagen. Mithilfe dieser Mechanismen soll die Anzahl der zu einem Zeitpunkt potentiell anwendbaren Regeln reduziert werden. Ein erster dieser Kontrollmechanismen ist durch <u>Kontrollmengen</u> gegeben. Sei P eine (endliche) Menge von Regelnamen und $P*$ die Menge aller Worte über P, so ist eine Kontrollmenge C eines Regelsystems eine (endliche oder unendliche) Teilmenge von $P*$. Die Bedeutung einer Kontrollmenge liegt darin, dass der Interpreter nur solche Folgen von Regeln betrachtet, die einem Wort in C entsprechen. Ist z.B. $P = \{R_1, R_2, R_3\}$ eine Menge von Regelnamen und $C = \{R_1^n \, R_2^n \, R_3^n \mid n \geqslant 1\}$ eine Kontrollmenge, so erfolgt eine Beschränkung der möglichen Folgen von Inferenzschritten derart, dass zuerst R_1 n-mal, dann R_2 n-mal und schliesslich R_3 n-mal angewendet wird. D.h., dass durch die Anzahl der Anwendungen von R_1 festgelegt wird, wie oft R_2 und R_3 angewendet werden.

Einen weiteren Formalismus für das explizite Steuern der Reihenfolge, in der Regeln von Interpreter betrachtet werden, stellen Petri-Netze dar. In Verallgemeinerung des auf Kontrollmengen beruhenden Ansatzes kann hier auch die parallele Anwendung von Regeln modelliert werden.

Eine dritte Möglichkeit, die Aufnahme von Regeln in die Konfliktmenge zu beeinflussen, besteht in der Verwendung von Metaregeln. Derartige Regeln sind syntaktisch identisch mit Regeln wie sie z.B. in Bild 4.2 definiert werden. Sie spielen jedoch bezüglich Ihres Inhalts eine andere Rolle, insofern als sie kein direktes Wissen über den betrachteten Problemkreis beinhalten, sondern Wissen über die Anwendung von Regeln, die diesen Problemkreis betreffen. So kann z.B. eine Metaregel lauten, dass bei Vorliegen eines Fakts X in der Datenbasis solche Regeln, welche Fakt Y im IF- oder THEN-Teil enthalten, vor allen anderen Regeln angewendet werden sollen. Die Besonderheit von Metaregeln ist darin zu sehen, dass sie die explizite Repräsentation von Kontrollwissen erlauben und dabei auf dem gleichen Formalismus beruhen, der zur Darstellung des problemspezifischen Wissens verwendet wird.

Eine weitere explizite Kontrollmöglichkeit bezüglich der Aufnahme von Regeln in die Konfliktmenge ist durch die Verwendung von Kontexten gegeben. Ein Kontext kann als Zusammenfassung mehrerer Regeln betrachtet werden. Mithilfe spezieller Produktionen lässt sich ein Kontext aktivieren oder deaktivieren. Zu einem Zeitpunkt werden jeweils nur die Regeln des aktuellen Kontexts vom Interpreter als potentielle Kandidaten für die Konfliktmenge untersucht. Durch eine derartige Fokussierung kann die Effizienz eines Systems verbessert werden, vor allem bei einer grossen Anzahl von Regeln.

4.4 Zusammenhänge mit Prädikatenkalkül und semantischen Netzen

Ein Vergleich zwischen den Kapiteln 2. und 4. zeigt, dass zahlreiche Aehnlichkeiten zwischen Regelsystemen und dem Prädikatenkalkül existieren. So kann z.B. in einem monotonen Produktionensystem eine Regel der Form IF bedingung THEN aktion als prädikatenlogische Implikation der Form bedingung $\rightarrow$ aktion bzw. ~bedingung v aktion aufgefasst werden u.u. Die Bindung von Variablen in Regeln an Konstanten, die in Kap. 4.2.1. behandelt wurde, ist offensichtlich ein Spezialfall der Substitution beim Prädikatenkalkül. Ein Vorwärtsableitungsschritt nach der in Kap. 4.2.1. diskutierten Methode entspricht der Anwendung der Inferenzregel modus ponens nach Bild 2.3, während die Rückwärtsableitung nach Kap. 4.2.2. eng mit dem in Kap. 2.7. diskutierten

Inferenzmechanismus für Horn-Klauseln korrespondiert. Insbesondere kann jede Anweisung eines logischen Programms nach Gl. (2.7.1) oder (2.7.2) als Fakt oder Regel eines Produktionensystems aufgefasst werden. Zwei mächtige Konzepte, die über die direkten Möglichkeiten des Prädikatenkalküls hinausgehen, sind der in Kap. 4.3. erwähnte Umgang mit unsicheren Daten und vagem Wissen sowie Aktionen in Regeln, die zu nichtmonotonen Verhalten führen.

Im folgenden sollen Zusammenhänge zwischen Regelsystemen und semantischen Netzen diskutiert werden. Zu den Hauptmerkmalen und Vorteilen von Regelsystemen zählen Modularität und Transparenz, während das Schwergewicht bei semantischen Netzen auf der objektorientierten Darstellungsform unter Einbeziehung von Objekthierarchien und Vererbung liegt. Viele in der Praxis verwendete Methoden für Wissensrepräsentation und Inferenz beruhen auf einer Kombination beider Ansätze. Eine derartige Kombination resultiert in einer Steigerung der Ausdrucksfähigkeit und Flexibilität. Es gibt zwei hauptsächliche Gesichtspunkte, nach denen die Kombination von Regelsystemen und semantischen Netzen erfolgen kann. Im ersten Fall betrachtet man Regeln als speziellen Mechanismus zur Berechnung von Attributwerten in semantischen Netzen, während im zweiten Fall die Relationen eines semantischen Netzes zur Strukturierung der Elemente eines Regelsystems verwendet werden.

Wir wollen zunächst den ersten Fall betrachten und gehen aus von Konzepten und Instanzen nach der Syntax von Bild 3.2.a,b und 3.4 sowie Regeln nach der Syntax von Bild 4.2. Jede Elementaraktion einer Regel der Form attribut(objekt) = wert kann potentiell dazu dienen, einen Wert eines Attributs in einem Konzept zu bestimmen und im entsprechenden Slot einzutragen. Es korrespondiert "attribut" in Bild 4.2 mit "attributname" in Bild 3.2.a und "objekt" in Bild 4.2 mit dem Namen des betrachteten Konzepts in Bild 3.2.a. Somit können Regeln zur Berechnung von Attributen in semantischen Netzen verwendet werden, indem im <u>BERECHNUNG</u>-Slot eines Attributs A eine oder mehrere Regeln angegeben werden, mit deren Hilfe ein oder mehrere Werte für A ableitbar sind. Als Beispiel betrachte man das Konzept einer Region in Bild 4.10, das im Zusammenhang mit dem Beispiel von Bild 4.3 zu sehen ist. Es wurde hier auf die Definition der Attribute SIZE, LARGE etc. sowie auf die Angabe von Generalisierungen, Spezialisierungen und Instanzen verzichtet. Eine Möglichkeit, Regeln zur Berechnung dieser Attribute zu verwenden besteht z.B. im Eintrag der Regeln W8 und W9 von Bild 4.3 im <u>BERECHNUNG</u>-Slot des Attributs LARGE und W10 - W13 im <u>BERECHNUNG</u>-Slot des Attributs INTERPRETATION.

Im Beispiel von Bild 4.10 wird unter Verwendung der Regeln W8 - W13 von Bild 4.3 zur Berechnung von Attributwerten ausschliesslich auf Attribute innerhalb des gleichen Konzepts bzw. innerhalb der gleichen Instanz zugegriffen. Die Verallgemeinerung auf Attribute anderer Konzepte bereitet keine prinzipiellen Schwierigkeiten. Jedoch ist i.a. nicht sichergestellt, dass bei Betrachtung einer Regel zur Berechnung des Werts eines Attributs auch die Bedingung dieser Regel vollständig erfüllt ist, d.h. dass die Regel überhaupt anwendbar ist. Eine mögliche Lösung des Problems kann durch die Verwendung eines Regelinterpreters nach dem Prinzip der Rückwärtsableitung erzielt werden. Ein solcher Interpreter arbeitet genau nach dem in Kap. 4.2.2 beschriebenen Prinzip, wobei zur Berechnung eines Wertes des Zielattributs i.a. auch Attribute anderer Konzepte relevant sind.

Die Einträge in den AKTION-BEI-EINFUEGEN-Slots können im Zusammenhang mit Regeln insbesondere verwendet werden, um einen auf dem Prinzip der Vorwärtsableitung beruhenden Interpreter zu steuern. Dies geschieht dadurch, dass auf solche Regeln verwiesen wird, in deren Bedingung der aktuell berechnete Wert möglicherweise relevant ist. So kann durch die Berechnung eines Attributwerts möglicherweise eine Kette von Vorwärtsableitungsschritten ausgelöst werden.

```
KONZEPT REGION
   .
   .
   .
   ATTRIBUTE
   SIZE : ...
   LARGE : ...
   ELONGATED : ...
   VEGETATION : ...
   WATER : ...
   INTERPRETATION : ...
END REGION
```

Bild 4.10   Ein Konzept zur Repräsentation einer Region (vgl. Bild 4.3)

Die zweite Möglichkeit der Kombination von semantischen Netzen mit Regelsystemen besteht darin, die Elemente eines Regelsystems mithilfe eines semantischen Netzes zu strukturieren und vom Vererbungsmechanismus Gebrauch zu
machen. Wir betrachten hierzu ein einfaches Beispiel. Ein Regelsystem möge
Objekte $O_1,\ldots,O_n$ und Attribute $A_1(O_i),\ldots,A_M(O_i)$ für $i = 1,\ldots,n$ enthalten. (Der Einfachheit halber wird angenommen, dass alle Objekte die gleichen
Attribute besitzen.) Existieren zwischen den Attributen Generalisierungs-
oder Spezialisierungsrelationen, so kann man diese explizit in der Wissensbasis zum Ausdruck bringen und erhält so neben den Fakten und Regeln einen
speziellen Typ eines semantischen Netzes. Mithilfe dieses Netzes kann möglicherweise eine Reduktion der Anzahl der benötigten Regeln erreicht werden.
Hierzu lockert man die Forderung bezüglich der Anwendbarkeit einer Regel, die
besagt, dass alle Literale in der Bedingung erfüllt sein müssen und verlangt
nurmehr, dass für jedes Attribut A, das zusammen mit einem Objekt O in der
Form A(O) in einem Literal L auftritt, eine Generalisierung B existiert -
eventuell ist B gleich A -, so dass B(O) das Literal L erfüllt. Dies kann als
spezielle Variante des Vererbungsprinzips für die Anwendung von Regeln aufgefasst werden. Als Beispiel betrachte man das Attribut LARGE (region) und seine Generalisierung VERYLARGE(region). Wir nehmen an, dass eine Regel
W: IF LARGE(region) = YES THEN VEHICLE(region) = NO
und ein Datenbasiseintrag VERYLARGE(R) = YES, aber kein Datenbasiseintrag für
das Attribut LARGE existiert. Somit ist W nach den herkömmlichen Kriterien
nicht anwendbar. Unter Verwendung des modifizierten Anwendungskriteriums ist
die Anwendung von W jedoch möglich. Eine andere - weniger elegante - Lösung,
die Anwendbarkeit von W unter den geschilderten Umständen zu gewährleisten,
besteht in der Aufnahme einer zusätzlichen Regel der Form
W' : IF VERYLARGE(region) = YES THEN VEHICLE(region) = NO
in die Wissensbasis.

Die geschilderte Einbeziehung des Vererbungsprinzips bei der Regelan-
wendung lässt sich auch auf symbolische Werte von Attributen übertragen,
zwischen denen Generalisierungs- und Spezialisierungsbeziehungen bestehen.
Kann z.B. das Attribut CONTRAST(region) Werte VERYLOW, LOW, MEDIUM, HIGH,
VERYHIGH annehmen, wobei VERYLOW eine Spezialisierung von LOW und VERYHIGH
eine Spezialisierung von HIGH darstellt, und existiert eine Regel
W": IF CONTRAST(region) = HIGH THEN FOREST(region) = YES,
so kann die Anwendung von W" mit der Bindung R/region auch dann erfolgen,
wenn in der Datenbasis nur ein Eintrag CONTRAST(R) = VERYHIGH, nicht aber ein
Eintrag CONTRAST(R) = HIGH vorliegt.

4.5 Aufgaben

1. a) Erweitern Sie die Funktion APPLY von Kap. 4.2. auf Metaterme.
   b) Erweitern Sie die Funktionen von Bild 4.7 auf <u>MULTI</u>-Metafakten unter
      Berücksichtigung möglicher Metaterme.

2. Gegeben sei eine Datenbasis mit den Einträgen

   D1: SIZE(R1) = LARGE,   D4: TEXTUREDNESS(R2) = SMALL,

   D2: TEXTUREDNESS(R1) = LARGE,   D5: SIZE(R3) = LARGE,

   D3: SIZE(R2) = SMALL,   D6: TEXTUREDNESS(R3) = SMALL.

   und eine Wissensbasis mit den Einträgen

   W1: <u>IF</u> SIZE(region) = LARGE <u>THEN</u> CONSPICUITY(region) = LARGE,

   W2: <u>IF</u> SIZE(region) = SMALL <u>THEN</u> CONSPICUITY(region) = SMALL,

   W3: <u>IF</u> SIZE(region) = LARGE $\wedge$ TEXTUREDNESS(region) = LARGE
       <u>THEN</u> CONSPICUITY(region) = VERYLARGE.

   a) Vollziehen Sie die Einzelschritte eines Interpreters bei der Vorwärts-
      ableitung nach; vergleichen Sie hierbei alle in Kap. 4.2. angegebenen
      Strategien zur Konfliktauflösung.
   b) Gehen Sie von einem Interpreter nach dem Prinzip der Rückwärtsverket-
      tung aus. Das Ziel sei die Berechnung eines Werts für das Attribut
      CONSPICUITY für R1, R2 und R3. Skizzieren Sie die einzelnen Funktions-
      aufrufe analog zu Bild 4.9.

3. Formulieren Sie das logische Programm von Gl. (2.7.4) als Regelsystem
   gemäss der Syntax von Bild 4.2 und führen Sie eine Vorwärts- und eine
   Rückwärtsableitung durch.

4. Gegeben sei ein Gefäss G_4 mit einem Fassungsvermögen von 4 Litern und ein
   Gefäss G_3 mit einem Fassungsvermögen von 3 Litern. Es seien die folgenden
   Operationen erlaubt:
   a) Leeren eines Gefässes
   b) Füllen eines Gefässes
   c) Umfüllen des Inhalts von G_i nach G_j, wobei entweder G_i vollständig ge-
      leert und das Fassungsvermögen von G_j nicht überschritten wird oder G_i
      nur teilweise geleert und G_j gefüllt wird; $i,j = 3,4; i \neq j$.

   Diskutieren Sie Möglichkeiten, diese Operationen durch ein Regelsystem
   darzustellen. Sind Erweiterungen der Syntax von Bild 4.2 erforderlich?

Kann die Darstellung mithilfe eines monotonen Systems erfolgen? Existiert eine Operationenfolge, die von zwei leeren Gefässen zu 2 Litern in G_4 und 0 Litern in G_3 führt? Lässt sich das Auffinden einer solchen Folge mithilfe des Regelsystems lösen? Diskutieren Sie in diesem Zusammenhang die Anwendung von Vorwärts- und Rückwärtsverkettung.

4.6 Bibliografischer Rückblick

Der Begriff des Regelsystems geht zurück auf Post, der diesen Formalismus im Zusammenhang mit Untersuchungen zur Berechenbarkeit einführte [15]. Die Form, in der Regelsysteme in Kap. 4. behandelt wurden, stellt eine Weiterentwicklung im Hinblick auf den Einsatz für die Wissensrepräsentation und Inferenz dar. Als generelle Uebersicht zum Thema Regelsysteme können die beiden Sammelbände [4,18] dienen. Zur Einführung sind [6, 7, 19] geeignet, wobei [7] lediglich eine leicht modifizierte Fassung von [6] darstellt.

Ein wesentlicher Einfluss, der zur Verbreitung von Regelsystemen in Bild- und Sprachanalyse signifikant beitrug, ging von dem auf einem Regelsystem beruhenden Expertensystem MYCIN aus. Eine ausführliche und gut lesbare Beschreibung findet sich in [17]. Zur Unterstützung der Implementierung von Regelsystemen sind heute verschiedene Softwaresysteme, sog. Expertensystem-Schalen ("expert system shells"), auf dem kommerziellen Markt erhältlich. Beispiele sind das auf dem Prinzip der Vorwärtsableitung beruhende OPS5 [3] und das nach der Rückwärtsverkettung arbeitenden M.1, welches neben zahlreichen anderen Expertensystem-Schalen in [10], Kap. 8. beschrieben ist. Bei der Syntax von Kap. 4.1. wurden Elemente aus OPS5, M.1 und MYCIN verwendet. Die Implementierung von Regelsystemen in LISP ist in [20], Kap. 18. beschrieben, während in [2], Kap. 14. gezeigt wird, wie die gleiche Aufgabe mithilfe von PROLOG gelöst werden kann.

Die in Kap. 4.3. diskutierten Erweiterungsmöglichkeiten gehen zurück auf die Arbeiten [5, 9, 22]. Zusammenhänge zwischen Prädikatenkalkül und Regelsystemen werden in [14], Kap. 6 und [21], Kap. 13. ausführlicher dargestellt, während die Kombination von Regelsystemen und semantischen Netzen in [1, 8, 16] behandelt wird. Ein weiteres Beispiel hierzu folgt in Kap. 8.

Beispiele für den Einsatz von Regelsystemen in Bild- und Sprachanalyse sind [11-13]. Das Beispiel von Bild 4.3 wurde - mit verschiedenen Vereinfachungen - in Anlehnung an [12] gewählt. Weitere Anwendungen werden in Kap. 8 und 9 behandelt.

[1]   Aikins, J.S.: A Representation Scheme Using Both Frames and Rules. In [4], 424-440

[2]   Bratko, I.: PROLOG Programming for Artificial Intelligence. Addison Wesley, Reading, Ma., 1986

[3]   Brownston, L., Farell, R., Kant, E., Martin, N.; Programming Expert Systems in OPS5. Addison Wesley Publ. Co., Reading, Ma., 1986

[4]   Buchanan, B.G., Shortliffe, E.: Rule-Based Expert Systems. Addison-Wesley Publ. Co., Reading, Ma. 1985

[5]   Davis, R.: Meta-Rules: Reasoning about Control. Art. Intell. 15 (1980) 179-222

[6]   Davis, R., King, J.J.: An Overview of Production Systems. In Elock, E.W., Michie, D. (eds.): Machine Intelligence 8. Ellis Horwood, Chichester, England (1977) 300-332

[7]   Davis, R., King, J.J.: The Origin of Rule-Based Systems in AI. In [4], 20-52

[8]   Duda, R.O., Hart, P.E., Nilsson, N.J., Sutherland, G.L.: Semantic Network Representations in Rule-Based Inference Systems. In [18], 203-221

[9]   Georgeff, M.: Procedural Control in Production Systems. Art. Intell. 18 (1982) 175-201

[10] Harmon, P., King, D. : Expert Systems - Artificial Intelligence in Business. John Wiley and Sons, New York etc., 1985

[11] Mostow, D.J., Hayes-Roth, F.: A Production System for Speech Understanding. In [18], 471-481

[12] Nagao, M., Matsuyama, T.: A Structural Analysis of Complex Aerial Photographs. Plenum Press, New York, 1980

[13] Nazif, A.M., Levine, M.D.: Low Level Image Segmentation: An Expert System. IEEE Trans. PAMI-6 (1984) 555-577

[14] Nilsson, N.J.: Principles of Artificial Intelligence. Springer, Berlin, Heidelberg, New York, 1983

[15] Post, E.: Formal Reductions of the General Combinatorial Problem. American Journal of Mathematics 65 (1943) 197-268

[16] di Primio, F., Bungers, D., Christaller, T.: BABYLON als Werkzeug zum Aufbau von Expertensystemen. In Brauer, W., Radig, B. (Hrsg.): Wissensbasierte Systeme. Informatik Fachberichte 112, Springer, Berlin, Heidelberg, New York, Tokyo (1985) 70-79

[17] Shortliffe, E.H.: Computer-Based Medical Consultations: MYCIN. Elsevier, New York, Oxford, Amsterdam, 1976.

[18] Waterman, D.A., Hayes-Roth, F.: Pattern-Directed Inference Systems. Academic Press, Orlando etc., 1978

[19] Waterman, D.A., Hayes-Roth, F.: An Overview of Pattern-Directed Inference Systems. In [18], 3-22

[20] Winston, P.H., Horn, B.P.K.: LISP. Addisson-Wesley, Reading, Ma., 1981

[21] Wos, L., Overbeek, R., Lusk, E., Boyle, J.: Automated Reasoning. Introduction and Applications. Prentice Hall, Englewood Cliffs, New Jersey, 1984

[22] Zisman, M.D.: Use of Production Systems for Modeling Asynchronous, Concurrent Processes. In [18], 53-68

5 Andere Repräsentationsformalismen

Obwohl der Schwerpunkt des Buches auf den symbolischen Repräsentationsformalismen der Kapitel 2 bis 4 liegt, gibt es wichtige andere Formalismen für die
Wissensrepräsentation, die für bestimmte Bereiche nach wie vor ihre Bedeutung
haben und wohl auch behalten werden. Als Beispiele für andere Verfahren wird
hier kurz auf Grammatiken, Relaxationsmethoden, Prototypen, Diskriminantenfunktionen und Markov Modelle eingegangen. Das Ziel dieses Kapitels ist eine
informelle Einführung in die wesentlichen Gesichtspunkte; die zum Teil äußerst
umfangreichen Einzelheiten sind der zitierten Literatur zu entnehmen.

5.1 Grammatiken

5.1.1 Formale Grammatiken

Die Verwendung <u>formaler</u> <u>Grammatiken</u> ist in der syntaktischen Mustererkennung
seit langem üblich. Ein Muster wird durch geeignet gewählte <u>Grundsymbole</u> s_i
(oder <u>terminale</u> <u>Symbole</u>, <u>einfachere</u> <u>Bestandteile</u>, <u>Primitivelemente</u>) aus einem
endlichen, vorgegebenen <u>terminalen</u> <u>Alphabet</u> V_T repräsentiert. Solche Grundsymbole können zum Beispiel gerade und gekrümmte Linienelemente zur Darstellung der
Kontur eines Objekts oder Bereiche ansteigender, abfallender oder konstanter
Energie in bestimmten Frequenzbändern eines Sprachsignals sein. Mit den Grundsymbolen werden <u>Konfigurationen</u> aufgebaut, die im einfachsten Fall lineare
Ketten von Symbolen sind, im allgemeinsten Falle Graphen, deren Knoten und
Kanten durch Symbole s_i markiert werden. Jede nur aus terminalen Symbolen beste-
hende Konfiguration wird als <u>Satz</u> v bezeichnet und repräsentiert ein bestimmtes
Muster. Mit einer endlichen Menge R von <u>Produktionen</u> oder <u>Regeln</u> ri wird defi-

niert, welche Sätze v aus einem vorgegebenen <u>Startsymbol</u> S generiert oder abgeleitet werden können. Die <u>Ableitung</u> erfolgt über eine endliche Menge V_N von nichtterminalen <u>Symbolen</u> t_i. Eine Regel besteht aus einer Konfiguration auf der linken Seite, die mindestens ein nichtterminales Symbol enthält, und einer Konfiguration auf der rechten Seite, die aus terminalen und/oder nichtterminalen Symbolen besteht.   Die Menge der mit Hilfe von R aus S durch beliebige Anwendung der Regeln ableitbaren Sätze wird als <u>Sprache</u> L bezeichnet. Die Ableitung beginnt mit dem Startsymbol als anfänglicher Konfiguration. Wenn in einer gegebenen Konfiguration eine Teilkonfiguration auftritt, die die linke Seite einer Regel ist, dann darf diese Teilkonfiguration durch die rechte Seite der Regel ersetzt werden. Das Quadrupel

$$G = (V_N, \ V_T, \ S, \ R) \tag{5.1.1}$$

wird als formale Grammatik oder kurz <u>Grammatik</u> bezeichnet. Die erzeugte Sprache sollte möglichst alle gültigen Muster eines Problemkreises und keine anderen enthalten. Für bestimmte Typen von Sprachen, von denen unten einige als Beispiele noch genannt werden, ist es möglich, für eine vorgegebene terminale Symbolkonfiguration zu entscheiden, ob sie ein Element aus einer definierten Sprache ist oder nicht, das heißt, ob ein gültiges Muster vorliegt oder nicht. Diese Entscheidung ist mit <u>Erkennungsalgorithmen</u> und <u>Parsern</u> möglich.

Für die Anwendung syntaktischer Ansätze sind somit folgende Probleme zu lösen:
1. Es ist eine geeignete Klasse von Konfigurationen zu wählen, zum Beispiel Symbolketten, Bäume oder Graphen.
2. Es ist eine geeignete Menge von Grundsymbolen zu wählen, die sowohl genügend zuverlässig aus den Abtastwerten eines Musters extrahierbar sind als auch eine Repräsentation möglichst aller Muster eines Problemkreises mit einer Sprache angemessener Komplexität erlauben.
3. Es ist eine Grammatik G gemäß (5.1.1) zu bestimmen, deren von ihr erzeugte Sprache die gültigen Muster enthält.
4. Es ist ein Algorithmus zu entwickeln, der es gestattet, eine gegebene terminale Symbolkonfiguration zu analysieren. Dazu gehört die Entscheidung, ob die Konfiguration ein Element der Sprache ist, und wenn ja die Ermittlung der Folge von Regeln, mit denen sich diese Konfiguration aus dem Startsymbol ableiten läßt.
5. In der Regel wird es zudem erforderlich sein, bestimmte Fehler bei der Ermittlung der terminalen Symbole aus den Abtastwerten einzukalkulieren. Das

kann im Prinzip entweder durch eine Erweiterung der Sprache um die häufigsten Fehlerkonfigurationen oder durch eine Abwandlung des Analysealgorithmus geschehen.

Für bestimmte Klassen von Konfigurationen, insbesondere Symbolketten, gibt es eine umfangreiche und wohlentwickelte Theorie, die hier als bekannt angenommen wird bzw. es wird auf die Literatur verwiesen. Kettengrammatiken werden für die syntaktische Beschreibung einfacher Muster immer wieder genutzt. Komplexere Grammatiken wie Baum- und Graphgrammatiken sind bisher im wesentlichen nur als Demonstrationsbeispiele verwendet worden. Eine erhebliche Bedeutung in der Sprachverarbeitung haben ATN-Grammatiken ("augmented transition networks", erweiterte Übergangsnetze) erlangt. Wenn man den Begriff der Regel im Sinne der Produktionenregeln von Kapitel 4 verallgemeinert, ergibt sich ein direkter Anschluß an die dort ausführlich behandelten Produktionensysteme. Tatsächlich gibt es im Bereich der natürlichen Sprachverarbeitung (keine gesprochene sondern geschriebene Sprache) eine Reihe von Ansätzen, die Syntax durch solche allgemeinen Systeme zu erfassen; ein Ansatz wird als Beispiel kurz vorgestellt.

5.1.2 Syntaktische Regeln

Ein Alternative zu formalen Grammatiken und ATN für die Repräsentation syntaktischen Wissens über Sprache bietet die Verwendung zerlegter Mengen von Regeln zusammen mit einem speziellen Parser, der hier wie in der Literatur als WASP (wait-and-see-parser) bezeichnet wird.

Zu analysierende Sätze durchlaufen zuerst einen Nominalphrasen Präprozessor, der Nominalphrasen im Satz identifiziert und die entsprechenden Wörter durch einen Nominalphrasen Knoten ersetzt. Der WASP wurde ursprünglich für Englisch entwickelt, wo dieses als recht einfach bezeichnet wird, da die Reihenfolge der Wörter in Nominalphrasen im Englischen stark eingeschränkt ist. Die Übertragbarkeit auf das Deutsche wurde anscheinend noch nicht eingehend untersucht, jedoch ist der Ansatz deswegen interessant, weil er die Analyse von Sätzen weitgehend ohne Zurückverfolgung von Sackgassen erlaubt. Die vorverarbeiteten Sätze enthalten Wörter und Nominalphrasen Knoten. Als einfaches Beispiel diene der Satz "Der nächste Zug verläßt in zehn Minuten den Hauptbahnhof in Hamburg", dessen Analyse in Bild 5.1.1 gezeigt ist.

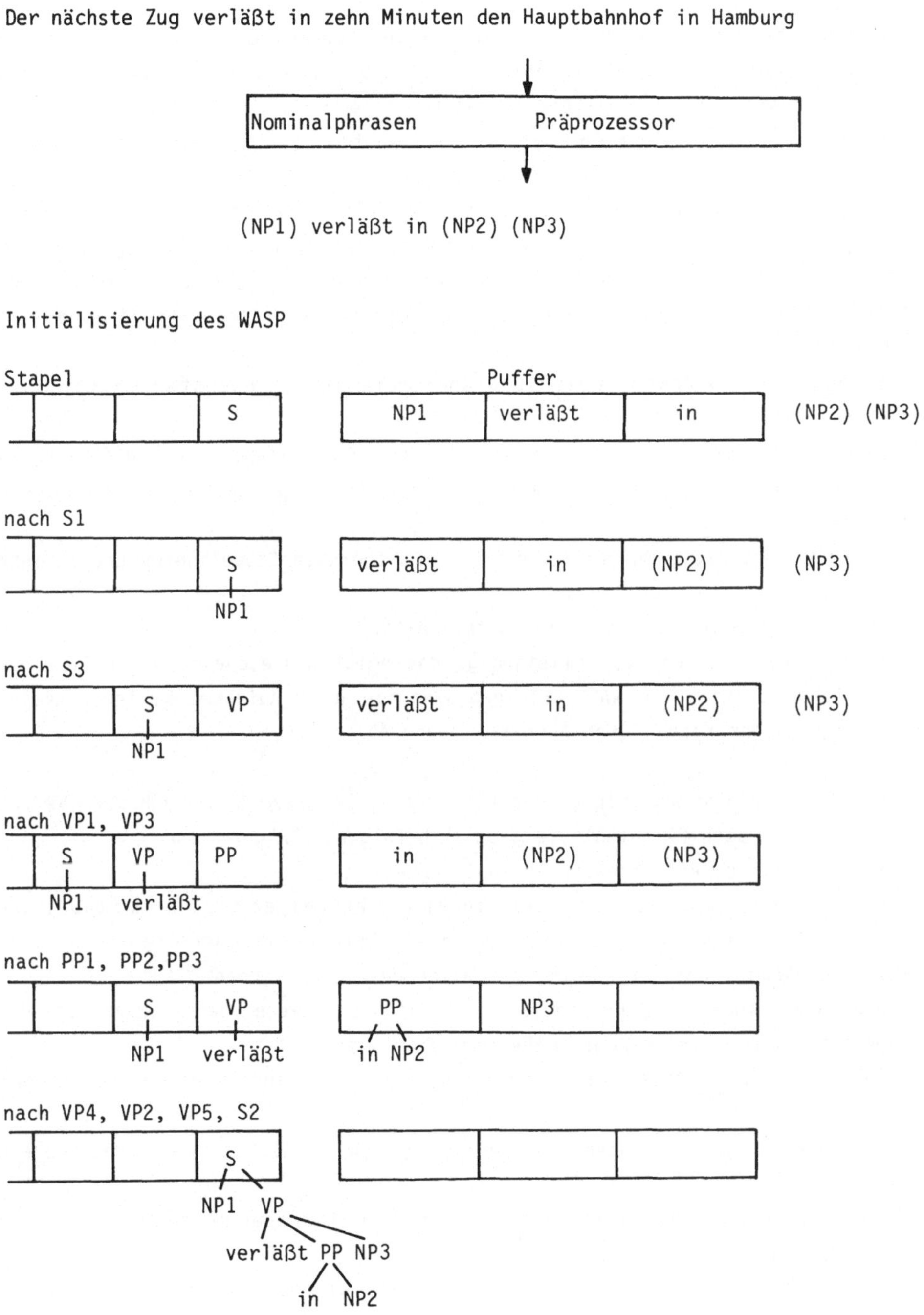

Der nächste Zug verläßt in zehn Minuten den Hauptbahnhof in Hamburg
Nominalphrasen Präprozessor
(NP1) verläßt in (NP2) (NP3)
Initialisierung des WASP
Stapel
S
Puffer
NP1
verläßt
in
(NP2) (NP3)
nach S1
S
NP1
verläßt
in
(NP2)
(NP3)
nach S3
S
NP1
VP
verläßt
in
(NP2)
(NP3)
nach VP1, VP3
S
NP1
VP
verläßt
PP
in
(NP2)
(NP3)
nach PP1, PP2,PP3
S
NP1
VP
verläßt
PP
in NP2
NP3
nach VP4, VP2, VP5, S2
S
NP1
VP
verläßt
PP
NP3
in
NP2

Bild 5.1.1 Das Arbeitsprinzip des WASP

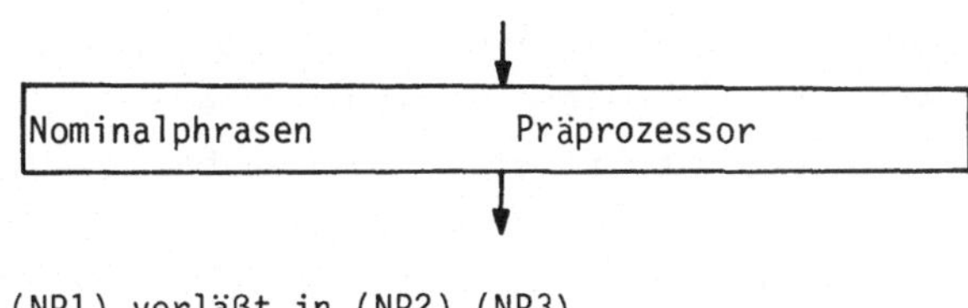

Das Arbeitsprinzip des WASP besteht darin, den vorverarbeiteten Satz von rechts nach links durch einen dreistelligen Puffer zu schieben und den Pufferinhalt und den aktuellen (am weitesten rechts stehenden oder oberen) Knoten eines Stapelspeichers zu inspizieren. Der aktuelle Knoten bestimmt eine aktive Menge syntaktischer Regeln - zum Beispiel der Knoten S im Bild die Menge S_i, i = 1, 2, 3, 4 unten. Der Bedingungsteil der Regeln bezieht sich auf Inhalte von Puffer und Stapel. Wenn die Bedingungen mehrerer Regeln erfüllt sind, wird eine der im Kapitel 4 beschriebenen Strategien zur Konfliktlösung angewendet, zum Beispiel die in Punkt 3.4 unten angegebene. Der Aktionsteil der Regel enthält einen von vier Aktionstypen:

1. "Erzeuge" einen neuen Knoten und speichere ihn an oberster Position im Stapelspeicher.

2. "Beende" den obersten Knoten im Stapel und schiebe Stapel- und Pufferinhalte eine Position nach rechts, wobei der oberste Stapelknoten in die erste Pufferposition geht.

3. "Verbinde" das erste Pufferelement mit dem obersten Stapelknoten und schiebe den Satz eine Stelle nach links.

4. "Vertausche" ersten und zweiten Pufferinhalt.

Diese vier Typen gelten als vollständig, das heißt hinreichend zur Analyse von Sätzen. Erweiterungen von WASP erfolgen also nur durch Aufnahme weiterer Aktionen (Regeln), aber nicht durch Aufnahme neuer Aktionstypen.

Für eine einfache Grammatik, die nur Knoten für Sätze S, Verbphrasen VP und Präpositionalphrasen PP enthält, ergibt sich folgender Algorithmus:

1. Ermittle mit dem Präprozessor Nominalphrasen.

2. Initialisiere Stapel und Puffer, indem als aktueller Knoten im Stapel der Satzknoten S eingeführt wird und in die drei Pufferpositionen die ersten drei Wörter oder Nominalphrasen Knoten des Satzes geschoben werden.

3. Führe die folgenden Schritte 3.1 - 3.4 aus bis entweder der Satz vollständig analysiert ist oder keine Regel mehr anwendbar ist:

3.1. Wenn der aktuelle Knoten ein Satzknoten S ist, dann wende Regeln aus der Menge S_i an.

3.2. Wenn der aktuelle Knoten ein Verbphrasen Knoten VP ist, dann wende Regeln aus der Menge VP_i an.

3.3. Wenn der aktuelle Knoten ein Präpositionalphrasen Knoten PP ist, dann wende Regeln aus der Menge PP_i an.

3.4. Wenn es in einem der Schritte 3.1 - 3.3 mehr als eine Regel gibt, deren Bedingungen erfüllt sind, dann wähle die erste aus.

Eine kleine Menge von Regeln, die nur zur Demonstration des Prinzips dienen sollen, ist die folgende:

S_1: IF : das erste Pufferelement ist ein Nominalphrasen Knoten
       THEN: "Verbinde"

S_2: IF : das erste Pufferelement ist ein Verbphrasen Knoten
       THEN: "Verbinde"

S_3: IF : das erste Pufferelement ist ein Verb UND der aktuelle Knoten hat eine
            verbundene Nominalphrase
       THEN: "Erzeuge" Verbphrasen Knoten

S_4: IF : der Puffer ist leer
       THEN: STOP, da der Satz erfolgreich analysiert wurde

VP_1: IF : das erste Pufferelement ist ein Verb
       THEN: "Verbinde"

VP_2: IF : das erste Pufferelement ist ein Nominalphrasen Knoten
       THEN: "Verbinde"

VP_3: IF : das erste Pufferelement ist eine Präposition UND das zweite ist ein
            Nominalphrasen Knoten UND der aktuelle Knoten hat ein verbundenes
            Verb
       THEN: "Erzeuge" Präpositionalphrasen Knoten

VP_4: IF : das erste Pufferelement ist ein Präpositionalphrasen Knoten
       THEN: "Verbinde"

VP_5: IF : der Puffer ist leer
       THEN: "Beende"

PP_1: IF : das erste Pufferelement ist eine Präposition
       THEN: "Verbinde"

PP_2: IF : das erste Pufferelement ist eine Nominalphrase UND der aktuelle
            Knoten hat keine verbundene Nominalphrase
       THEN: "Verbinde"

PP_3: IF : der Puffer ist leer   ODER (das erste Pufferelement ist eine
            Nominalphrase UND der aktuelle Knoten hat eine verbundene
            Nominalphrase)
       THEN: "Beende"

Damit läßt sich der Satz aus Bild 5.1.1 analysieren. Einige Schritte sind im Bild gezeigt. Dagegen lassen sich zum Beispiel Sätze mit Hilfsverben, Fragesätze und Sätze mit Nebensätzen mit obigen Regeln nicht analysieren. Sie führen dazu, daß keine Regel mehr anwendbar ist, ohne daß der Puffer leer ist. Man nimmt dieses bei einem starren Parser als Kriterium dafür, daß der Satz syntaktisch falsch ist. Bei einem lernenden Parser, dem ein als syntaktisch korrekt bezeichneter Satz angeboten wurde, ist dieses ein Kriterium dafür, daß neue Regeln zu lernen sind.

5.2 Relaxationsverfahren

Bei den <u>Relaxationsverfahren</u> geht es darum, die <u>Klassifikation</u> oder Bedeutungszuordnung eines Elementes aufgrund derer benachbarter Elemente zu korrigieren oder zu bekräftigen. Es wird also Wissen über einen größeren Kontext berücksichtigt, jedoch wird dieses Wissen nicht in symbolischer sondern in numerischer Form repräsentiert. Bei den oben genannten "Elementen" kann es sich um Einheiten auf unterschiedlichen Abstraktionsebenen handeln, also zum Beispiel Linienelemente, Objekte oder Objektgruppierungen sowie Laute, Silben oder Wörter.

Die Menge der betrachteten Elemente sei

$$V = (s_1, s_2, \ldots, s_l).$$
$$(5.2.1)$$

Jedes der Elemente kann mit einer <u>Markierung</u> oder Bedeutungszuordnung aus einer endlichen Menge

$$L = (l_1, l_2, \ldots, l_k)$$
$$(5.2.2)$$

versehen werden. Vielfach wird anfänglich keine eindeutige Markierung möglich sein, sondern man ordnet einem Element s_i V_T eine Menge L_i L wahrscheinlicher Bedeutungen zu. Wenn Wissen über den Zusammenhang vorliegt, läßt sich vielfach angeben, daß für ein bestimmtes Paar von Elementen ein bestimmtes Paar von Bedeutungen unzulässig ist. Es sei L_{ij} L_i x L_j die Menge der zum Paar s_i, s_j <u>kompatiblen</u> <u>Bedeutungen</u>. Eine Markierung L = $(L_1, L_2, \ldots, L_n)$ ordnet jedem Element s_i eine Menge L_i von Bedeutungen zu. Die Markierung heißt konsistent, wenn die Bedingung

$$(l_i \text{ x } L_j) \quad L_{ij} = 0 \quad i,j = 1, 2, \ldots, n \quad \text{und } l_i \quad L_i \qquad (5.2.3)$$

erfüllt ist. Für jedes Paar von Elementen und jede Marke l_i muß es also eine kompatible Marke l_j geben. Eine solche kompatible Markierung läßt sich aus einer anfänglichen Markierung generieren, indem man solange Bedeutungen l_i eliminiert, wie (5.2.3) verletzt wird. Das relevante Wissen steckt hier also in den kompatiblen Mengen L_{ij}.

Man erhält eine Verallgemeinerung des obigen Ansatzes, wenn man für jedes Element s_i Wahrscheinlichkeiten $p_i(l_r)$ dafür berechnet, daß die Marke l_r korrekt ist. Die Kompatibilität der Marke l_r für Element s_i mit l_s für s_j wird nun durch Kompatibilitätskoeffizienten $r_{ij}(l_r, l_s)$ mit Werten zwischen -1 und +1 bewertet. Ein negativer Wert von r zeigt an, daß die betreffende Kombination selten auftritt, ein positiver, daß sie häufig auftritt; ein sehr kleiner Wert von r deutet auf weitgehende Unabhängigkeit hin. Durch ein Iterationsschema werden die Wahrscheinlichkeiten solcher Marken eines Elementes erhöht, die stark positive Kompatibilitäten zu sehr wahrscheinlichen Marken anderer Elemente haben. Die Wahrscheinlichkeiten der Marken eines Elementes, die stark negative Kompatibilitäten zu sehr wahrscheinlichen Marken anderer Elemente haben, werden erniedrigt. Auf diese Weise wird eine anfängliche Markierung schrittweise aufgrund der Kompatibilitäten von Marken verbessert, so daß insgesamt eine im Kontext sinnvollere Markierung entsteht.

5.3 Prototypen

Als Prototypen kommen sowohl numerische als auch symbolische Strukturen in Frage. Man versteht darunter in der Regel einen typischen oder repräsentativen Vertreter einer Klasse von Objekten, eines Begriffs oder eines Konzepts. Wenn ein Maß für den Abstand oder die Ähnlichkeit auf den gewählten Strukturen definiert wurde, läßt sich zu einem neuen unbekannten Objekt der Abstand zu gespeicherten Prototypen berechnen und angeben, zu welchen Prototypen ein besonders kleiner Abstand oder eine besonders große Ähnlichkeit besteht. Das neue Objekt kann damit als Vertreter von einer oder von einigen wenigen Klassen identifiziert werden.

Numerische Prototypen erhält man, wenn man ein Muster (ein Bild- oder Sprachsignal oder einen Ausschnitt davon) durch einige numerische Merkmale mit reellen Zahlen als Werten repräsentiert und diese Merkmale in einem Merkmalvektor anordnet; die Prototype läßt sich dann zum Beispiel als Mittelwert über eine Stichprobe von Mustern bestimmter Bedeutung definieren. Als Abstandsmaß kann man eine Metrik im R^n verwenden. Dieser Ansatz ist begrifflich einfach und einfach zu realisieren, jedoch ist aus der Entscheidungstheorie bekannt, daß er nur beschränkte Leistungsfähigkeit hat und im allgemeinen für diese Zwecke die im nächsten Abschnitt diskutierten Diskriminantenfunktionen wesentlich besser sind.

Symbolische Prototypen lassen sich auf sehr unterschiedliche Arten definieren, da es zahlreiche Ansätze für die Definition symbolischer Strukturen gibt, von denen einige in den vorangehenden Kapiteln eingeführt wurden. Im Kapitel 7 werden Ansätze zur Konstruktion solcher Strukturen und mögliche Abstandsmaße vorgestellt. Typische Beispiele sind die Repräsentation von Wörtern durch eine Standardaussprache für Zwecke der Worterkennung oder die Repräsentation von Objekten durch Graph- oder Relationalstrukturen für Zwecke der Objektidentifikation. Wenn Graphen als Prototypen verwendet werden, kommt neben der Abstandsdefinition und -berechnung auch die Ermittlung maximaler isomorpher Teilgraphen in Prototype und neuem Muster in Frage. Entsprechende Algorithmen zur Teilgraphenisomorphie sind aus der Literatur bekannt, jedoch im allgemeinen sehr rechenaufwendig. Die Verwendung von Graphen in der Musteranalyse wurde bereits in Abschnitt 3.1 ausführlich behandelt.

5.4 Diskriminantenfunktionen

Der Begriff der Diskriminantenfunktion ist mit der rein numerischen Repräsentation von Mustern verknüpft. Man wird diese kaum zum eigentlichen Gebiet der KI zählen, so daß hier nur sehr kurz darauf eingegangen wird. Sie zählen allerdings für die Klassifikation von relativ einfachen Mustern zu den äußerst leistungsfähigen und theoretisch wohl fundierten Ansätzen. Ein Muster wird dabei durch eine Reihe von numerischen Merkmalen repräsentiert, die in einem n-dimensionalen Merkmalvektor mit reellen Komponenten zusammengefaßt werden. Muster einer Klasse lassen sich dann als eine Punktmenge im R^n auffassen. Die Merkamle sind gut gewählt, wenn die Bereiche verschiedener Klassen möglichst gut voneinander getrennt sind und sich möglichst wenig überlappen. Man kann sich dann vorstellen, daß man durch geeignete Trennflächen oder Diskriminantenfunktionen den R^n so in Teilräume zerlegt, daß jeder Teilraum (überwiegend) Muster einer Klasse enthält. Das relevante Wissen steckt hier in der Wahl des Typs der Diskriminantenfunktion und in den Parametern dieser Funktion. Die statistische Entscheidungstheorie und die Regressionsanalyse bieten die Hilfsmittel, um solche Funktionen systematisch zu berechnen. Für Einzelheiten wird auf die zitierte

Literatur verwiesen.

5.5 Markov Modelle

In den Markov Modellen wird ein Muster durch ein stochastisches Modell mit numerischen Parametern repräsentiert, wobei allerdings auch Wissen über strukturelle Bezüge genutzt wird. Insofern ergibt sich hier eine interessante Kombination struktureller und numerischer Verfahren, wobei effiziente Schätzalgorithmen für die numerischen Parameter bekannt sind. Da diese Modelle besondere Bedeutung in der kontinuierlichen Spracherkennung erlangt haben und auch für die Bildverarbeitung vorgeschlagen wurden, wird etwas genauer auf sie eingegangen.

5.5.1 Definition

Im allgemeinen ist ein Markov Modell ein Modell zur Generierung eines stochastischen Prozesses, wobei zwei Mechanismen genutzt werden. Der eine ist eine endliche Menge von Zuständen $S = (s_1, s_2, ..., s_I)$ zusammen mit einer zugeordneten Matrix $P(i,j)$, $i,j = 1, 2, ..., I$ von Übergangswahrscheinlichkeiten und einem Vektor $O(i)$, $i = 1, 2, ..., I$ von Anfangswahrscheinlichkeiten. Der Wert von $O(i)$ gibt die Wahrscheinlichkeit dafür an, daß man sich anfänglich im Zustand s_i befindet; der Wert von $P(i,j)$ gibt die Wahrscheinlichkeit dafür an, daß im nächsten diskreten Zeitabschnitt ein Zustandsübergang von s_i nach s_j erfolgt. Der andere Mechanismus sorgt für die Generierung eines Ausgangssymbols a_1, das Element einer endlichen Menge von Ausgabesymbolen

$$A = (a_1, a_2, ..., a_L) \tag{5.5.1}$$

ist. Die Ausgabe wird durch eine Matrix $Q(i,l)$, $i = 1, 2, ..., I$; $l = 1, 2, ..., L$ von Ausgabewahrscheinlichkeiten kontrolliert. Der Wert von $Q(i,l)$ ist die Wahrscheinlichkeit dafür, daß im Zustand s_i das Ausgabesymbol a_1 generiert oder beobachtet wird. Da ein Beobachter nur die Folge der Ausgabesymbole a_1 und nicht die Folge der Zustände s_i beobachten kann, bezeichnet man diese Modelle auch als verborgene Markov Modelle (hidden Markov model HMM). Ein HMM ist also eindeutig definiert durch das Tripel

130

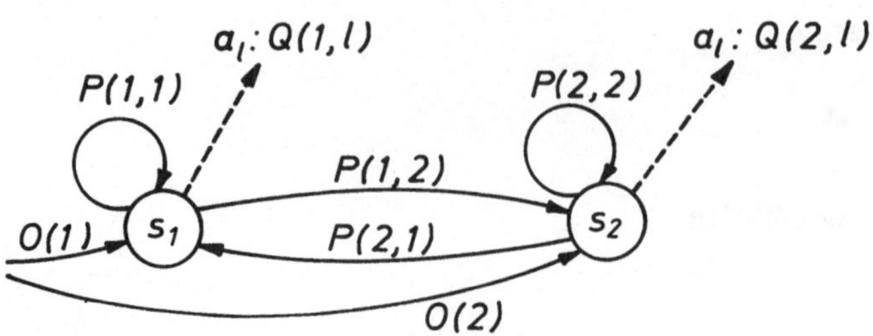

Bild 5.5.1 Ein Markov Modell HMM mit zwei Zuständen s_1 und s_2

HMM = (O, P, Q)   (5.5.2)

O = O(i),   i = 1, 2, ..., I   Anfangswahrscheinlichkeiten,

P = P(i,j),   i,j = 1, 2, ..., I   Übergangswahrscheinlichkeiten,

Q = Q(i,1),   i = 1, 2, ..., I

                 l = 1, 2, ..., L   Ausgabewahrscheinlichkeiten.

Ein <u>Repräsentant</u>

$$Y = (y_1, y_2, ..., y_N)$$ (5.5.3)

der Länge N mit Elementen $y_n \in A$ des stochastischen Prozesses wird dadurch
generiert, daß mit O(i) ein Anfangszustand s_i gewählt wird, mit P(i,j) ein
Zustandsübergang von s_i nach s_j erfolgt und mit Q(i,1) das Symbol $y_1 = a_1$
ausgegeben wird; Zustandsübergang und Ausgabe werden noch (N-1)-mal wiederholt.
Bild 5.5.1 zeigt ein einfaches HMM mit zwei Zuständen.

Ein HMM erfordert also im allgemeinen die Schätzung von I+I*I+I*L Parametern. Wenn das HMM zur Modellierung eines konkreten physikalischen Prozesses
angewendet werden soll, werden die Parameter durch Beobachtung einer Stichprobe
von Mustern geschätzt. Vielfach ist es möglich, die Zahl der Parameter durch
Vorkenntnisse über den Prozess und sinnvolle Einschränkungen wesentlich zu
reduzieren.

5.5.2 Wahrscheinlichkeit einer Beobachtung

Wie im nächsten Abschnitt noch deutlich wird ist es praktisch wichtig, die

Wahrscheinlichkeit P(Y/HMM) berechnen zu können, mit der man eine bestimmte Folge Y gemäß (5.5.3) von Ausgabesymbolen beobachtet, wenn ein bestimmtes HMM gegeben ist. Eine solche Folge erfordert das Durchlaufen einer Folge F von N Zuständen $f_i \in S$. Aus Bild 5.5.1 geht hervor, daß es sehr viele solcher Folgen gibt, wenn alle Wahrscheinlichkeiten in (5.5.2) von Null verschieden sind. Die Wahrscheinlichkeit P(Y/HMM) errechnet sich dann als Summe der Wahrscheinlichkeiten P(Y,F/HMM) über alle Zustandsfolgen zu

$$P(Y/HMM) \quad = \sum_F P(Y,F/HMM) \tag{5.5.4}$$

Definiert man Indexfunktionen

$$g(f_i) = j \quad \text{wenn} \quad f_i = s_j$$
$$h(y_n) = l \quad \text{wenn} \quad y_n = a_l \quad , \tag{5.5.5}$$

so gilt

$$P(F/HMM) \quad = O(g(f_1)) * P(g(f_1),g(f_2)) * \ldots * P(g(f_{N-1}),g(f_N)) \quad ,$$
$$P(Y/F,HMM) = Q(g(f_1),h(y_1)) * Q(g(f_2),h(y_2)) * \ldots * Q(g(f_N),h(y_N)) . \tag{5.5.6}$$

Damit erhält man schließlich

$$P(Y,F/HMM) = P(F/HMM) * P(Y/F,HMM) \tag{5.5.7}$$
$$= O(g(f_1)) * Q(g(f_1),h(y_1)) \prod_{n=2}^{N} P(g(f_{n-1}),g(f_n) * Q(g(f_n),h(y_n)) .$$

Mit diesen Gleichungen läßt sich die gesuchte Wahrscheinlichkeit P(Y/HMM) berechnen. Ein effizienter Algorithmus dafür ist der "forward-backward Algorithmus"; für einen spezialisierten Typ von HMM wird das Rechenverfahren explizit in (5.5.9 - 12) angegeben.

5.5.3 HMM in der Sprachverarbeitung

Eine wichtige Anwendung finden Markov Modelle in der <u>Spracherkennung</u> bei der akustisch-phonetischen Verarbeitung bis hin zur Wortebene. Es wird hier davon ausgegangen, daß ein Sprecher ein Wort durch eine bestimmte Phonemkette artikuliert, die über den akustischen Kanal in eine beobachtbare Kette Y transformiert wird, wobei Y auch die Eigenschaften der akustisch-phonetischen Erkennung enthält. Jedes <u>Referenzwort</u> R_i des <u>Lexikons</u> wird durch ein eigenes Modell HMM_i repräsentiert. Dabei werden in der Regel nur Links-Rechts-Modelle verwendet, in denen $P(i,j) = 0$ für $i<j$ und $O(1) = 1$, $O(i) = 0$ für $i = 2, ..., I$ gilt, das heißt der Prozeß beginnt im Zustand s_1 und kann dann nur eine Folge s_i mit nicht abnehmendem i durchlaufen. Unter Umständen werden sogar nur die Übergänge s_i - s_i und s_i - s_{i+1} zugelassen. Als spezielles Ausgabesymbol wird das leere Symbol zugelassen, so daß ein Zustandsübergang ohne Abgabe eines Ausgabesymbols erfolgen kann. Mit (5.5.4 - 5.5.7) berechnet man für eine beobachtete Folge Y von Segmenten eines Sprachsignals

$$P(Y/HMM^*) = \max_i P(Y/HMM_i) \qquad (5.5.8)$$

und entscheidet sich für das zu HMM^* gehörige Wort R^*.

Ein HMM für ein Wort kann man zum Beispiel konstruieren, indem man die Standardaussprache des Wortes zugrunde legt, für jeden Laut dieser Aussprache ein HMM konstruiert und die HMM der Laute durch Verketten zum HMM des Wortes zusammensetzt. Ein mögliches HMM für einen Laut zeigt Bild 5.5.2a. Es enthält zwei Zustände und drei Typen von Zustandsübergängen, nämlich:

1. SUB - die Ersetzung (substitution) eines Lautes a_i des Referenzwortes durch einen Laut b_j an einer bestimmten Stelle des Sprachsignals, wobei a_i mit b_j übereinstimmen kann oder nicht; die Wahrscheinlichkeit dafür ist P_S.

2. DEL - Die Auslöschung (deletion) eines Lautes a_i, der im Referenzwort auftritt, im Sprachsignal aber nicht gefunden wird (Wahrscheinlichkeit p_D).

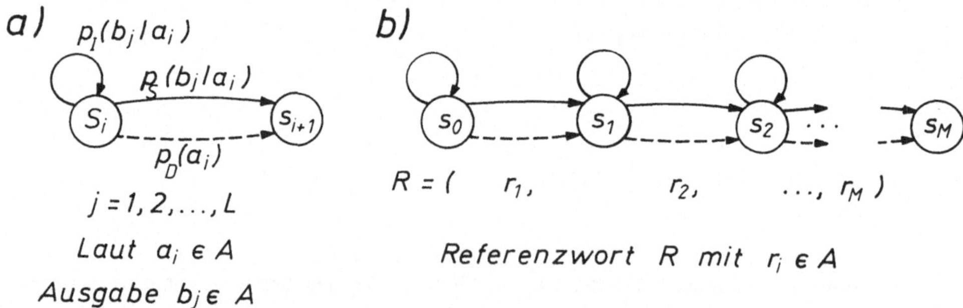

Bild 5.5.2 Ein Markov Modell für einen Laut a_i und daraus zusammengesetzt für ein Referenzwort

3. INS - die Einfügung (insertion) eines zusätzlichen Lautes b_j im Sprachsignal, der im Referenzwort nicht enthalten ist und vor einem Laut a_i eingesetzt wird; diese Einfügung kann mehrfach auftreten (Wahrscheinlichkeit p_I).

Die verschiedenen Ausgaben sind mit Wahrscheinlichkeiten bewichtet, die so normiert sind, daß die einem Zustand zugeordneten sich zu 1 summieren. Hier werden die Alphabete, denen a_i und b_j entnommen sind, als gleich angenommen. Bild 5.5.2b zeigt das durch Verkettung entstehende Modell mit M+1 Zuständen S = $(s_0, s_1, ..., s_M)$ eines Referenzwortes R = $(r_1, r_2, ..., r_M)$ mit M Lauten $r_m \in A$. Der Laut r_m wird durch den Teil des HMM zwischen den Zuständen s_{m-1} und s_m modelliert.

Bild 5.5.3 schließlich zeigt die wesentliche Rekursionsbeziehung zur Berechnung von P(Y/HMM) für dieses spezielle HMM; wegen der eingeschränkten Zustandsübergänge liegen die Verhältnisse hier einfacher als im allgemeinen Fall von (5.5.4). Mit $P(Y_n, S_m)$ wird die Wahrscheinlichkeit bezeichnet, daß die ersten n Elemente der Beobachtung Y durch die ersten m Elemente des Modells erzeugt werden. $P(Y_n, S_M)$ ist also die Wahrscheinlichkeit, daß das Referenzwort R im Segment n des Sprachsignals endet. Da man den Gitterpunkt (m, n) nur über die drei Übergänge SUB, DEL, INS erreichen kann, gilt

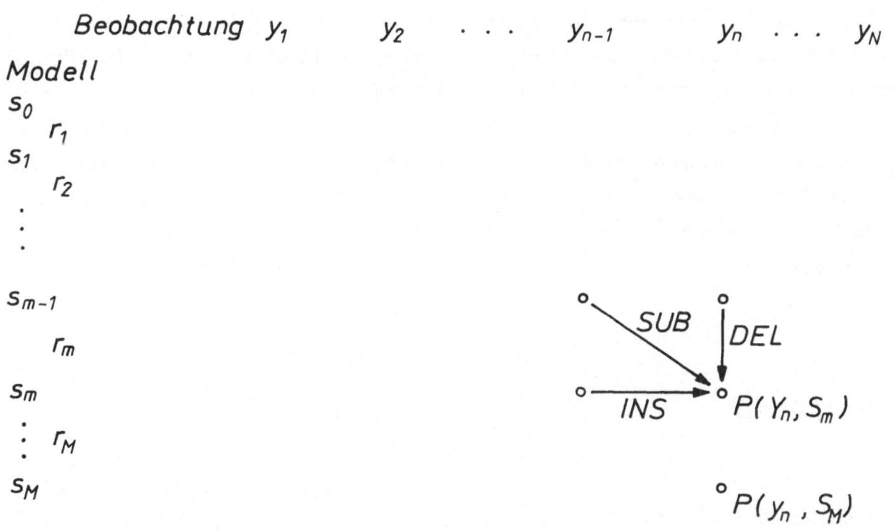

Bild 5.5.3 Zur rekursiven Berechnung der Wahrscheinlichkeiten einer Beobachtung Y für die speziellen Verhältnisse in Bild 5.5.2

$$P(Y_n, S_m) = \quad P(Y_{n-1}, S_{m-1}) * P_S(y_n/r_m) \qquad \text{SUB}$$
$$+ P(Y_n, S_{m-1}) \quad * P_D(r_m) \qquad \text{DEL}$$
$$+ P(Y_{n-1}, S_m) \quad * P_I(y_n/r_{m+1}) \qquad \text{INS} \qquad (5.5.9)$$

Die Initialisierung hängt vom Zweck der Verarbeitung ab. Wenn Anfangs- und Endpunkt des Wortes bekannt sind (Erkennung isoliert gesprochener Wörter), ist die Beobachtung in gesamter Länge auf Übereinstimmung mit dem Referenzwort zu prüfen. Dann initialisiert man mit

$$P(Y_0, S_0) = 1 \qquad\qquad\qquad\qquad\qquad\qquad\qquad\qquad (5.5.10)$$
$$P(Y_n, S_0) = P(Y_{n-1}, S_0) * P_I(y_n/r_1) \qquad n = 1, 2, \ldots, N \qquad (5.5.11)$$
$$P(Y_1, S_m) = P(Y_1, S_{m-1}) * P_D(r_m) \qquad m = 1, 2, \ldots, M \qquad (5.5.12)$$

Das Maß für die Übereinstimmung von Referenz und Beobachtung ist $P(Y_N, S_M)$. Wenn ein Wort in einem längeren Strom von Beobachtungen gesucht wird (Worterkennung in kontinuierlich gesprochener Sprache), muß man zulassen, daß das Referenzwort an irgendeiner Stelle y_n der Beobachtung beginnen und enden kann. In diesem Falle ersetzt man (5.5.11) durch

$$P(Y_n, S_0) = 1 \qquad\qquad\qquad n = 1, 2, \ldots, N \qquad . \qquad (5.5.13)$$

Die Größe $P(Y_n, S_M)$ ist dann ein Maß für die Sicherheit, daß das Referenzwort an der Position n der Beobachtung endet. Die Anfangsposition kann durch Rückverfolgen des besten Pfades zur Position m = 1 bestimmt werden.

Wichtige Verallgemeinerungen sind die Zulassung von alternativen Klassifizierungen des Sprachsignals und die Hinzunahme weiterer Lautverwechslungen im Lautmodell. Zur Anwendung von HMM in der Bildverarbeitung wird auf die zitierte Literatur verwiesen.

5.6 Aufgaben

Gegeben sei das Alphabet A = (e, u, l, n), das Referenzwort R = (n, u, l) und die Beobachtung Y = (n, e, n, u, l, e). Die Substitutionswahrscheinlichkeiten seien $P_S(n/n) = P_S(l/l) = 0.45$, $P_S(u/u) = P_S(e/e) = 0.65$, alle anderen seien o.o5. Die Auslöschungswahrscheinlichkeiten seien konstant 0.1. Die Einfügungswahrscheinlichkeiten seien $P_I(n/n)$ = $P_I(1/1)$ = 0.15, $P_I(u/u)$ = $P_I(e/e)$ = 0.07, $P_I(a/n)$ = $P_I(b/1)$ = 0.05 für alle a = n und b = 1 und $P_I(c/u)$ = $P_I(c/e)$ = 0.01 für alle c = u.

1. Geben Sie das Markov Modell des Referenzwortes explizit an.

2. Genügen die Übergangswahrscheinlichkeiten der im Text genannten Normierungsbedingung? Wenn nicht, führen Sie die erforderliche Normierung durch. Wenn ja, geben Sie an, was erforderlichenfalls zur Normierung zu tun wäre.

3. Berechnen Sie $P(Y_n, S_m)$ mit der Initialisierung gemäß (5.5.10 - 12). Wiederholen Sie die Berechnung anschließend nach Ersetzung von (5.5.11) durch (5.5.13).

4. Ist auf Grund der Berechnungsvorschrift zu erwarten, daß längere oder kürzere Wörter bevorzugt werden? - Welche Maßnahmen sind daraus abzuleiten?

5.7 Bibliografischer Rückblick

Eine Einführung in formale Grammatiken und deren Anwendung in der Mustererkennung sind in [10, 12] zu finden. Die Syntax von natürlicher (geschriebener, nicht gesprochener) Sprache wird ausführlich in [18] behandelt, und der spezielle WASP Ansatz in [4, 15]. Beispiele zur Verwendung von Graphen und Netzen in der Musteranalyse sind in [2, 5, 14] erörtert, und zwar sowohl im Bereich der Segmentation (low level) als auch des Verstehens (high level). Die Grundlagen der Relaxationsverfahren werden mit Beispielen in [17] eingeführt, während [13] eine allgemeine theoretische Fundierung anstrebt. Die Konstruktion numerischer und symbolischer Prototypen sowie die Berechnung von Diskriminantenfunktionen ist in vielen Standardbüchern zur Mustererkennung behandelt, zum Beispiel [8, 9, 16] . Die Schätzung der Übergangswahrscheinlichkeiten in Markov Modellen wird in [3] behandelt. Anwendungen derselben für die Sprachverarbeitung geben [1, 11] und für die Bildverarbeitung [6, 7].

[1] Bahl, L.R., Jelinek, F., Mercer, R.L.: A Maximum Likelihood Approach to Continuous Speech Recognition. IEEE Trans. PAMI-5 (1983) 179-190

[2] Ballard, D.H.: Parameter Nets. AI-22 (1984) 235 - 267

[3] Baum, L.E.: An Inequality and Associated Maximization Technique in Statistical Estimation for Probabilistic Functions of Markov Processes. In O. Shisha (ed.): Inequalities III. Academic Press, New York 1972

[4] Berwick, R.C., Weinberg, A.: The Grammatical Basis of Linguistic

Performance. MIT Press, Cambridge 1983

[5] Bunke H., Allermann, G: Inexact Graph Matching for Structural Pattern Recognition. Pattern Recognition Letters 1 (1983) 245 - 253

[6] Cross, G.R., Jain, A.K.: Markov Random Field Texture Models. IEEE Trans. PAMI-5 (1983) 25 - 39

[7] Devijver, P.A.: Probabilistic Labeling in a Hidden Second Order Markov Mesh. In E.S. Gelsema, L.N. Kanal (eds.): Pattern Recognition in Practice II. North Holland, Amsterdam 1986, 113 - 123

[8] Devijver, P.A., Kittler, J.: Pattern Recognition, a Statistical Approach. Prentice Hall, Englewood Cliffs N.J. 1982

[9] Duda, R.O., Hart, P.E.: Pattern Classification and Scene Analysis. J. Wiley New York 1972

[10] Fu, K.S.: Syntactic Pattern Recognition and Applications. Prentice Hall, Englewood Cliffs N.J. 1982

[11] Gemello, R., Pieraccini, R., Raineri, F.: Diphone Spotting With Markov Chains. Proc. 7. ICPR, Montreal 1984, 176 - 178

[12] Gonzales, R.C., Thomason, M.G.: Syntactic Pattern Recognition, an Introduction. Addison-Wesley, Reading Mass. 1978

[13] Hummel, R.A., Zucker, S.W.: On the Foundations of Relaxation Labeling Processes. IEEE Trans. PAMI-5 (1983) 267-287

[14] Magee, M.J., Boyter, B.A., Chien, C.H., Aggarwal, J.K.: Experiments in Intensity Guided Range Sensing Recognition of Three-Dimensional Objects. IEEE Trans. PAMI-7 (1985) 629-637

[15] Marcus, M.: A Theory of Syntactic Recognition for Natural Language. MIT Press, Cambridge 1980

[16] Niemann, H.: Klassifikation von Mustern. Springer, Berlin Heidelberg New York Tokyo 1983

[17] Rosenfeld, A., Hummel, R.A., Zucker, S.W.: Scene Labeling by Relaxation Operations. IEEE Trans. SMC-6 (1976) 420 - 433

[18] Winograd, T.: Language as a Cognitive Process, Vol.1 Syntax. Addison Wesley, Reading Mass. 1983

6 Kontroll- und Suchalgorithmen

In diesem Kapitel wird die Frage behandelt, wie in einem Musteranalysesystem eine geeignete Verarbeitungsstrategie automatisch in Abhängigkeit von den zu verarbeitenden Mustern und den bereits erzielten Zwischenergebnissen zu bestimmen ist. Eine Grundvoraussetzung für eine gezielte Vorgehensweise besteht darin, daß das System zur Auswahl stehende Alternativen bewerten kann. Dann ist es prinzipiell möglich, eine effiziente Auswahl sowohl unter alternativen Verarbeitungsoperationen als auch unter konkurrierenden Zwischenergebnissen zu treffen. Entsprechende Ansätze werden im folgenden erläutert.

6.1 Aufgabe und prinzipielle Vorgehensweise

Ein System zur Analyse komplexer Muster, die eine erhebliche Variabilität aufweisen und von stochastischen Störungen beeinflußt werden, kann im allgemeinen nicht eine feste Folge von Verarbeitungsschritten ausführen und in jedem Verarbeitungsschritt genau ein eindeutiges Zwischenergebnis generieren. Die Bilder 1.6, 1.7 und 1.9 zeigen einige mögliche Quellen für konkurrierende und fehlerhafte Verarbeitungsergebnisse. <u>Konkurrierende Ergebnisse</u> können auch bei der Wissensverarbeitung durch unsicheres und vages Wissen (repräsentiert zum Beispiel durch unsichere Regeln oder nichtdisjunkte Konzepte) entstehen. Das System muß dieses berücksichtigen und je nach erzielten Ergebnissen unterschiedliche Algorithmen mit geeigneten Parametern auf einer geeigneten Teilmenge von Daten aktivieren können. Dieses ist in den generellen Systemstrukturen der Bilder 1.4b und 1.5b durch den Modul "<u>Kontrolle Verarbeitungsstrategie</u>" angedeutet, der genau diese Aufgabe übernehmen soll.

Zu einem bestimmten Zeitpunkt ist der <u>Zustand</u> der Verarbeitung durch die Menge (Daten) der verfügbaren <u>Zwischenergebnisse</u> in Bild 1.3 charakterisiert. Die dem System bekannte Menge von <u>Transformationen</u> zur Verarbeitung der Daten und zur Auswahl weiter zu verarbeitender Teilmengen von Daten sei (T). Die Menge der aufgrund der vorhandenen Daten <u>anwendbaren</u> <u>Transformationen</u> sei (T/(Daten)) Die anfänglich gegebenen Daten werden mit (EIN) (Abtastwerte von gesprochener Sprache, Bildern oder Bildfolgen), das gewünschte Ergebnis mit (AUS) bezeichnet. Die möglichen Systemaktivitäten lassen sich dann kurz durch die Beziehung

$$(EIN) \longrightarrow (Daten)_1 \longrightarrow (Daten)_2 -- \ldots -\!\!\rightarrow (AUS) \qquad (6.1.1)$$
$$(T/(EIN)) \qquad\qquad (T/(Daten)_1)$$

bezeichnen. Auf eine Menge $(Daten)_i$ läßt sich eine oder einige von mehreren Transformationen anwenden und erzeugt eine neue Menge $(Daten)_{i+1}$. Stellt man sich vor, daß alle möglichen Transformationen auf alle möglichen Daten angewendet werden, entsteht ein <u>Graph</u>, dessen <u>Knoten</u> die aktuellen Daten und dessen <u>Kanten</u> die angewendeten Transformationen sind. Die Aufgabe des <u>Kontrollmoduls</u> besteht dann darin, einen geeigneten <u>Pfad</u> vom Startknoten (EIN) zu einem Zielknoten (AUS) zu finden. Da der Pfad für jedes Muster neu berechnet wird, sollte der Gesamtaufwand, der sich aus dem <u>Aufwand</u> zum Finden des Pfades und dem <u>Aufwand</u> zum Ausführen der dadurch definierten Transformationen zusammensetzt, minimiert werden. In üblichen <u>Suchalgorithmen</u> wird nur ein Pfad gesucht, der mit minimalem Aufwand zu durchlaufen ist. Der Aufwand zum Finden dieses Pfades wird durch Heuristiken reduziert. Wenn sich herausstellt, daß für (fast) alle Muster eines Problemkreises der gleiche Pfad durch den Graphen durchlaufen wird, so ist es natürlich zweckmäßig und üblich, diesen Pfad in der <u>Systemstruktur</u> fest vozugeben und auf seine ständige Neuberechnung zu verzichten.

Zur Ermittlung einer geeigneten Verarbeitungsstrategie gehören die folgenden vier Phasen:
1. <u>Entwurf</u> - die Auswahl einer möglichst kleinen aber genügend leistungsfähigen Menge von Transformationen T, die dem System zu Verfügung stehen, im Rahmen von Vorversuchen durch den Systementwickler.
2. <u>Planung</u> - die Reduzierung der Menge T aufgrund einer schnellen und pauschalen Beurteilung des zu verarbeitenden Musters durch das System.
3. <u>Bewertung</u> - die Schätzung des Wertes oder der Kosten alternativer Transformationen und die Schätzung der Zuverlässigkeit alternativer Daten durch das System.
4. <u>Suche</u> - die Auswahl einer oder mehrerer Verarbeitungsalternativen durch das System.
Auf Punkt 1 wird hier noch kurz eingegangen, während die anderen Punkte ausführlicher in den folgenden Abschnitten behandelt werden.

Es dürfte klar sein, daß es nicht sinnvoll ist, die Menge der erfolgreich zu verarbeitenden Muster dadurch zu erhöhen, daß man alle möglichen Verarbeitungs- algorithmen bereitstellt und es dem System überläßt, sich die passenden aus- zusuchen - der Graph der möglichen Systemaktivitäten wird riesig und die Menge der konkurrierenden Ergebnisse unüberschaubar. Der Systementwickler muß also anhand seiner Erfahrung, bekannter Ergebnisse aus der Literatur und durch Vor- versuche eine Menge von Transformationen auswählen, die so leistungsfähig ist, daß möglichst viele Muster eines Problemkreises korrekt analysiert werden kön- nen. Der Idealfall ist natürlich, daß in jeder Schicht der in Kapitel 1 einge- führten geschichteten Verarbeitungsmodelle genau eine Transformation hinreichend ist. Alternative Verarbeitungsstrategien können dann nur noch aus folgenden Gründen auftreten:

1. Die Transformationen werden in unterschiedlicher Reihenfolge aktiviert, zum Beispiel strikt datengetrieben (bottom-up) oder strikt modellgetrieben (top- down); strikt sequentiell oder teilweise parallel.

2. Die Auswahl weiter zu verarbeitender Teilmengen von Zwischenergebnissen erfolgt nach unterschiedlichen Kriterien.

Dagegen scheidet die Auswahl unter alternativen Transformationen für die glei- chen Daten aus, da diese Auswahl einmal vorweg in der Entwurfsphase getroffen wurde. Aus Punkt 1 und 2 wird klar, daß in der Entwurfsphase prinzipiell auch bereits Einschränkungen über die Reihenfolge der Verarbeitungsschritte gemacht und Kriterien für die Einschränkung der alternativen Zwischenergebnisse ent- wickelt werden sollten. Alle diese Entwurfsschritte können prinzipiell durch ein Expertensystem unterstützt werden. Wenn, wie erwähnt, nach diesen Einschrän- kungen für (fast) alle Muster eines Problemkreises nur ein Pfad durch den Graphen übrigbleibt, ist das Kontrollproblem bereits in dieser Phase erledigt.

6.2 Planung

In der Planungsphase wird für ein zu analysierendes Muster versucht, die Zahl der Alternativen im Verarbeitungsgraphen durch eine rasche und relativ grobe Voruntersuchung dieses Musters weiter zu reduzieren. Hierfür gibt es insbesondere folgende generelle Ansätze:

1. Durch eine Vorklassifikation von Objekten werden möglichst viele Kandidaten schon früh ausgeschieden, die Untersuchung des Musters erfolgt gezielt auf Eigenschaften der noch verbliebenen Kandidaten.

2. Durch Ermittlung einiger weniger <u>globaler</u> <u>Eigenschaften</u> (zum Beispiel lange Linien, Umrisse, große Flächen, energiereiche Signalanteile) wird die Analyse an zuverlässig erkennbaren Bestandteilen gestartet.

3. In einer zeitlichen oder räumlichen Folge von Bildern oder in einer Folge von Sätzen eines gesprochenen Dialogs werden nach Verarbeitung eines oder einiger Bestandteile der Folge <u>Erwartungen</u> über den Inhalt weiterer Bestandteile berechnet und die Analyse zunächst auf die Verifizierung dieser Erwartungen konzentriert.

4. Die Ansätze 1-3 werden <u>kombiniert</u>.

Aus der Literatur sind eine Reihe von Beispielen für den erfolgreichen Einsatz einiger dieser Verfahren bekannt. Dazu gehört zum Beispiel die Vorklassifikation von industriellen Teilen anhand ihrer Umrisse durch Auswahl einiger Kandidaten und die Vorhersage von zu verifizierenden Details dieser Kandidaten; es gehört dazu auch der Start der Verarbeitung eines Sprachsignals in Intervallen, die besonders zuverlässig klassifizierbar sind.

6.3 Bewertung

Eine Grundvoraussetzung für eine zielgerichtete Analysestrategie eines automatischen Systems besteht darin, daß es realistische <u>Bewertungen</u> für alternative Verarbeitungsschritte und/oder alternative Daten berechnen kann. Als Bewertung wird hier zusammenfassend entweder die Zuordnung eines Maßes für den <u>Nutzen</u> (Gewinn, Zuverlässigkeit) oder für den <u>Verlust</u> (Kosten, Abstand) bezeichnet. Ohne Bewertung kommt nur eine blinde Suche in Frage. Im Rahmen dieses Abschnitts werden generelle Möglichkeiten der Bewertung von alternativen Transformationen und anfänglichen Segmentierungen sowie der Kombination von Bewertungen von Einzelergebnissen im Rahmen wissensbasierter Inferenzen erörtert. Von der Bewertung zu trennen ist im allgemeinen die Priorität, das heißt die Wichtigkeit für die Berechnung eines bestimmten Ergebnisses (Abschnitt 6.3.6). Bei der Bewertung sind folgende Fälle zu unterscheiden:

1. Die Bewertung <u>unsicherer</u> <u>Aussagen</u> (Abschnitt 6.3.3). Damit sind Aussagen gemeint, deren Wahrheit nicht mit Sicherheit festgestellt werden kann. Beispiel: Der gesprochene Laut könnte ein "m" sein, aber "l" und "n" sind auch möglich.

2. Die Bewertung <u>ungenauer</u> <u>Aussagen</u> (Abschnitt 6.3.4). Damit sind Aussagen gemeint, die den Wert einer Variablen nur ungenau angeben. Beispiel: Die Straße ist ziemlich schmal; oder der Fluß ist 9 - 10m breit.

3. Die Bewertung <u>ungenauer</u> <u>Schlußfolgerungen</u> (Abschnitt 6.3.5). Damit sind Schlußfolgerungen mit Hilfe von unsicheren oder ungenauen Voraussetzungen gemeint sowie auch unsichere Ergebnisse aus exakten Aussagen.

6.3.1 Alternative Transformationen

Wenn zur Ermittlung einfacherer Bestandteile eines Musters oder zur Ermittlung eines bestimmten Bestandteils mehrere <u>Alternativen</u> bestehen, wird oft vom Entwickler des Systems eine subjektiv geschätzte Zuverlässigkeit fest zugeordnet. Beispielsweise wird man die Zuverlässigkeit bei der Ermittlung großer kontrastreicher Regionen in einem Bild höher einschätzen als die kleiner Regionen; die Ermittlung von Linien mit einem Suchalgorithmus auf der Basis der dynamischen Programmierung wird man in der Regel für zuverlässiger halten als ein einfaches heuristisches Verfahren. Trotzdem kann es sinnvoll sein, mit Priorität zunächst nach einer kleinen Region zu suchen, wenn diese für die Unterscheidung von Objekten signifikant ist, und es kann sinnvoll sein, Linien zunächst mit einfachen heuristischen Verfahren zu suchen, wenn dieses wesentlich schneller geht. Obwohl statistische Aussagen durch Auswerten größerer Stichproben auch hier im Prinzip durchaus möglich sind, wird dieser Aufwand meistens vermieden.

6.3.2 Segmentierungsergebnisse

Gemäß dem einführenden Kapitel 1 gehen wir davon aus, daß ein Bild- oder Sprachsignal zunächst einer anfänglichen Segmentierung unterworfen wird, deren Ergebnisse Ausgangspunkt einer wissensbasierten Verarbeitung sind. Es wird weiter vorausgesetzt, daß diese Ergebnisse bewertet werden, was die Grundlage der Bewertung größerer, aus den Segmentierungsobjekten kombinierter Einheiten bildet.

Mit vielen Algorithmen zur Ermittlung einfacherer Bestandteile eines Musters oder zur Detektion von Objekten ist es möglich, die Berechnung eines <u>Abstands-</u> oder <u>Zuverlässigkeitsmaßes</u> zu koppeln. Zum Beispiel ist es sinnvoll, die Zuverlässigkeit bei der Detektion von Linien in Abhängigkeit vom Grauwertgradienten zu wählen; wenn man bei der lautlichen Segmentierung von Sprache einen der

Standardklassifikatoren der statistischen Mustererkennung verwendet, wird unmittelbar ein Schätzwert der <u>Wahrscheinlichkeit</u>, daß ein bestimmter Laut vorliegt, berechnet; wenn man Objekte in Bildern oder Wörter in Sprache durch Vergleichsalgorithmen bestimmt, wird meistens der Vergleich auf der Basis von Abständen zwischen den gespeicherten Referenzmustern und dem neuen Testmuster durchgeführt (s. auch Abschnitte 5.4., 5.5., 7.5.4); Suchalgorithmen zur Ermittlung von Linien, Lauten, Objekten, Wörtern usw. erfordern die Vorgabe einer Kostenfunktion, deren Wert die Basis einer Bewertung gibt. Die Frage 4 in Abschnitt 5.6 deutet darauf hin, daß der Wert der Kostenfunktion selbst unter Umständen die Vorstellungen eines Anwenders nur ungenügend modelliert, jedoch eine wesentliche Grundlage der endgültigen Bewertung darstellt. In all diesen Fällen lassen sich also den Ergebnissen der Segmentierung und Objekterkennung Bewertungen zuordnen, die unmittelbar von dem gewählten Algorithmus abhängen.

Während Wahrscheinlichkeiten normierte Größen sind, für deren Kombination in weiteren Verarbeitungsstufen eine Reihe theoretisch motivierter Verfahren bereitstehen, sind Abstands- und Ähnlichkeitsmaße, die von Vergleichsalgorithmen geliefert werden, in ihrem Wertebereich zunächst oft nicht normiert. Wenn d ein nichtnormierter Abstand ist, so läßt sich ein auf das Intervall (0, 1) normierter Abstand d_n mit

$$d_n = (d - d_{min})/(d_{max} - d_{min}) \qquad\qquad (6.3.1)$$

berechnen. Eine weitere Möglichkeit besteht darin, das Abstandsmaß durch heuristische Funktionen der in Bild 6.3.1 gezeigten Art in normierte "<u>Sicherheiten</u>" zu transformieren. Diese heuristischen Funktionen erlauben es, die Vorstellungen des Systementwicklers einfließen zu lassen und ergeben den Anschluß an die im nächsten Abschnitt erörterten vagen Mengen. Ähnliche Funktionen lassen sich offensichtlich auch für die Abbildung auf das Intervall (-1, +1) angeben. Die Sicherheiten erlauben auch die Bewertung einer Übereinstimmung von erwarteten und beobachteten Attributwerten und ergeben einen Übergang zu symbolischen Aussagen. Beispielsweise erlauben die Funktionen in Bild 6.3.1 folgende Aussagen:
    in Bild 6.3.1a: die Sicherheit, daß Test- und Referenzmuster "übereinstimmen", wenn sie den Abstand d haben, ist s.
        aber auch: der Abstand d ist "klein" mit Sicherheit s.
    in Bild 6.3.1b: das Attribut "Durchmesser" hat den Wert $d=d_0$ mit der Sicherheit s.
    in Bild 6.3.1c: der Abstand d ist "nicht klein" mit der Sicherheit s.
Damit können den Bedingungen von Regeln wie sie in Abschnitt 1.4. angedeutet

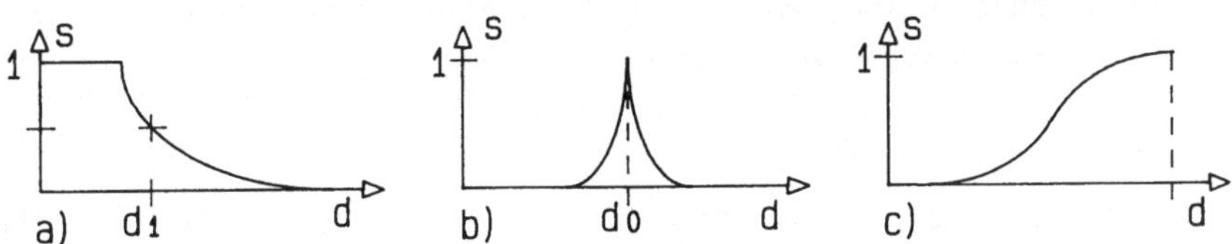

Bild 6.3.1   Heuristische Funktionen zur Abbildung von Abstandsmaßen d in Sicherheiten s mit $0 \leq s \leq 1$

oder in Kapitel 4 ausführlich erörtert wurden, Bewertungen zugeordnet werden oder auch die Zuverlässigkeit der Werte von Attributen und Strukturrelationen in den semantischen Netzen von Kapitel 3 bewertet werden.

6.3.3 Unsichere Aussagen

Die "klassische" Vorgehensweise bei der Beurteilung <u>unsicherer Aussagen</u> ist die Zuordnung eines <u>Wahrscheinlichkeitsmaßes</u> P zu einer endlichen Menge S von <u>Aussagen</u> (oder Sätzen, Ergebnissen, Ereignissen, Hypothesen, ...). Dafür werden folgende Voraussetzungen gemacht:

1. Wenn $s \in S$, dann ist $\neg s \in S$, mit $\neg$: Negation.

2. Wenn $s \in S$, $t \in S$, dann ist $s \wedge t \in S$, mit $\wedge$: Konjunktion

3. $P(0) = 0$, wobei 0 die stets falsche Aussage ist; $0 \in S$ wegen $s \wedge \neg s = 0$.

4. $P(I) = 1$, wobei I die stets wahre Aussage ist; $I \in S$ wegen $s \vee \neg s = I$.

5. Wenn $s \in S$ und $t \in S$ und $s \in t = 0$ (das heißt s und t sind paarweise

   disjunkt), dann ist $P(s \vee t) = P(s) + P(t)$.   (6.3.1)

Daraus folgt insbesondere

   wenn $s \in S$, dann gilt $P(s) + P(\neg s) = 1$.   (6.3.2)

Gerade (6.3.2) wird bei unsicheren Aussagen als Nachteil empfunden. Die Menge der Aussagen sei zum Beispiel $T = (A, B, C, D)$, wobei die Elemente von T paarweise disjunkt seien, und es liege keinerlei Wissen darüber vor, welche Aussage zutrifft. Als "natürliche" Wahl des Wahrscheinlichkeitsmaßes könnte man $P(A) = P(B) = P(C) = P(D) = 0,25$ ansehen. Aus Voraussetzung 5. oben folgt sofort, daß $P(A \vee B \vee C) = 0,75 > P(D) = 0,25$, das heißt wir "wissen" nun, daß die Aussage $A \vee B \vee C$ wahrscheinlicher ist als D, obwohl anfangs gesagt wurde, daß keinerlei Wissen vorliegt, welche Aussage wahr ist. Dieses Paradoxon führte

144

zur Entwicklung anderer Bewertungen. Ein recht allgemeiner Ansatz sind die <u>vagen Maße</u> V, für die nur vorausgesetzt wird:

1. $V(0) = 0$

2. $V(I) = 1$

3. wenn $s \in S$ ein $t \in S$ zur Folge hat,dann gilt $V(t) \geq V(s)$.   (6.3.3)

Da diese Definition sehr allgemein ist, sind weitere Annahmen erforderlich, um praktisch brauchbare vage Maße zu erhalten.

Ein spezielle vages Maß sind die <u>Glaubwürdigkeiten</u> CR (credibility), die sich aus einer sogenannten <u>grundlegenden Wahrscheinlichkeitszuordnung</u> m ergeben. Von dieser wird gefordert, daß

$$\sum_{s \,\in\, S} m(s) = 1 \qquad\qquad (6.3.4)$$

gilt. Die Glaubwürdigkeit einer Aussage t ist dann definiert mit

$$CR(t) = \sum_{s \,:\, s \text{ hat } t \text{ zur Folge}} m(s) \qquad\qquad (6.3.5)$$

Als Beispiel betrachte man die obige Basismenge $T = (A,B,C,D)$ von paarweise disjunkten und vollständigen Aussagen. Die Menge S möglicher Aussagen sei die Potenzmenge von T, also

$$S = (0, A, B, C, D, (A,B), (A,C), (A,D), (B,C), (B,D), (C,D), (A,B,C),$$
$$(A,B,D), \ (A,C,D), \ (B,C,D), \ (A,B,C,D)) \qquad\qquad (6.3.6)$$

Die Beziehung "s hat t zur Folge" entspricht dann "s ist Teilmenge von t $s \subset t$". Offensichtlich kann mit (6.3.4) das oben erwähnte Paradoxon vermieden werden. Man setzt nämlich m $(A,B,C,D) = 1$ und m $(...) = 0$ für alle anderen Elemente von S. Eine Präferenz für irgendeine andere Aussage entfällt daher.

Die Definitionen (6.3.4,5) schließen im allgemeinen (6.3.2) aus. Dual zur Glaubwürdigkeit CR wird die <u>Plausibilität</u>

$$PL(t) = \sum_{s \,:\, s \text{ hat nicht } \neg t \text{ zur Folge}} m(s) \quad = \sum_{s \not\subset \neg t} m(s) \qquad (6.3.7)$$

definiert. Es gelten die Zusammenhänge

$$PL(t) = 1 - CR(\neg t) \qquad , \qquad (6.3.8)$$
$$CR(t) + CR(\neg t) \leq 1 \qquad , \qquad (6.3.9)$$
$$PL(t) + PL(\neg t) \geq 1 \qquad , \qquad (6.3.10)$$
$$CR(t) \leq PL(t) \qquad . \qquad (6.3.11)$$

Auf formale Beweise wird aus Platzgründen verzichtet und auf eine anschauliche Verifikation anhand der Menge S in (6.3.6) verwiesen, zum Beispiel mit Hilfe von Aufgabe 1 in Abschnitt 6.5.

Man bezeichnet die Aussagen s mit m(s) > 0 auch als <u>fokale</u> <u>Aussagen</u>. Das Wahrscheinlichkeitsmaß (6.3.1) entspricht dann der speziellen grundlegenden Wahrscheinlichkeitszuordnung, bei der für jedes s mit m(s) > 0 und alle t, wobei s nicht t nach sich zieht, s und t paarweise disjunkt sind. Diese Wahrscheinlichkeitszuordnung wird auch als <u>dissonant</u> bezeichnet. Im Beispiel (6.3.6) können also nur m(A), m(B), m(C) und m(D) von Null verschiedene Werte annehmen. In diesem Fall ist PL(t) = CR(t) = P(t), und (6.3.8) geht in (6.3.2) über. Eine andere spezielle Wahrscheinlichkeitszuordnung ist die <u>konsonante</u>, bei der fokale Aussagen eine <u>Hierarchie</u> bilden. Im Beispiel (6.3.6) könnten fokale Aussagen (A), (A,B), (A,B,C), (A,B,C,D) sein. In diesem Spezialfall gilt

$$CR(s \wedge t) = \min\ (CR(s),\ CR(t)) = NE(s \wedge t), \qquad (6.3.12)$$
$$PL(s \vee t) = \max\ (PL(s),\ PL(t)) = PO(s \vee t), \qquad (6.3.13)$$

wobei NE(s) als <u>Notwendigkeit</u> (necessity) der Aussage s bezeichnet wird und PO(s) als <u>Möglichkeit</u> (possibility). Für alle s gilt

$$\min\ (NE(s),\ NE(\neg\ s)) = 0 \qquad ,$$
$$\max\ (PO(s),\ PO(\neg\ s)) = 1 \qquad ,$$
$$PO(s) < 1 \Rightarrow NE(s) = 0 \qquad ,$$
$$NE(s) > 0 \Rightarrow PO(s) = 1 \qquad ,$$
$$NE(s) = 1 - PO(\neg s) \qquad \text{wegen (6.3.8).} \qquad (6.3.14)$$

Zur Veranschaulichung von (6.3.14) wird wiederum auf Aufgabe 6.5.1 verwiesen. Es sei erwähnt, daß die im System MYCIN verwendeten <u>Maße</u> <u>des</u> <u>Vertrauens</u> MB (measure of belief) und des <u>Zweifels</u> MD (measure of disbelief) als Notwendigkeit NE und inverse Möglichkeit (1- PO) aufgefaßt werden können; damit gelten die Gleichungen (6.3.14) auch für MB und MD. Die Maße MB (bzw. MD) werden dort allerdings als Maß des Vertrauens (bzw. Zweifels) in eine Hypothese aufgrund bestimmter Evidenz über bedingte Wahrscheinlichkeiten definiert.

Mit dem Begriff der grundlegenden Wahrscheinlichkeitszuordnung liegt also ein Formalismus vor, der die Wahrscheinlichkeitsmaße sowie die Notwendigkeiten und Möglichkeiten als Spezialfälle enthält. Einer Aussage s läßt sich damit ein <u>Vertrauensintervall</u> (nicht zu verwechseln mit den Konfidenzintervallen der Statistik)

$$V(s) = (CR(s), PL(s)) \qquad (6.3.15a)$$

zuordnen. Mit den Möglichkeiten und Notwendigkeiten wird auch ein <u>Sicherheitsfaktor</u> CF (certainty factor)

$$CF = (PO + NE) / 2; \quad 0 \leq CF \leq 1 \qquad (6.3.15b)$$

als eine Maßzahl für die Qualität eines Ergebnisses definiert (in MYCIN wird CF' = MB - MD = NE - (1- PO); $-1 \leq CF' \leq 1$ gesetzt). Für die dissonante Wahrscheinlichkeitszuordnung (das Wahrscheinlichkeitsmaß) schrumpft die Intervallgröße von V(s) auf Null. Zwar ist der Ansatz (6.3.4, 5, 7) eine Verallgemeinerung von (6.3.1), jedoch garantiert das allein natürlich noch keine "bessere" Bewertung unsicherer Aussagen, insbesondere keine besseren Ergebnisse in der Bild- und Sprachanalyse. Ein wichtiger Vorteil des Ansatzes (6.3.1) ist darin zu sehen, daß mit der Statistik ein leistungsfähiges Instrument vorliegt, um Schätzwerte für die Wahrscheinlichkeit von Aussagen aus Beobachtungen zu berechnen; Vergleichbares ist für allgemeine grundlegende Wahrscheinlichkeitszuordnungen noch zu entwickeln. Zudem erlaubt es die Theorie der Konfidenzintervalle, jedem Schätzwert ein Konfidenzintervall mit wohldefinierten Eigenschaften zuzuordnen. Der Vorteil der Glaubwürdigkeit CR und der Plausibilität PL ist vor allem darin zu sehen, daß damit eine Alternative vorliegt, die bei heuristischer Bewertung von Aussagen, wenn keine größeren Stichproben ausgewertet werden können, anwendbar ist; der tatsächliche Nutzen muß von Fall zu Fall experimentell verifiziert werden.

6.3.4 Ungenaue Aussagen

Die inzwischen ebenfalls klassische Methode zur Bewertung <u>ungenauer</u> <u>Aussagen</u> ist die Verwendung <u>vager</u> <u>Mengen</u> (fuzzy sets), das sind Mengen, deren charakteristische Funktion Werte zwischen 0 und 1 annehmen kann. Ein Element a kann also einer Menge A "mehr oder weniger" angehören. Die Aussage "der Abiturient ist jung", im allgemeinen "X ist M", schränkt die möglichen Werte der Variablen X ein, die diese aus einem Vorrat S möglicher Werte annehmen kann. Die eingeschränkte Menge, aus der X wegen der Aussage X ist M Werte annehmen kann, werde ebenfalls mit M bezeichnet. Die charakteristische Funktion dieser Menge sei u_M. Ein bestimmter Wert $u_M(a)$ wird aufgefaßt als die Möglichkeit, daß die Aussage "s: X nimmt den Wert a an" richtig ist, wenn man X ist M voraussetzt, also

$$po_X(a) = u_M(a) \ , \qquad\qquad (6.3.16)$$

wobei po_X die <u>Möglichkeitsverteilung</u> der Variablen X ist. Bild 6.3.2 verdeutlicht dies für die Aussage "der Abiturient ist jung" durch Angabe der Funktion u_{jung}. Dem Bild entnimmt man, daß danach die Aussage "der Abiturient ist 20" mit der Möglichkeit $po_X = 0{,}7$ korret ist, wenn der Abiturient jung ist. Man kann auch sagen "ein 20-jähriger Abiturient hat die Zugehörigkeit $u_M = 0{,}7$ zur Menge der jungen Abiturienten". Der Negation "X ist nicht M" wird die Möglichkeitsverteilung

$$po_X(a) = 1 - u_M(a) = u_{\overline{M}}(a) \qquad\qquad (6.3.17)$$

zugeordnet, und den kombinierten Aussagen "X ist M und Y ist N" bzw. "X ist M oder Y ist N" die Möglichkeitsverteilungen

$$po_{X,Y}(a,b) = u_{X \cdot Y}(a,b) = \min(u_X(a), u_Y(b)) \quad , \qquad (6.3.18)$$
$$po_{X,Y}(a,b) = u_{X+Y}(a,b) = \max(u_X(a), u_Y(b)) \quad . \qquad (6.3.19)$$

Bei gegebener Möglichkeitsverteilung po_X bzw. charakteristischer Funktion u_M lassen sich bestimmten Aussagen Möglichkeiten PO und Notwendigkeiten NE im Sinne von (6.3.12-14) zuordnen. Wenn die Aussage "X ist M" bekannt ist ("der

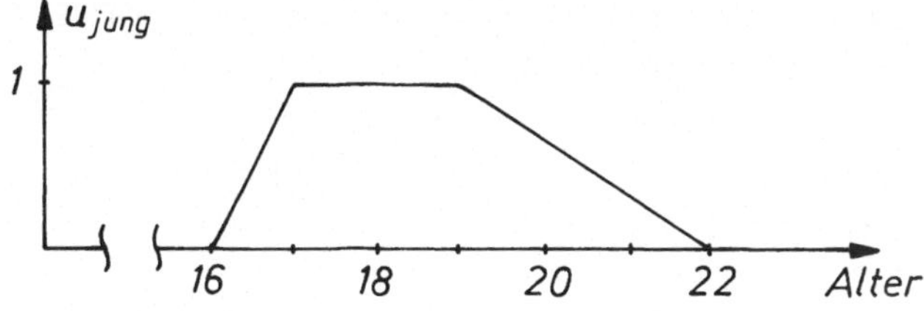

Bild 6.3.2   Ein Beispiel für eine Möglichkeitsverteilung

Abiturient ist jung") und PO und NE der Aussage "X ist A" gesucht sind ("der Abiturient ist 17 - 19"), wobei A eine Teilmenge der Menge S von möglichen Werten von X ist, so gilt mit (6.3.13,14)

$$PO(A) = \max_{a \in A} u_M(a) \qquad , \qquad (6.3.20)$$

$$NE(A) = \min_{a \notin A} (1- u_M(a)) \qquad . \qquad (6.3.21)$$

Setzt man u_M wie in Bild 6.3.2 an, ergibt sich für die Aussage "der Abiturient ist 17 - 19" PO =1, NE = 0.

6.3.5 Ungenaue Schlußfolgerungen

Die beiden wichtigsten Ansätze zum Ziehen von <u>Schlüssen</u> in der <u>Logik</u> sind <u>modus ponens</u> und <u>modus tollens</u>, die sich mit zwei Aussagen s und t wie folgt charakterisieren lassen:

<u>modus ponens</u> (6.3.22)

Regel: Wenn s richtig ist, dann gilt t. $\qquad s \rightarrow t$

Faktum: s ist richtig. $\qquad \underline{s}$

Schlußfolgerung: t ist richtig $\qquad t$

<u>modus tollens</u> (6.3.23)

Regel: Wenn s richtig ist, dann gilt t. $\qquad s \rightarrow t$

Faktum: t ist falsch $\qquad \underline{\neg\, t}$

Schlußfolgerung: s ist falsch $\qquad \neg\, s$

Wenn entweder Regel oder Faktum oder beide unsicher sind, wird auch die Schlußfolgerung unsicher. Die Unsicherheit läßt sich mit Wahrscheinlichkeiten P, Notwendigkeiten NE und Möglichkeiten PO erfassen oder auch mit unterschiedlichen Wahrheitsgraden im Sinne der mehrwertigen Logik, die hier allerdings nicht weiter betrachtet wird. Für modus ponens und Verwendung von Maßen NE, PO gilt:

$$NE(s \rightarrow t) \geq a \quad ; \quad PO(s \rightarrow t) \geq A \geq a \qquad (6.3.24)$$

$$NE(s) \quad \geq \underline{b} \quad ; \quad PO(s) \quad \geq B \geq \underline{b}$$

$$NE(t) \quad \geq \min (a,b) \quad ; \quad PO(t) \quad \geq \max (\underline{a},\, \underline{b})$$

mit $\underline{a}$ = A   wenn A + b $\geq$ 1, und $\underline{a}$ = 0 sonst,

$\qquad \underline{b}$ = B   wenn a + B > 1, und $\underline{b}$ = 0 sonst.

Bei Verwendung von Wahrscheinlichkeiten gilt für modus ponens bzw. modus tollens:

$$P(s \to t) \geq a \qquad\qquad bzw. \qquad P(s \to t) \geq a \qquad\qquad (6.3.25)$$
$$P(s) \qquad \geq b \qquad\qquad\qquad\qquad P(t) \qquad \leq b$$
$$\text{------------------------} \qquad\qquad \text{------------------------------}$$
$$P(t) \qquad \geq \max(0, a+b-1) \qquad P(s) \qquad \leq \min(1, 1 - a + b)$$

Einige weitere Beziehungen werden hier übergangen. Wegen Beweisen wird auf die Literatur verwiesen.

Eine Standardmethode zur Kombination von Ergebnissen $s_1, s_2, \ldots, s_n$, die eine Hypothese t stützen, sind bedingte Wahrscheinlichkeiten zusammen mit dem Satz von Bayes. Es gilt

$$P(t/s_1, s_2) = \frac{P(t, s_1, s_2)}{P(s_1, s_2)} = \frac{P(t) P(s_1/t)\ P(s_2/s_1, t)}{P(s_1,\ s_2)}$$

Bei entsprechenden statistischen Unabhängigkeiten vereinfacht sich dieses zu

$$P(t/s_1, s_2) = P(t)\ \frac{P(s_1/t)}{P(s_1)}\ \frac{P(s_2/t)}{P(s_2)} \qquad\qquad (6.3.26)$$

Die Vorgehensweise hat die bereits in Abschnitt 6.3.3 kurz diskutierten Stärken und Schwächen wahrscheinlichkeitstheoretischer Ansätze. Die Kombination von Hypothesen t_1, t_2 in Notwendigkeiten und Möglichkeiten erfolgt nach den einfachen Beziehungen

$$PO(t_1 \wedge t_2) = \min(PO(t_1), PO(t_2))$$
$$PO(t_1 \vee t_2) = \max(PO(t_1), PO(t_2))$$
$$NE(t_1 \wedge t_2) = \min(NE(t_1), NE(t_1))$$
$$NE(t_1 \vee t_2) = \max(NE(t_1), NE(t_2)) \qquad\qquad (6.3.27)$$

In dem schon erwähnten medizinischen Expertensystem MYCIN werden die Maße des Vertrauens MB und des Zweifels MD genau wie in (6.3.27) kombiniert, wenn man MB = NE und PO = 1- MD setzt. Für MD ergibt das

$$MD(t_1 \wedge t_2) = \max(MD(t_1), MD(t_2))\ ,$$
$$MD(t_1 \vee t_2) = \min(MD(t_1), MD(t_2))\ . \qquad\qquad (6.3.28)$$

Zusätzlich werden Gleichungen angegeben, die die Änderung der Maße angeben, wenn eine Hypothese t von Ergebnissen s_1, s_2 abhängt, nämlich

$$MB(t,s_1 \land s_2) = \begin{cases} 0 \quad \text{wenn} \quad MD = 1 \\ \\ MB(t,s_1) + MB(t,s_2) - MB(t,s_1)MB(t,s_2) \quad , \end{cases}$$

$$MD(t,s_1 \land s_2) = \begin{cases} 0 \quad \text{wenn} \quad MB = 1 \\ \\ MD(t,s_1) + MD(t,s_2) - MD(t,s_1)MD(t,s_2) \quad , \end{cases} \quad (6.3.29)$$

Weiterhin wird der Fall unterschieden, daß ein Ergebnis s nicht sicher bekannt ist, sondern nur mit einem Sicherheitsfaktor CF´(s. (6.3.15b) und Text im Anschluß daran für CF´). In diesem Falle gilt

$$MB(t,s) = MB´(t,s) \; \max \; (0, \; CF´(s)) \quad ,$$
$$MD(t,s) = MD´(t,s) \; \max \; (0, \; CF´(s)) \quad . \quad (6.3.30)$$

Dabei sind MB´und MD´Maße für das Vertrauen und den Zweifel an t, wenn s mit Sicherheit als zutreffend bekannt ist. Wenn s selbst durch logische Operationen $\land$, $\lor$, $\neg$ aus Teilen s_1, s_2, ... zusammengesetzt ist, wird CF´= MB - MD mit (6.3.26, 27) berechnet.

Eine besonders einfache Kombination ergibt sich, wenn man ungenauen Aussagen Bewertungen SC (score) zum Beispiel analog wie in Bild 6.3.1. zuordnet und diese in einer als sicher betrachteten Regel kombiniert. Die Behandlung der logischen Verknüpfungen UND, ODER, NICHT zeigt das folgende Beispiel:

Regel: IF A $\land$ B $\lor$ $\neg$ C THEN D
Bewertung: SC(D) = max (min(SC(A), SC(B)), 1- SC(C)).   (6.3.31)

Wenn Glaubwürdigkeiten CR und Plausibilitäten PL aus grundlegenden Wahrscheinlichkeitszuordnungen m gemäß (6.3.5, 6.3.7) berechnet werden, muß zur Kombination von Ergebnissen aus zwei solchen Zuordnungen m_1, m_2 eine resultierende m berechnet werden. Beispielsweise kann es zwei Regeln R_1 und R_2 geben, die beide Ergebnisse über die gleiche Menge S möglicher Aussagen liefern. Ein Beispiel für S wurde in (6.3.6) gegeben, hier sei einfach S = (s_i i=1, ..., n). Die Kombination von m_1, m_2 erfolgt nach der Vorschrift

$$m(s_i) = [\quad \sum_{s_j \cap s_k = s_i} m_1(s_j)m_2(s_k)]/[\ 1- \sum_{s_j \cap s_k \neq \emptyset} m_1(s_j)m_2(s_k)] \ . \qquad (6.3.32)$$

Mit Hilfe von m lassen sich die Werte für CR und PL der kombinierten Ergebnisse berechnen.

Die Kombination von Ergebnissen wurde hier exemplarisch stets für Regeln in der üblichen IF(...) THEN(...) -Form betrachtet. Dieses läßt sich analog auf semantische Netze übertragen. Ein Konzept K mit notwendigen und semantischen Teilen, Attributen und Strukturen läßt sich auffassen als "Regel" der Form IF (Instanzen von allen Teilen berechnet und Werte der Attribute und Strukturen vorhanden) THEN (berechne Instanz von K). Die Zusammenhänge zwischen Logik, Regelsystemen und semantischen Netzen wurden in den Abschnitten 3.5 und 4.4 ausführlich diskutiert.

6.3.6 Prioritäten

Die Bewertungenn der obigen Abschnitte geben ein Maß für die Sicherheit oder Genauigkeit von Ergebnissen. Die Priorität ist ein Maß dafür, welches Ergebnis aus einer Menge alternativer Ergebnisse zuerst zu verarbeiten ist. Vielfach wird die Bewertung direkt als Priorität verwendet, das heißt die am besten bewertete Teilmenge von Ergebnissen wird zur weiteren Verarbeitung ausgewählt. Natürlich kann es aber sein, daß ein relativ unsicheres Ergebnis für die weitere Verarbeitung besonders wichtig ist, da es die Unterscheidung von Alternativen gestattet. Zum Beispiel geht man in der Regel davon aus, daß in einem Bild lange Linien zuverlässiger zu bestimmen sind als kurze; trotzdem kann eine kurze Linie hohe Priorität haben wie etwa das "Häkchen" für die Unterscheidung von Q und O.

Abgesehen von Heuristiken zur Beurteilung der Priorität sind eine Reihe von Prioritätsbewertungen PS (priority scoring) entwickelt worden. Ihr Prinzip besteht darin, über einem Intervall des segmentierten Signals (Sprache oder Bild) mehrere alternative Zwischenergebnisse (zum Beispiel Worthypothesen) zu berechnen und zu bewerten. Daraus läßt sich ein Schätzwert für die über das ganze Intervall maximal erzielbare Bewertung ermitteln. Für ein bestimmtes Zwischenergebnis, das ein Teilintervall überdeckt, läßt sich dann ein Maß PS abschätzen, was an Bewertung maximal noch erreichbar ist. Höchste Priorität hat das Ergebnis mit größtem PS. Als Beispiel werden zwei in der Spracherkennung entwickelte Maße PS_s (s für $\underline{s}$hortfall score) und PS_d (d für $\underline{d}$ensity score) betrachtet. Es wird angenommen, daß ein Sprachsignal in lautliche Einheiten segmentiert wurde und Worthypothesen berechnet und bewertet wurden. Als Bewertung SC kann zum Beispiel die bedingte Wahrscheinlichkeit für die Richtigkeit einer Hypothese dienen oder der Abstand zu einem Prototypen. Die Bewertung SC_w einer Worthypothese wird proportional zur Länge der Segmente auf die Segmente verteilt. Da jedes Segment von mehreren Worthypothesen überdeckt wird, wird es eine maximale Segmentbewertung SC_s geben. Mit SC_{wm} werde für ein Wort w die Summe der maximalen Segmentbewertungen SC_s der Segmente bezeichnet, die w überdecken, und SC_m sei die Summe aller maximalen Segmentbewertungen des gesamten Sprachsignals. Ein mögliches Prioritätsmaß für die Worthypothese w ist

$$PS_s = SC_w + (SC_m - SC_{wm}) \quad . \qquad (6.3.33)$$

Der erste Summand gibt die für w tatsächlich erreichte Bewertung an, der zweite ist eine optimistische Schätzung dessen, was an zusätzlicher Bewertung über das restliche Signal maximal noch erreichbar ist. PS_s ist daher eine Bewertungsfunktion von dem in Abschnitt 6.4.3. erwähnten Typ. Ein weiteres Prioritätsmaß ist

$$PS_d = PS_s / l_w \quad , \qquad (6.3.34)$$

wobei l_w die Länge von w ist.

6.3.7 Anmerkungen

Der entscheidende Gesichtspunkt für die Wahl eines Bewertungsverfahrens ist natürlich die Frage, ob dadurch die realen Verhältnisse so gut modelliert werden, daß erfolgreiche Bild- oder Sprachanalyse möglich ist. Ein Problem ist dabei, daß vielfach Denkschemata, die in bestimmtem Kontext angemessen sind, ungeprüft und unzulässig auf einen anderen übertragen oder in leicht geänderter, nun aber falscher Weise benutzt werden. Als einfaches Beispiel betrachte man die folgende, offensichtlich zutreffende Regel:

Wenn alle A vom Typ B sind und alle B vom Typ C, dann sind alle A vom Typ C. Vielfach wird man die strenge Aussage "alle" zu "fast alle" abschwächen wollen und könnte zu folgender Regel kommen:

Wenn fast alle A vom Typ B sind und fast alle B vom Typ C, dann sind fast alle A vom Typ C.

Man überzeugt sich schnell, daß dieser Schluß falsch ist und man nur aussagen kann:

, ... dann kann es sein, daß kein A vom Typ C ist.

Eine kleine Änderung der Voraussetzung führt hier also zu einer völligen Änderung der Schlußfolgerung. Es entspricht einer naheliegenden Denkgewohnheit anzunehmen, wenn Beobachtung A die Hypothese H unterstützt und wenn Beobachtung B ebenfalls H unterstützt, dann wird H von A und B noch mehr unterstützt (dies liegt auch (6.3.29) zugrunde). In der Literatur wird ein Beispiel aus der Atomphysik genannt, in dem die gemeinsame Beobachtung von A und B die Hypothese H ausschließt. Während also (6.3.29) den medizinischen Anwendungsbereich von MYCIN recht gut modelliert, wäre (6.3.29) für das Beispiel aus der Atomphysik völlig abwegig. - Die kurze Diskussion sollte unterstreichen, daß ein Bewertungsverfahren im allgemeinen nicht a priori besser ist als ein anderes; es kommt darauf an, wie gut es die Gegebenheiten eines Problemkreises modelliert.

6.4 Suche

Im Abschnitt 6.1 wurde das Kontrollproblem als Suche nach einem geeigneten Pfad in einem Graphen veranschaulicht. Unter der Voraussetzung, daß alternative Transformationen und/oder alternative Ergebnisse bewertet werden können, ist eine effiziente Suche in dem Sinne möglich, daß nicht alle Pfade durch den Graphen untersucht werden müssen, um den optimalen zu finden. In diesem Abschnitt werden entsprechende Suchalgorithmen erörtert.

6.4.1 Verfahren

In einfachen Suchproblemen mit relativ kleinen Graphen kann es ausreichen, ein einfaches exhaustives Verfahren wie "Breite zuerst" , "Tiefe zuerst" anzuwenden. Bei ersterem werden beginnend mit dem Startknoten dessen Nachfolger bestimmt und dann für die Nachfolger wieder alle Nachfolger usw. Der Graph wird also in voller Breite expandiert bis ein Zielknoten gefunden wird oder keine Nachfolger mehr generiert werden können. Es ist zweckmäßig zu prüfen, ob ein Knoten bereits früher generiert wurde, um Doppelarbeit zu vermeiden. Bei der Suche "Tiefe zuerst" wird von den Nachfolgern des Startknotens nur einer expandiert, von dessen Nachfolgern wieder nur einer usw. Der Graph wird also zunächst auf einem Wege in voller Tiefe expandiert bis entweder ein Zielknoten gefunden wurde oder eine tiefere Expansion nicht möglich ist; dann wird der tiefste noch nicht expandierte Knoten in die Tiefe expandiert. Auch hier ist es zweckmäßig zu prüfen, ob ein Knoten bereits früher generiert wurde. Wenn statt eines allgemeinen Graphen ein <u>Baum</u> durchsucht wird, entfällt die Prüfung auf bereits generierte Knoten natürlich. Man bezeichnet die Strategien Breite zuerst und Tiefe zuerst auch als "blinde Suche", da keinerlei Information über den Wert eines Knotens genutzt wird. Beide Strategien finden einen Zielknoten, wenn es einen gibt, da im Grenzfall alle Knoten des Graphen generiert werden.

Die Strategie <u>Rückverfolgung</u> kann als Verallgemeinerung der beiden anderen aufgefaßt werden. Man generiert die Nachfolger eines Knotens und wählt dann einen aus, den man weiter expandiert. Von den neu generierten wählt man wieder einen zur Expansion aus usw. Wenn ein nach dieser Strategie zur Expansion anstehender Knoten keine Nachfolger hat (und auch kein Zielknoten ist), dann wird der bisherige Weg zurückverfolgt bis zu einem Knoten, von dem noch nicht alle Nachfolger untersucht wurden.

Ein einfaches Beispiel in Bild 6.4.1 verdeutlicht die Suchstrategien. Das Problem bestehe darin, vier Damen so in einem 4 x 4 Feld anzuordnen, daß keine zwei sich gegenseitig schlagen können. Eine mögliche Lösung zeigt Bild 6.4.1a, und Teile der Suchgraphen für die drei Verfahren sind in 6.4.1b-d angegeben. Dabei bezeichnet der Knoten (i, j) eine Dame in Zeile i und Spalte j. Ein Pfad durch die Knoten (i1, j1), (i2, j2) gibt an, daß zwei Damen in den Positionen (i1, j1) und (i2, j2) stehen. Ein Knoten scheidet als nicht expandierbar oder als Fehler aus, wenn der Pfad vom Startknoten bis zu diesem Knoten zwei Positionen enthält, auf denen Damen sich schlagen können. Knoten sind im Bild stets von links nach rechts nach steigendem j geordnet. Die Strategie Breite zuerst in Bild 6.4.1b ist dadurch charakterisiert, daß von mehreren noch nicht expandierten Knoten zuerst der mit kleinstem Zeilenindex i expandiert wird; gibt es mehrere mit gleichem kleinsten Index, wird zuerst der mit kleinstem Spaltenindex j expandiert. Die Strategie Tiefe zuerst in Bild 6.4.1c wählt den Knoten mit größtem Zeilenindex zur Expansion; gibt es davon mehrere, wird der Knoten mit kleinstem Spaltenindex gewählt. Eine recht effiziente Strategie ergibt sich für

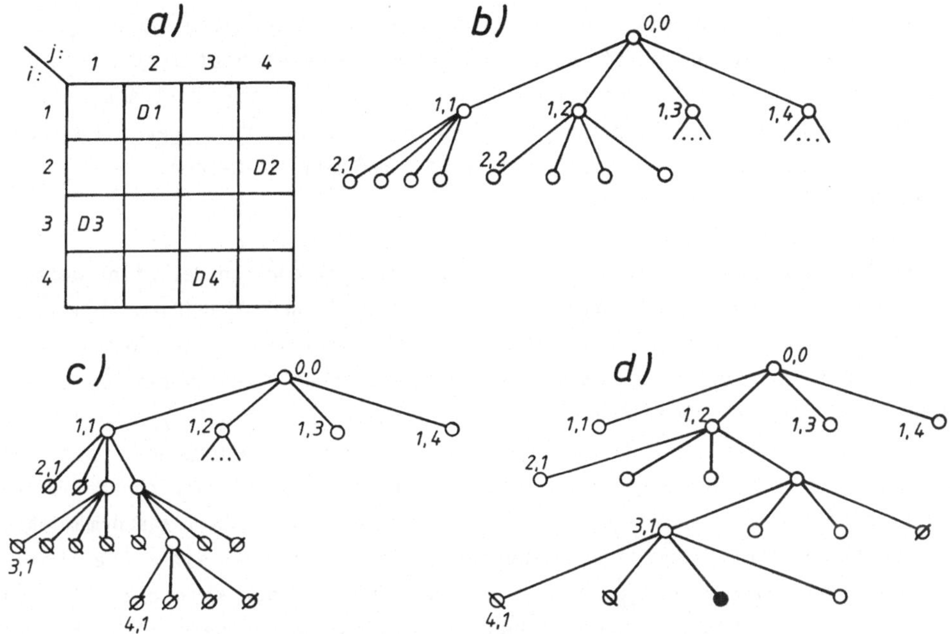

Bild 6.4.1   Ein einfaches Suchproblem und einige Suchstrategien

dieses Problem, wenn man den Knoten (i, j) zuerst expandiert, durch dessen Feld sich die kürzeste Diagonale ziehen läßt. Wenn es mehrere mit gleicher Diagonalen gibt, wird wieder der mit kleinstem j bevorzugt. Den entstehenden Suchgraphen zeigt Bild 6.4.1d. Das Beispiel zeigt, welchen Einfluß die Auswahl der Knoten auf den Suchaufwand hat. Im Bereich der Bild- und Sprachanalyse scheiden blinde Suchverfahren wegen ihrer Ineffizienz aus. In den folgenden beiden Abschnitten werden zwei allgemeine Ansätze zur Graphsuche unter Ausnutzung von Knotenbewertungen genauer betrachtet; daher wurde in diesem Abschnitt auf die explizite Angabe von Algorithmen verzichtet.

6.4.2. Allgemeine Graphsuche

In diesem Abschnitt wird ein allgemeiner Algorithmus zur <u>Graphsuche</u>, das heißt zur Suche nach einem geeigneten Pfad in einem Graphen vorgestellt; im Abschnitt 6.4.4 wird als Alternative die für spezielle Kostenfunktionen anwendbare dynamische Programmierung erörtert. Graphen wurden in Abschnitt 3.1 eingeführt. Zur Klarstellung wird angemerkt, daß ein Knoten v_j, der über eine Kante e_{ij} mit einem Knoten v_i verbunden ist, hier als _Sohn_ von v_i bezeichnet wird und v_i als _Vater_ von v_j. Wenn ein Knoten v_1 über eine Folge von mehreren Kanten mit einem Knoten v_i verbunden ist, heißt v_1 _Nachfolger_ von v_i und v_i _Vorgänger_ von v_1. Ein Graph G kann _explizit_ dadurch definiert werden, daß man die Mengen

$$V = (v_i / \; i = 0,1, \ldots, N-1)$$
$$E = (e_{ij} / \; i,j = 0,1, \ldots, N-1) \qquad\qquad (6.4.1)$$

seiner Knoten und Kanten angibt. Er kann auch _implizit_ dadurch definiert werden, daß man einen (oder einige) Startknoten v_0 vorgibt sowie Transformationen zur Erzeugung aller Knoten von G. Dieses entspricht unmittelbar der Notation in (6.1.1). Der Startknoten v_0 entspricht den anfänglichen Daten (Daten) im Ergebnisspeicher, die auf einen Knoten v_i - repräsentiert durch $(Daten)_i$ - anwendbaren Transformationen sind $(T/(Daten)_i)$. Sie generieren eine Menge von Söhnen von v_i. Die Generierung der Söhne wird auch als _Expansion_ von v_i bezeichnet. Es ist der Problemstellung angemessen, hier nur endliche Mengen von Transformationen und Knoten zu betrachten. In dem generierten Graphen kann es einen Zielknoten v_g, mehrere Zielknoten v_{g1}, v_{g2}, ..., v_{gn}, aber auch gar keinen Zielknoten geben. Im letzten Falle endet die Suche erfolglos, da das gestellte Problem keine Lösung hat. Für die Formulierung eines Algorithmus zur Graphsuche wird noch vorausgesetzt, daß es eine Funktion BEWERTUNG (v_1, ..., v_n) gibt, welche für n Knoten v_i ein Qualitätsmaß berechnet. Es wird sich noch zeigen, daß die Art der Bewertung entscheidenden Einfluß auf die Effizienz der Suche hat. Im Augenblick bleibt die Wahl von BEWERTUNG jedoch offen. Der Algorithmus zur Suche nach einem Pfad vom Startknoten v_0 zu einem Zielknoten v_g arbeitet wie folgt:

Algorithmus zur _Graphsuche_ (_GS_):

1. Gegeben seien ein Startknoten v_0, eine Menge T von Transformationen zur Generierung von Söhnen eines Knotens, eine Funktion BEWERTUNG, wie oben angegeben, ein Kriterium, das einen Knoten als Zielknoten ausweist.

2. Initialisiere die Suche, indem eine Liste OPEN mit dem Startknoten v_0 als Element und eine leere Liste CLOSED bereitgestellt werden; der Suchgraph G besteht anfänglich aus v_0.

3. Wenn OPEN leer ist, dann endet die Suche mit Mißerfolg.

4. Der erste Knoten in OPEN sei der aktuelle Knoten v_a. Entferne ihn von OPEN und bringe ihn nach CLOSED.

5. Wenn v_a ein Zielknoten ist, dann endet die Suche mit Erfolg. Der Lösungspfad ergibt sich durch Rückverfolgung der in Schritt 7 gesetzten Zeiger vom Zielknoten $v_a = v_g$ zum Startknoten v_0.

6. Expandiere v_a und erzeuge die Menge S der Söhne, die nicht Vorgänger von v_a sind. Diese Menge wird in G an v_a angehängt.

7. Setze einen Zeiger zurück nach v_a von den Elementen aus S, die noch nicht in OPEN oder CLOSED waren. Füge diese Elemente in OPEN ein.

8. Prüfe für jedes Element in S, das schon in OPEN oder CLOSED war, ob die Zeiger umzusetzen sind. Prüfe für jedes Element in S, das schon in CLOSED war, ob die Zeiger eines Nachfolgers umzusetzen sind.

9. Ordne die Liste OPEN mit Hilfe der Funktion BEWERTUNG, so daß der erste Knoten in OPEN der am besten bewertete oder der mit den geringsten Kosten ist.

10. Wiederhole die Verarbeitung ab Schritt 3.

Der obige Algorithmus ist sehr allgemein, da keine Annahmen über BEWERTUNG und über die Eigenschaften des Graphen gemacht wurden. Aus diesem Grunde muß in Schritt 6 vermieden werden, Knoten erneut zu generieren, die Vorgänger des aktuellen Knotens sind; es muß insbesondere in Schritt 8 geprüft werden, ob zu einem Knoten neue und bessere Pfade gefunden wurden. Da ein Knoten hier als Inhalt der Ergebnisdatenbank definiert ist, kann die Prüfung in 8. recht aufwendig werden. Wenn man darauf verzichtet zu prüfen, ob ein Knoten bereits früher generiert wurde, kann das zur mehrfachen Verfolgung des gleichen Suchpfades führen.

Bild 6.4.2 zeigt ein einfaches Beispiel. Es wurde zunächst angenommen, daß das Durchlaufen jeder Kante die Kosten 1 verursacht und jedem Knoten v_i die Summe der Kosten längs des Pfades von v_0 nach v_i zugeordnet wird. Dieses resultiert mit obigem Algorithmus offensichtlich in der Strategie "Breite zuerst". Man sieht, daß nach Expansion des Knotens 6 ein neuer Pfad nach 11 gefunden wird. Da 11 bei Expansion von 6 in OPEN ist, wird erst in Schritt 8 geprüft, ob der neue Pfad geringere Kosten verursacht als der alte, was hier nicht der Fall ist. Wenn eine andere Bewertung verwendet wird, kann es zum Beispiel sein, daß erst nach Generierung der Knoten 1 - 16 und 18 die Expansion von 3 erfolgt, das heißt, erst jetzt wird auch der Pfad von 3 nach 16 entdeckt (gestrichelt gezeichnet). Da sich 16 bei Expansion von 3 in CLOSED befindet, wird geprüft, ob der Pfad von 0 über 3 nach 16 besser ist als der von 0 über 2, 6, 12 nach 16. Dieses sei hier der Fall, so daß der Zeiger von 16 nach 12 gelöscht und ein neuer von 16 nach 3 eingetragen wird. Es muß nun noch geprüft werden, ob auch Nachfolger von 16 besser auf anderem Wege erreichbar sind. Dieses sei für 15 der Fall, so daß der Zeiger von 15 nach 11 gelöscht und ein neuer von 15 nach 16 eingetragen wird. Man sieht an diesem Beispiel, daß bei allgemeinen Bewertungsfunktionen unter Umständen Pfade zu einem Knoten im Verlauf der Suche

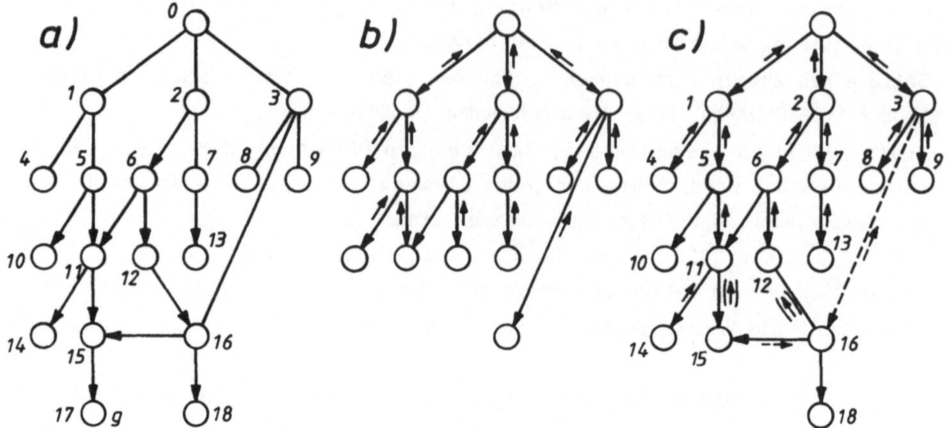

Bild 6.4.2   a) Ein gegebener Graph, in dem nach dem Zielknoten g zu suchen ist
b) Teil des Suchgraphen, der mit der Strategie "Breite zuerst" generiert wird
c) Teil des Suchgraphen mit einer allgemeinen Bewertungsfunktion

revidiert werden müssen (Schritt 8 des Algorithmus), weil ein neuer besserer Pfad gefunden wurde. Man sieht weiter, daß die in Schritt 7 und 8 gesetzten Zeiger stets einen Suchbaum definieren, das heißt bezüglich der Zeiger hat jeder Knoten genau einen Vater.

6.4.3 Knotenbewertung

Ein optimaler Graphsuchalgorithmus sollte den mittleren Aufwand (Kosten, Verlust) minimieren, der sich aus der Summe des Aufwands zum Suchen eines Lösungspfades und des Aufwands zur Ausführung der erforderlichen Transformationen ergibt, wobei über die Bild- oder Sprachsignale eines Problemkreises minimiert wird. Da die dafür erforderliche Information im allgemeinen nicht vorliegt, wird versucht, die Güte (oder die Kosten) der Graphknoten zu bewerten. Die Schätzung der Bewertung des Knotens v_i wird mit $b(i)$ bezeichnet. Es ist im Prinzip gleichgültig, ob b einen Gewinn oder eine Güte bzw. einen Verlust oder Kosten angibt; hier werden stets Kosten angenommen. Eine geeignete Kostenfunktion ergibt sich als Summe der Schätzwerte der minimalen Kosten $s(i)$ eines Pfades vom Startknoten v_0 zum Knoten v_i und der minimalen Kosten $t(i)$ von v_i zum Zielknoten v_g. Wenn es mehrere Zielknoten gibt, sollen $b(i)$ die minimalen Kosten zu einem Zielknoten sein. Ein Schätzwert der minimalen Kosten eines Pfades von v_0 über v_i nach v_g ist demnach

$$b(i) = s(i) + t(i) \qquad . \tag{6.4.2}$$

Die Funktion $s(i)$ bzw. $t(i)$ ist undefiniert, wenn es keinen Pfad von v_0 nach v_i bzw. von v_i nach v_g gibt. Zu Vergleichszwecken werden noch die Funktionen b', s' und t' eingeführt, die die tatsächlichen minimalen Kosten (nicht die Schätzwerte) angeben.

Wenn ein Knoten v_i zu bewerten ist, wurde bereits ein Pfad von v_0 nach v_i gefunden. Ein naheliegender Schätzwert der minimalen Kosten $s(i)$ sind dann die Kosten des gefundenen Pfades. Für diesen Schätzwert gilt $s(i) \geq s'(i)$. Wenn man jeder Transformation , also jeder Kante e_{ij} von einem Knoten v_i zu einem Sohn v_j, Kantenkosten $r(i,j)$ zuordnet, sind die Pfadkosten die Summe der Kantenkosten. Wenn die Funktion $t(i)$ eine untere Schranke für die tatsächlichen Kosten ist, also $t(i) \leq t'(i)$, wird der in Abschnitt 6.4.2 vorgestellte Algorithmus zusammen mit der Bewertung (6.4.2) als A^*-Algorithmus bezeichnet. Für den A^*-Algorithmus gilt die wichtige Aussage:

> Der $\underline{A^*}$-Algorithmus ist ein $\underline{\text{zulässiger}}$ $\underline{\text{Graphsuchalgorithmus}}$, das heißt, er findet einen optimalen Pfad, wenn es überhaupt einen Pfad vom Start- zum Zielknoten gibt. $\hfill$ (6.4.3)

Mit der üblichen Festlegung, daß Kosten nicht-negative reelle Zahlen sind, ist $t(i) = 0$ eine einfache untere Schranke, die einen zulässigen Algorithmus ergibt. Wenn man zwei Algorithmen A_1 und A_2 betrachtet, die Bewertungen $t_1(i) \leq t'(i)$ und $t_2(i) \leq t'(i)$ mit $t_1 \leq t_2$ benutzen, so gilt:

> Der A^*-Algorithmus $\underline{A_1}$ expandiert $\underline{\text{mindestens}}$ so viele Knoten wie $\underline{A_2}$. $\hfill$ (6.4.4)

Vielfach wird A_2 weniger Knoten als A_1 expandieren und in diesem Sinne effizienter sein. Allerdings kann der Gewinn durch die Expansion von weniger Knoten durch einen zusätzlichen Aufwand bei der Berechnung von t_2 reduziert werden.

Eine wichtige Reduktion der Komplexität des Suchalgorithmus ergibt sich, wenn nicht geprüft werden muß, ob ein neu generierter Knoten schon in CLOSED ist (Schritte 7 und 8 im vorigen Abschnitt). Das ist der Fall, wenn die Funktion t die Monotoniebedingung erfüllt. Mit $r(i,j)$ werden wie oben die Kantenkosten von v_i zu einem Sohn v_j bezeichnet. Für die Schätzfunktionen $t(i)$, $t(j)$ besagt die $\underline{\text{Monotoniebedingung}}$

$$t(i) \leq r(i,j) + t(j) \qquad . \tag{6.4.5}$$

Es gilt die Aussage:

Wenn (6.4.5) erfüllt ist und A^* einen Knoten v_i zur Expansion auswählt, dann wurde bereits ein optimaler Pfad von v_0 nach v_i gefunden, und es ist $s(i) = s'(i)$. (6.4.6)

In diesem Falle kann es also nicht passieren, daß zu einem Knoten, zu dem ein Pfad gefunden wurde, im Verlauf der Suche noch ein besserer Pfad gefunden wird. Die Überprüfung der Knoten in CLOSED kann daher entfallen. Eine weitere Folge von (6.4.5) ist, daß die Folge der Bewertungen b von expandierten Knoten nicht abnimmt.

Gemäß (6.4.2) setzt sich die Schätzung der Bewertung eines Knotens v_i aus den Anteilen $s(i)$ und $t(i)$ zusammen. Wie bereits erwähnt, können als Schätzung $s(i)$ die Kosten des Pfades von v_0 nach v_i verwendet werden. Es bleibt also die Ermittlung des Schätzwertes $t(i)$. Da man im Knoten v_i im allgemeinen noch nicht weiß, wie man zu einem Zielknoten v_g kommt, ist man auf Heuristiken angewiesen, die umso genauer sind, je mehr Wissen über das Suchproblem vorhanden ist. Im Beispiel Bild- und Sprachanalyse sind prinzipiell drei Typen von Wissen verfügbar:
1. Die bisher generierten Zwischenergebnisse.
2. Das problemabhängige Wissen des System.
3. Generelles Wissen des Entwicklers.
Dieses Wissen wird je nach Problem in unterschiedlichem Maße genutzt. Meistens wird zum Beispiel aufgrund generellen Wissens des Entwicklers die Monotoniebedingung (6.4.5) sichergestellt, wozu bereits $t = 0$ hinreichend ist. Durch Einbringung zusätzlichen Wissens kann, wie (6.4.4) zeigt, die Effizienz der Suche verbessert werden. Ein Beispiel dafür ist das bereits in Abschnitt 6.3.6 diskutierte Prioritätsmaß PS_s, ein weiteres das folgende:

Die Wissensrepräsentation mit semantischen Netzen läßt sich problemlos mit einem Kontrollalgorithmus auf der Basis von A^* kombinieren. Einzelheiten sind in Abschnitt 8.5 beschrieben. Daraus geht hervor, daß ein Zielkonzept K_g zunächst modellgetrieben (top-down) expandiert wird, um alle zur Instantiierung von K_g erforderlichen Konzepte K_i zu bestimmen. Die Expansion endet bei primitiven Konzepten; ausgehend von diesen werden dann datengetrieben (bottom-up) Konzepte instantiiert, bis K_g erreicht ist. Damit steht problemabhängiges Wissen des Systems in Form der zur Instantiierung erforderlichen Konzepte, und es stehen Zwischenergebnisse in Form der schon instantiierten (und bewerteten) Konzepte zur Verfügung. Das Prinzip der Bewertung beruht auf folgenden Punkten:
1. Ein Knoten v_i des von A^* durchsuchten Graphen besteht konzeptuell aus dem bezüglich K_g expandierten Teilnetz und den bisher generierten Instanzen. Alter-

native Instanzen führen zu unterschiedlichen Knoten.

2. Ein noch nicht instantiiertes primitives Konzept im Teilnetz wird optimistisch bewertet (mit Kosten 0 oder Sicherheit 1), um die Monotoniebedingung einzuhalten.

3. Eine Vorschrift zur Bewertung eines Konzepts, zum Beispiel auf der Basis von Abschnitt 6.3 liegt vor. Diese Bewertung wird sich im allgemeinen aus den Ergebnissen der Attribut- und Strukturberechnungen sowie den Bewertungen der Teile zusammensetzen.

4. Der Knoten v_i wird bewertet, indem für K_g mit der gewählten Bewertungsfunktion, den berechneten Instanzen und der optimistischen Schätzung noch nicht vorliegender Instanzen eine Bewertung geschätzt wird.

6.4.4 Dynamische Programmierung

Als <u>dynamische Programmierung</u> (DP) wird ein Algorithmus bezeichnet, mit dem ein optimaler Pfad in einem explizit gegebenen Graphen gesucht werden kann, wenn die <u>Optimalitätsbedingung</u> gilt. Diese besagt, daß in einem optimalen Pfad von v_0 über v_i nach v_g der Teilpfad von v_0 nach v_i selbst optimal ist. Für zwei Knoten v_i und v_j, zwischen denen es eine Kante e_{ij} gibt, seien Kantenkosten $r(i,j)$ definiert; gibt es keine Kante, wird $r(i,j) = \infty$ gesetzt. Die Kosten eines Pfades seien die Summe der Kantenkosten. Die Menge der Knoten sei durch (6.4.1) gegeben. Mit $R(n,j)$ werden die minimalen Kosten bezeichnet, um von v_0 in höchstens n Schritten nach v_j zu gelangen. Wegen des Optimalitätsprinzips gilt die Rekursionsgleichung

$$R(n,j) = \min_i \left(R(n-1,i) + r(i,j) \right) \quad , \tag{6.4.7}$$

die in Bild 6.4.3 verdeutlicht ist. Die Anfangskosten sind $R(0,0) = 0$ für den Startknoten v_0 und $R(0,j) = \infty$ für alle anderen Knoten. Die Suche verläuft in höchstens N Schritten nach folgendem Algorithmus:

<u>Algorithmus</u> zur <u>Dynamischen Programmierung</u> (DP):
1. Gegeben seien Kantenkosten $r(i,j)$, $i,j, = 0, 1, ..., N-1$, Startknoten v_0 und Zielknoten v_j sowie die Anfangskosten $R(0,j)$.
2. Für Schrittnummer $n = 1, ..., N$ wiederhole:
   2.1 Für Knotennummer $j = 0, 1, ..., N-1$ wiederhole:

Berechne $R(n,j) = R(n-1, i^*) + r(i^*,j)$ mit (6.4.7)

Setze Zeiger von Knoten v_j zurück nach v_i*.

3. Bestimme optimalen Pfad mit den Zeigern von v_g nach v_0.

Ein Vergleich der Algorithmen zur Graphsuche (GS) und dynamischen Programmierung (DP) zeigt, daß letzterer stets alle Knoten betrachtet und eine äußerst einfache Programmstruktur hat. Im Unterschied dazu untersucht GS nur die für die Suche gerade erforderlichen Knoten und hat eine wesentlich komplexere Struktur. DP kann als "Breite zuerst" Strategie angesehen werden. Das für DP wesentliche Optimalitätsprinzip gilt für monotone separierbare Kostenfunktionen; dazu zählen Kostenfunktionen, die als Summe der Kantenkosten definiert sind. GS arbeitet prinzipiell auch mit anderen Kostenfunktionen.

6.4.5. Aufwandsreduktion

Das Anliegen von GS und DP ist es, möglichst effiziente Suchalgorithmen bereitzustellen. Trotzdem kann der Aufwand bei großen Graphen untragbar werden. Eine einfache aber oft sehr wirksame Heuristik zur weiteren Reduktion des Aufwandes besteht darin, nicht alle Suchalternativen als potentielle Kandidaten

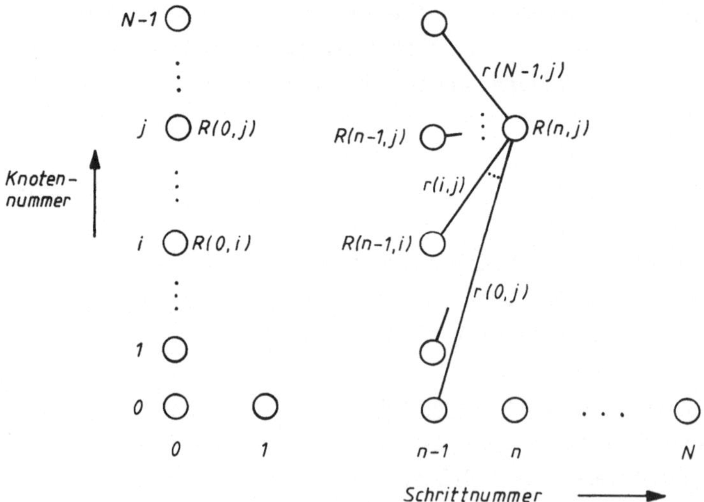

Bild 6.4.3   Rekursives Rechenschema für die dynamische Programmierung

aufzuheben; es erfolgt also ein "Ausputzen" (pruning) des Suchbaumes. Bei GS läßt sich das dadurch erreichen, daß man in der Liste OPEN nur die m besten Knoten, nur die p % besten Knoten, oder nur die Knoten aufhebt, deren Bewertung um höchstens q % schlechter ist als die des besten Knotens. Eine andere Variante besteht darin, bis zu einer vorgegebenen Tiefe T mit GS oder auch mit "Breite zuerst" zu suchen, dann nur den besten Knoten mit zugehörigem Pfad (oder die m besten Knoten usw.) aufzuheben und von diesem aus erneut mit Tiefe T zu suchen. Bei DP kann man die Schrittnummern und Knotennummern einschränken oder nach jedem Schritt nur die m besten Werte $R(n,j)$ aufheben und die von dort weiterführenden Pfade verfolgen (oder man hebt die p % besten Werte oder die um höchstens q % schlechter als der beste bewerteten auf).

Diese Heuristiken können natürlich im allgemeinen zur Folge haben, daß die Optimalität des Suchverfahrens verlorengeht und kein Lösungspfad mehr gefunden wird. Welche der Heuristiken tatsächlich anwendbar ist, läßt sich für einen Problemkreis nur experimentell klären. Entsprechende Experimente zeigen jedoch, daß obige Techniken in vielen Fällen eine erhebliche Aufwandsreduktion zulassen, ohne die Qualität der Ergebnisse wesentlich zu verschlechtern.

6.5 Aufgaben

1. Gegeben sei die Menge $T = (A,B,C,D)$ paarweise disjunkter und umfassender Aussagen. Auf der Potenzmenge $S = 2^T$ gemäß (6.3.6) sei eine grundlegende Wahrscheinlichkeitszuordnung $m(s)$ gegeben.

a) $m(A) = m(B) = m(C) = 0,1$; $m(A,B) = m(C,D) = 0,2$; $m(A,B,D) = 0,3$.
Bestimmen Sie für $t = (A,C,D)$ und $t = (A,B)$ jeweils $PL(t)$ und $CR(t)$.
Verifizieren Sie für diese Beispiele (6.3.8-11).
b) $m(A) = 0,1$; $m(A,B) = 0,2$; $m(A,B,C) = 0,3$; $m(A,B,C,D) = 0,4$.
Bestimmen Sie für $s = (B,C)$, $t = (A,B,C)$ jeweils $CR(s \wedge t)$ und $PL(s \vee t)$.
Verifizieren Sie für diese Beispiele (6.3.12-14).
c) $m(A) = 0,2$; $m(B) = 0,3$; $m(C) = 0,4$; $m(D) = 0,1$.
Verifizieren Sie für $t = (A,B)$ bzw. $t = (A,B,C)$, daß hier die Beziehung $PL(t) = CR(t) = P(t)$ gilt.

2. Eine Regel R_1 liefere für die Menge S in (6.3.6) die grundlegende Wahrscheinlichkeitszuordnung $m1(A,B) = 0,6$; $m1(A,B,C,D) = 0,4$. Eine zweite Regel R_2 lie-

fere $m_2(B,C,D) = 0,8$; $m_2(A,B,C,D) = 0,2$.

Geben Sie m(B) der kombinierten Ergebnisse an.

Eine dritte Regel R_3 liefere nun $m_3(A) = 0,5$, $m_3(A,B,C,D) = 0,5$. Wie groß ist nun m(B)? Was hätte sich am Endergebnis geändert, wenn erst R_1, dann R_3 und zuletzt R_2 angewendet worden wäre?

6.6 Bibliografischer Rückblick

Einführende Übersichten über das Problem der Kontrolle eines Analyseprozesses geben [10, 11]. Eine sehr umfassende Einführung in die Ansätze zur Bewertung von Beobachtungen findet man in [15] zusammen mit fast 300 weiteren Literaturstellen. Der Bayes Ansatz zur Kombination von Beobachtungen wird in zahlreichen Arbeiten behandelt, zum Beispiel [9], die vagen Mengen wurden in [21] eingeführt, und eine sehr gute Einführung in die Glaubwürdigkeits- und Plausibilitätsmaße gibt [6, 18]. Beispiele für die Anwendung verschiedener Bewertungsmaße gehen aus [8, 19, 20] hervor. Die generellen Probleme, Trugschlüsse und Fallstricke bei der Bestätigung von Hypothesen werden sehr anschaulich in [16] dargestellt. Dort wird auch das in Abschnitt 6.3.5 nur erwähnte Beispiel aus der Atomphysik genauer erörtert.

Suchalgorithmen vom Typ der Graphsuche (GS) wurden zum Beispiel in [3, 4, 7] eingeführt, vom Typ Dynamische Programmierung (DP) in [1, 17]; eine ausführliche Darstellung der GS gibt auch [12]. Anwendungen dieser Techniken aus neuerer Zeit enthalten [5, 8, 20], einen Vergleich von GS und DP am Beispiel Spracherkennung gibt [2], einige neuere Ergebnisse werden in [13, 14] erörtert.

[1] Bellmann, R.; Kalaba, R.: Dynamic Programming and Modern Control Theory. Academic Press, New York 1965

[2] Brown, M.K.; Rabiner. L.R.: An Adaptive Ordered Graph Search Technique for Dynamic Time Warping for Isolated Word Recognition. IEEE Trans. ASSP-30 (1982) 535 - 544

[3] Dijkstra, E.W.: A Note on two Problems in Connection with Graphs. Numerische Mathematik 1 (1959) 269 - 271

[4] Doran, J.; Michie, D.: Experiments with the Graph Traverser Program Proc. Royal Soc. London 294 (Ser. A) 235 - 259

[5] Glassman, M.S.: Hierarchical DP for Word Recognition. Proc. ICASSP 1985, 886 - 889

[6] Gordon, J.; Shortliffe, E.H.: The Dempster-Shafer Theory of Evidence. In Buchanan, B.G.; Shortliffe, E.H. (eds.): Rule-Based Expert Systems. Addison Wesley, Reading Mass. 1984, 272 - 292

[7] Hart, P.E.; Nilsson, N.J.; Raphael, B.: A Formal Basis for the Heuristic Determination of Minimum Cost Paths. IEEE Trans. SMC4 (1968) 100 - 107

[8] Hofmann, I.; Niemann, H.; Sagerer, G.: Knowledge Based and Expert Systems: Representation and Use of Knowledge. In Höhne, K.H. (ed.): Pictorial Information Systems in Medicine. Springer, Berlin Heidelberg New York, 293 - 332

[9] Ishizuka, M.; Fu, K.S.; Yao, J.T.P.: Inference Procedures with Uncertainty for Problem Reduction Method. Inform. Sciences 28 (1982) 179 - 206

[10] Nagao, M.: Control Strategies in Pattern Analysis. Pattern Recognition 17 (1984) 45 - 56

[11] Niemann, H.: Control Strategies in Image and Speech Understanding. In Neumann, B. (ed.): GWAI-83, Informatik Fachberichte 76. Springer, Berlin Heidelberg New York Tokyo 1983, 31 - 49

[12] Nilsson, N.J.: Principles of Artificial Intelligence. Springer, Berlin Heidelberg New York 1982

[13] Pearl, J. : Some Recent Results in Heuristic Search Theory. IEEE Trans. PAMI-6 (1984) 1 - 13

[14] Pearl, J.: Heuristics. Addison Wesley, Reading MA 1984

[15] Prade, H.: A Computational Approach to Approximate and Plausible Reasoning with Applications to Expert Systems. IEEE Trans. PAMI-7 (1985) 260 - 283

[16] Salmon, W.C.: Confirmation. Scient. American 228, No. 5 (1973) 75 - 83

[17] Schneeweiß, H.: Dynamisches Programmieren Physica Verlag, Wurzburg Wien 1974

[18] Shafer, G.: A Mathematical Theory of Evidence. Princetown Univ. Press, Princeton N. J. 1976

[19] Shortliffe, E.H.; Buchanan, B.G.: A Model of Inexact Reasoning in Medicine. In Buchanan,B.G.; Shortliffe, E.H. (eds.): Rule-Based Expert Systems. Addison Wesley, Reading Mass. 1984, 233 - 262

[20] Woods, W.A.: Optimal Search Strategies for Speech Understanding Control. AI-18 (1982) 295 - 326

[21] Zadeh, L.A.: Fuzzy Sets. Information and Control 8 (1965) 338 - 353

7 Wissenserwerb

In diesem Kapitel werden Verfahren vorgestellt, die es erlauben, Wissen aus
einem konkreten Problemkreis in einen der oben erörterten Repräsentationsformalismen einzubringen. Man bezeichnet dieses als Wissensakquisition, Wissenserwerb
oder Lernen, wobei letzterer Begriff in der Regel nur verwendet wird, wenn der
Wissenserwerb automatisch durch das Analysesystem erfolgt, wie in Bild 1.3
angedeutet. Zunächst werden einige Formen des Wissenserwerbs abgegrenzt und die
hier verwendeten Begriffe definiert. Es wird betont, daß dieses Kapitel nicht
Lernen an sich, sondern im Kontext der Bild- und Sprachanalyse behandelt.

7.1 Formen des Wissenserwerbs

In Meyers Enzyklopädischem Lexikon (Ausgabe 1975) wird Lernen definiert als
Ansammlung von Erfahrungen, die dazu dienen, das Verhalten von Menschen, Tieren
und Maschinen möglichst optimal auf Gegebenheiten der Umwelt einzustellen. Diese
Definition läßt sich praktisch unverändert für die Bild- und Sprachanalyse
übernehmen. Zum Beispiel schlägt H.A. Simon in [10] als Definition vor: "Learning denotes changes in the system that are adaptive in the sense that they
enable the system to do the same task or tasks drawn from the same population
more efficiently and more effectively the next time". Mit dem Lernprozeß sammelt
das System (bewußt oder unbewußt) Wissen über einen bestimmten Problemkreis, so
daß eine gestellte Aufgabe - hier die Analyse von Bild- oder Sprachsignalen -
möglichst gut gelöst werden kann.

Wissen wird, wie in vorangehenden Kapiteln erläutert, in deklaratives und
prozedurales Wissen gegliedert; vielfach wird zusätzlich noch Kontrollwissen
unterschieden, womit allgemeines Wissen über den Einsatz von speziellem problem-

spezifischem Wissen gemeint ist. Die bisherigen Kapitel haben gezeigt, daß es zahlreiche Repräsentationsformen für Wissen gibt. Hier soll im allgemeinen unter einer <u>Repräsentationsform</u> eine Menge von Symbolen zusammen mit einer Menge von Vereinbarungen, die deren Anordnung zur Beschreibung von Objekten oder Sachverhalten regeln, verstanden werden. Das erworbene Wissen muß in der jeweils gewählten Repräsentationsform dargestellt werden. Es kann nicht Anliegen dieses Kapitels sein, Lernprozesse für jeden einzelnen Formalismus zu diskutieren. Vielmehr sollen einige wesentliche, von der Repräsentationsform möglichst unabhängige Prinzipien vorgestellt werden.

Die von der Methodik her einfachste und nach wie vor praktizierte Vorgehensweise ist der <u>manuelle Wissenserwerb</u>, bei dem der Maschine von einem Wissensingenieur, möglicherweise unterstützt durch einen Fachmann des aktuellen Problemkreises, das relevante Wissen aufbereitet und in einer Form eingegeben wird, die der maschineninternen Repräsentation entspricht. Darauf wird kurz in Abschnitt 7.3. eingegangen.

Die Anforderungen an den Systementwickler werden reduziert, wenn der Wissenserwerb vom System interaktiv unterstützt wird. Diese Unterstützung sollte so weit gehen, daß nur noch geringe oder gar keine Kenntnisse mehr über die interne Repräsentationsform erforderlich sind. Zusätzlich sollte auch das erworbene Wissen auf Konsistenz geprüft werden. Anforderungen an <u>interaktiven Wissenserwerb</u> werden in Abschnitt 7.4. vorgestellt.

Das Fernziel, aber tatsächlich ein Fernziel, ist die Maschine, die zu <u>automatischem Wissenserwerb</u> oder zum <u>Lernen</u> befähigt ist. Die menschliche Entwicklung zeigt, daß derartiges Lernen möglich ist, man muß also "nur" eine Lösung zu einem Problem finden, von dem man weiß, daß es eine Lösung gibt. Dieses Thema bildet den Hauptteil des Kapitels und wird in Abschnitt 7.5. behandelt. Die Grenze zwischen manuellem, interaktivem und automatischem Wissenserwerb ist nicht scharf zu ziehen, die Übergänge sind fließend.

Das Problem des automatischen Lernens läßt sich nach unterschiedlichen Kriterien gliedern, zum Beispiel:
1. Typ des Wissens (deklarativ, prozedural, Kontrollwissen).
2. Methode des Lernens (zum Beispiel durch Analogie, durch Verallgemeinerung von Beispielen, durch Beobachtung und Einsicht, durch Versuch und Irrtum, durch Dressur).
3. Art der Wissensrepräsentation (zum Beispiel numerische Parameter, Regeln

eines Produktionensystems, Grammatiken, logische Ausdrücke, semantische Netze, Relationen, Prozeduren).

4. Problemkreis (zum Beispiel deutsche Sprache erkennen und verstehen, Sequenzszintigramme des Herzens diagnostisch beschreiben, Werkstücke eines Gerätes erkennen und lokalisieren, Landkarten aus Stereobildern generieren, Schriftzeichen klassifizieren, isoliert gesprochene Wörter klassifizieren).

Nicht zu allen oben genannten Punkten gibt es derzeit praktikable Lernalgorithmen. Das Defizit wird am größten, wenn es um die Behandlung konkreter, genügend komplizierter Probleme geht. Entsprechend dem Thema des Buches wurden hier einige spezielle Problemkreise exemplarisch genannt und auf andere verzichtet - zum Beispiel das Erlernen eines Spiels oder von mathematischen Beweisen. Im Abschnitt 7.5 werden insbesondere die Lernverfahren, die eine Verallgemeinerung von Beispielen zum Ziel haben, erörtert. Auf das Parameterlernen und die Konstruktion von Grammatiken wird vorab kurz in Abschnitt 7.2. eingegangen.

7.2 Parameterlernen und Konstruktion von Grammatiken

Gemäß Abschnitt 1.1. steht in der KI die symbolische Informationsverarbeitung im Vordergrund, numerische Verfahren sind nicht von zentralem Interesse. In den Anfängen der Mustererkennung konzentrierte sich das Interesse jedoch auf rein numerische Verfahren, und viele Klassifikationsverfahren und kommerzielle Klassifikationssysteme (zum Beispiel zur Wort-, Schriftzeichen- oder Werkstückerkennung) beruhen weitgehend darauf. Aber auch bei regelbasierten oder netzwerkartigen Repräsentationen kommt man (natürlich) nicht ohne numerische Parameter aus. Zum Beispiel enthält eine der Regeln in Abschnitt 1.4 eine auf den ersten Blick rein symbolisch formulierte Bedingung der Form "wenn die Größe der Region nicht klein ist...". Die tatsächliche Prüfung dieser Bedingung kann etwa die Form

$$
\begin{array}{lll}
A > T & \text{Region ist nicht klein} & \\
A < T & \text{Region ist klein} & (7.2.1) \\
\text{mit } T = (A_{max} - A_{min})/3 & &
\end{array}
$$

haben, wobei A die Fläche der Region ist und A_{max}, A_{min} die Maximal- und Minimalwerte des Flächeninhalts sind, also numerische Parameter, deren Werte während der Wissensakquisition zu ermitteln sind. Die Emittlung numerischer Parameter läßt sich im Prinzip als die <u>Schätzung</u> von statistischen Parametern auffassen, wofür es sowohl in der Literatur über mathematische Statistik als auch über statistische Mustererkennung umfangreiches Material gibt. Offenbar sind Parameter beim Übergang von einer numerischen zu einer symbolischen Darstellung in der Bild- und Sprachanalyse unverzichtbar. Ihre automatische Ermittlung gehört zum Stand der Technik.

Die _automatische_ _Konstruktion_ oder _Inferenz_ von Grammatiken, insbesondere der üblichen Zeichenkettengrammatiken, stellt einen Ansatz zur automatischen Ermittlung symbolischer Strukturen dar, der bereits seit vielen Jahren verfolgt wird. Man unterscheidet hier modellgetriebene und datengetriebene Strategien. Bei ersteren werden Grammatiken aus einer vorgegebenen Klasse möglicher Grammatiken hypothetisiert und ihre Verträglichkeit mit einer Stichprobe von Beobachtungen beurteilt; unter mehreren verträglichen wird eine optimale ausgewählt. Bei letzteren wird aus Stichprobenelementen eine verträgliche Grammatik konstruiert und diese bezüglich vorgegebener Kriterien generalisiert - eine Vorgehensweise, deren Prinzip auch bei zahlreichen Ansätzen der KI zum Konzeptlernen genutzt wird. Da rein syntaktische Ansätze bei der Bild- und Sprachanalyse weniger wichtig sind, wird auf die Konstruktion von Grammatiken hier nicht weiter eingegangen.

7.3 Manueller Wissenserwerb

Wie erwähnt wird beim _manuellen_ _Wissenserwerb_ das erforderliche Wissen von einem Fachmann in maschinengerechter Form strukturiert und in den Rechner eingegeben. Von der Maschine wird lediglich insofern Unterstützung gegeben als zum Beispiel durch geeignete Editoren die korrekte Syntax des Eingabeformats oder die Vollständigkeit aller Angaben überprüft wird. Der Entwickler muß die gewählte Repräsentationsform für Wissen kennen und beachten, also wissen, ob Prädikatenkalkül, semantische Netze, Produktionenregeln oder andere Formalismen genutzt werden. Durch entsprechende Werkzeuge kann die Arbeit wesentlich erleichtert werden, indem beispielsweise folgende Funktionen bereitgestellt werden:
1. Automatische Bereitstellung des generellen Eingabeformats durch die Maschine und Ergänzung der erforderlichen Angaben durch den Fachmann.
2. Übersetzung des eingegebenen Wissens.
3. Werkzeuge zum Erweitern, Ändern und Löschen von vorhandenem Wissen.
4. Durchlaufen einer vorhandenen Wissensbasis und benutzergerechte Ausgabe aus-

gewählter Teile.

5. Automatische Konsistenzprüfung für gespeichertes Wissen.

Das Eintreten in die oben skizzierte Phase setzt den Abschluß einiger Vorarbeiten voraus, die den Entwickler in die Lage versetzen, spezielle Strukturen mit konkretem Wissen zu füllen. Dazu gehört zum Beispiel:

1. Erwerb gründlicher Kenntnisse über den Problemkreis durch

   1.1. Literaturstudium,

   1.2. Befragung von Experten des Fachgebietes,

   1.3. Befragung von Anwendern oder Konsumenten.

2. Erster Entwurf einer Struktur der Wissensbasis.

3. Gegebenenfalls gezielte Vertiefung der Kenntnisse über den Problemkreis.

4. In die Einzelheiten gehende Strukturierung des Wissens.

7.4 Interaktiver Wissenserwerb

Als _interaktiv_ soll hier ein Wissenserwerb bezeichnet werden, bei dem der Entwickler weitgehend ohne Kenntnisse des von der Maschine genutzten Repräsentationsformalismus auskommt, aber die erforderliche Strukturierung des Wissens, die Generalisierung von Beobachtungen und die Auswahl des zu repräsentierenden Wissens nach wie vor durch einen Fachmann erfolgt. Beim interaktiven Wissenserwerb sind Hilfsmittel für folgende Funktionen vorzusehen:

1. Der Aufbau einer neuen Wissensbasis.

2. Die Änderung einer bestehenden Wissensbasis, insbesondere zum Ergänzen neuen Wissens und zum Korrigieren falscher Schlußfolgerungen des Systems.

3. Die automatische Überprüfung der Konsistenz der Wissensbasis durch das System.

4. Die Unterstützung des Entwicklers beim Überprüfen einer Wissensbasis durch Beantwortung von Fragen der Art "welches Wissen gibt es über ein bestimmtes Konzept?" oder "mit welchen Regeln wird eine bestimmte Schlußfolgerung erreicht?"

5. Die automatische Einschätzung des in der Wissensbasis repräsentierten Wissens, um Fragen des Entwicklers von der Art "in welchem Bereich sollte das vorhandene Wissen ergänzt werden?" beantworten zu können.

Ein interaktives System zum Wissenserwerb sollte wenigstens die Punkte 1 und 2 abdecken.

Der Entwickler kann einem Bild- oder Sprachanalysesystem Wissen interaktiv im
wesentlichen auf zwei Arten vermitteln:
1.1 Durch "Zeigen" relevanter Bestandteile und Objekte in einem Bild- oder
Sprachsignal.
1.2 Durch weitgehend natürlichsprachliche "Beschreibung" der relevanten
Sachverhalte.
Zu beiden Vorgehensweisen sind Ansätze entwickelt worden. Der wesentliche Aspekt
ist, daß sich der Entwickler auf Konzepte, Ereignisse, Inferenzregeln, Schlußfolgerungen und ähnliches konzentrieren kann und nicht auf Syntax und Kontrollstrukturen einer Programmiersprache Rücksicht nehmen muß.

Das Zeigen von relevanten Bestandteilen und Objekten ist von Bedeutung, weil
damit eine Kombination der Datenverarbeitungskapazität eines Rechners mit dem
Wissen und dem Überblick eines menschlichen Experten erreicht wird. Er kann für
die Objektunterscheidung wichtige Bestandteile - wie Linien, Flächen, kreisför-
mige Konturen in Bildern oder Bereiche hoher Energie, relative Energiemaxima und
plötzliche Änderungen in Sprachsignalen - meist "auf einen Blick" ermitteln und
in ihrer Bedeutung beurteilen. Der Rechner kann die gezeigten Bestandteile, die
zum Beispiel mit einer Lichtmarke am Bildschirm eingegrenzt werden, präzise und
immer nach den gleichen Kriterien mit vorher bereitgestellten Algorithmen extrahieren, vermessen und in einer internen Wissensstruktur speichern.

Diese Vorgehensweise ist bei einfachen konkreten Konzepten ohne weiteres
einsichtig und wird immer schwieriger je komplexer und abstrakter die Konzepte
werden. Zwei einfache konkrete Konzepte sind zum Beispiel die in Bild 7.4.1
links gezeigten Profile, zwei komplexere und abstraktere die diagnostischen
Befunde "normal" und "Aneurysma" in Bild 7.4.1 rechts. Im ersten Beispiel sieht
man sofort Gemeinsamkeiten und Unterschiede. Unter der Voraussetzung, daß der
Rechner über geeignete Algorithmen zur Extraktion von geraden, kreisrunden und
gekrümmten Konturlinien sowie zur Berechnung von Parametern wie Länge, Radius
und Winkel verfügt, kann ein Operateur die Bestandteile, die Teil 1 und Teil 2
charakterisieren und voneinander unterscheiden, bezeichnen und mit vorhandenen
Algorithmen extrahieren lassen. Dieses wird für das andere Beispiel schwieriger,
wenn nicht gar unmöglich. Abgesehen davon, daß die Auswertung dieser Bilder eine
Spezialausbildung erfordert, ist über mehrere Bilder verteilte Bewegungsinformation zu berücksichtigen, sind relative Größenverhältnisse zu ermitteln, sind
fließende Übergänge zu anderen diagnostischen Befunden möglich und sind typische
Befunde aus der Abwägung und Vergleichung vieler derartiger Bildfolgen gegenein-

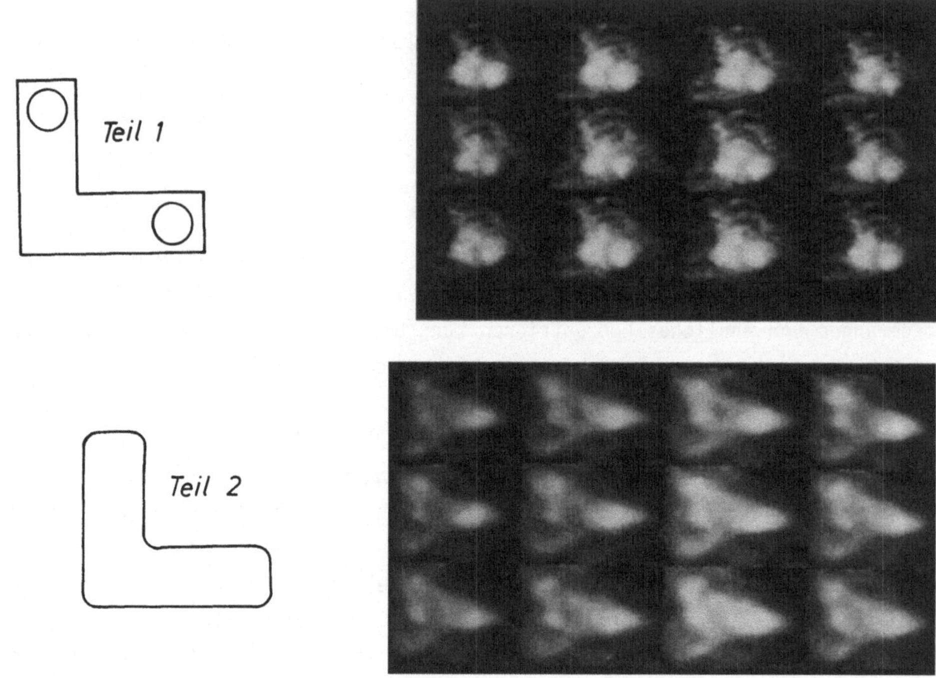

Bild 7.4.1   Liks oben und unten die Bilder zweier Teile als Beispiele für
einfache Konzepte; rechts oben ("normal") und unten ("Aneurysma") zwei
Herzszintigramme als Beispiele für Konzepte, deren Unterscheidung nur dem
Spezialisten möglich ist.

ander abzugrenzen. Im Prinzip kann man sich durchaus noch vorstellen, daß man
Konzepte für die Befunde "normal" und "Aneurysma" automatisch aus einer Stichprobe von Bildfolgen, deren diagnostische Beschreibung bekannt ist, ableitet.
Allerdings ist die Zweckmäßigkeit dieser Vorgehensweise nicht recht einzusehen,
da es in der medizinischen Fachliteratur ausführliche Beschreibungen dieser
Befunde gibt, so daß es reichen sollte, dieses ohnehin vorhandene Wissen rech-
nerintern zu repräsentieren. Wenn man als weiteres Beispiel das Konzept "Zuginformation" (siehe Bild 9.3.4) betrachtet, also Angaben über Ankunfts- und Abfahrtszeiten, Umsteigemöglichkeiten und Fahrpreise von Inter City Zügen, so ist
es abwegig, von einem Spracherkennungssystem zu erwarten, daß es dieses Konzept
aus einer Stichprobe von Dialogen über Verbindungsauskünfte generiert, da praktisch jedermann weiß, welche Komponenten zu einer derartigen Auskunft gehören.
Auch hier ist es sinnvoller, ohnehin vorhandenes Wissen formal zu repräsentieren.

Um abstrakte Konzepte zu definieren, werden anfangs oft natürlichsprachliche Beschreibungen verwendet. Zum Beispiel lautet eine Beschreibung des "Aneurysma" in etwa:

> Ein Aneurysma ist charakterisiert durch ein vergrößertes und fast akinetisches inferioapikales oder posterolaterales Segment des linken Ventrikels zusammen mit schwacher Bewegung und Vergrößerung des linken Ventrikels. (7.4.1)

Die Umsetzung von (7.4.1) in eine Produktionenregel mit dem üblichen Format "IF: (Bedingungen), THEN: (Schlußfolgerungen)" ist hier für den menschlichen Experten problemlos, erfordert aber erhebliche Fähigkeiten auf Seiten der Maschine, wenn der Benutzer weitgehende Freiheit in der Formulierung der in (7.4.1) enthaltenen Aussage hat. Eine aus (7.4.1) abgeleitete Regel würde mit den dort unterstrichenen Kurzformen lauten:

> IF   : (IA_GROSS $\wedge$ IA_AKIN v PL_GROSS $\wedge$ PL_AKIN) $\wedge$ (LV_GROSS $\wedge$ LV_SCHW)
> THEN : ANEU (7.4.2)

Für Zwecke der medizinischen Diagnostik und aus Gründen der Bildverarbeitung ist es zweckmäßig, (7.4.2) nicht als Boole´schen Ausdruck mit den Wahrheitswerten JA oder NEIN aufzufassen, sondern zum Beispiel als unscharfe Aussage mit einem Kontinuum von Wahrheitswerten oder Bewertungen zwischen 0 und 1. Wenn man mit Bew (IA_GROSS) eine Bewertung der Aussage "das inferioapikale Segment ist vergrößert" auf der Basis der vagen Mengen bezeichnet und entsprechende Bezeichnungen für die anderen Aussagen verwendet, so ergibt sich für (7.4.1, 7.4.2) die Bewertung der Aussage "Aneurysma" zu (siehe auch (6.3.31))

> Bew (ANEU) = min (max (min (Bew (IA_GROSS),Bew (IA_Akin)),min (Bew (PL_GROSS), Bew (PL_AKIN))), min (Bew(LV_GROSS), Bew (LV_SCHW))) (7.4.3)

Eine Umsetzung von (7.4.3) ist ohne weiteres möglich. Für denjenigen, der nicht Experte auf dem Gebiet der Wissensrepräsentation sondern auf dem entsprechenden diagnostischen Sektor ist, ist es wesentlich, wenn ihm der Schritt von (7.4.1) nach (7.4.2) oder (7.4.3) durch eine interaktive Systemunterstützung abgenommen wird.

Die Änderung einer bestehenden Wissensbasis kann einmal unter vollständiger Kontrolle durch den Entwickler erfolgen. Gerade beim Korrigieren fehlerhafter Systemreaktionen ist es aber zweckmäßig, wenn die Änderung mit Unterstützung des Systems - zum Beispiel durch Aufzeigen des für die fehlerhafte Reaktion verwendeten Wissens - durchgeführt werden kann. Das ermöglicht einen gezielten Wissenserwerb indem sich der Entwickler auf die im Kontext einer Aufgabe tatsächlich relevante Teilmenge der Wissensbasis konzentrieren kann.

7.5 Automatischer Wissenserwerb

Beim <u>automatischen</u> <u>Wissenserwerb</u> (<u>Lernen</u>) sammelt die Maschine ohne Anleitung eines Experten das Wissen an, das zu einem im Sinne der Aufgabenstellung möglichst optimalen Verhalten erforderlich ist. Es wird offengelassen, ob Wissen in Form von Produktionenregeln, semantischen Netzen, Relationen oder dergleichen gespeichert wird, und daher wird generell vom "Lernen eines Modells" gesprochen, womit also im Unterschied zum Parameterlernen die Akquisition einer symbolischen Struktur gemeint ist. Hier sind zwei Typen zu unterscheiden:
1. Lernen einer einzigen Situation, bei der ein Modell in der Regel genau ein Element enthält (zum Beispiel Lernen des Grundrisses einer Fabrikanlage, in der sich ein mobiler Roboter bewegen soll, oder Lernen des 3-D Modells eines Stadtteils).
2. Lernen einer <u>Klasse</u> von Situationen, bei der ein Modell in der Regel sehr viele Elemente haben kann (zum Beispiel Lernen eines Prototypen für das Wort "Start" durch Auswerten des Sprachsignals einiger gesprochener Realisierungen dieses Wortes oder Lernen des Konzepts "PKW" durch Analyse einiger Bilder spezieller PKW).
Im Typ 2 werden zusätzlich noch die Spezialfälle des überwachten und unüberwachten Lernens unterschieden:
2.1. Beim <u>überwachten</u> <u>Lernen</u> wird dem System zu einer Beobachtung oder zu einem Muster auch die korrekte Klasse oder der Konzeptname mitgeteilt.
2.2. Beim <u>unüberwachten</u> <u>Lernen</u> werden zu Beobachtungen keine Angaben über Konzeptnamen gemacht, das System muß also ähnliche Beobachtungen selbständig ermitteln und in einem Modell gruppieren.

Der Wissenserwerb vom Typ 1 und 2 erfordert zunächst die Ermittlung und Repräsentation der aufgabenrelevanten Eigenschaften der Beobachtung, die in den gewählten Wissensrepräsentationsformalismus einzuordnen sind. Zusätzlich erfordert Typ 2 noch, daß von einigen Beobachtungen auf die Eigenschaften künftiger weiterer generalisiert wird. Es ist verständlich, daß bei Lernalgorithmen im Bereich der Bild- und Sprachanalyse das Generalisierungsproblem eine zentrale Bedeutung hat.

7.5.1 Voraussetzungen

Es ist beim heutigen Stande der Wissenschaft nicht möglich, und es wäre aus
Gründen der Effizienz auch nicht zweckmäßig, einen Lernprozeß wirklich bei Null
starten zu lassen. Stets werden vom Systementwickler einige Entwurfsentschei-
dungen getroffen und Anfangsbedingungen geschaffen, die in der Regel auch durch
den Lernprozeß nicht verändert werden und die als Voraussetzungen für die Sys-
temfunktion anzusehen sind; dazu gehören zum Beispiel:

1. Der Entwickler legt einen Formalismus für die Wissensrepräsentation fest.

2. Der Entwickler stellt eine Menge von Prozeduren bereit, mit denen das System
auf Beobachtungen operieren kann.

3. Der Entwickler legt eine bestimmte Strategie fest, nach der Beobachtungen
oder Muster systemintern repräsentiert und gegebenenfalls neue Beobachtungen
gemacht werden.

4. Der Entwickler legt die Strategie fest, mit der Beobachtungen erforderlichenfalls generalisiert werden.

5. Der Entwickler begrenzt die Komplexität des zu erlernenden Modells.

Da die Voraussetzungen 1.-5. vom Lernprozeß in der Regel unbeeinflußt sind,
konzentriert sich dieser auf die automatische Generierung von Modellen der
beobachteten Umwelt. So betrachtet ist der hier erreichte Standard nicht weiter
gediehen als beim Parameterlernen, nämlich Extraktion relevanter Daten aus
Beobachtungen und deren Generalisierung - allerdings sind die verwendeten Formalismen zur Wissensrepräsentation allgemeiner und leistungsfähiger als beim Parameterlernen. Von künftigen intelligenten Systemen wird man sicher erwarten, daß
sie auch zum Erlernen der in Punkt 1-5 genannten Voraussetzungen fähig sind. Ihr
konkreter Einsatz in künftigen Bild- und Sprachanalysesystemen wird davon abhängen, für welche Problemkreise dieser Grad an Komplexität wirklich notwendig ist
und wann derartige Systeme wirtschaftlich realisierbar sind.

Formalismen zur Wissensrepräsentation wurden ausführlich in vorangehenden
Kapiteln besprochen. Zu Operationen auf Mustern gehören natürlich auch die in
Kapitel 1 nur kurz erwähnten Vorverarbeitungs- und Segmentierungsoperationen,
die in diesem Buch nicht ausführlich behandelt werden, und es gehören dazu
Operationen auf symbolische Darstellungen, für die zahlreiche Beispiele in den
Kapiteln 2-6 enthalten sind. Einige allgemeine Gesichtspunkte zur systeminternen
Repräsentation von Beobachtungen werden im nächsten Abschnitt vorgestellt. Wie

bereits erwähnt, spielt die Generalisierung von Beobachtungen eine zentrale
Rolle, und diesem Punkt ist der überwiegende Teil der weiteren Ausführungen
gewidmet.

Der Punkt 5 oben zielt darauf ab, daß in einem vollständigen Bild- oder
Sprachanalysesystem (etwa mit der prinzipiellen Struktur wie in Bild 1.4b oder
1.5b) Wissen und damit Modelle auf ganz unterschiedlichen Abstraktionsebenen
erforderlich sind. Dieses Wissen kann in einem einheitlichen Repräsentationsformalismus repräsentiert sein (ein Beispiel ist das System in Kapitel 8) oder in
von Fall zu Fall wechselnden Formalismen (ein Beispiel ist das System in Kapitel
9). Unterschiedliche Abstraktionsebenen sind in Kapitel 8 zum Beispiel die Ebene
der diagnostischen Befunde, die Ebene der Bewegungen des linken Ventrikels oder
die Ebene der Objekte, wie Sektoren und Segmente des linken Ventrikels; in
Kapitel 9 wären beispielsweise die Ebene der Wörter, die der syntaktischen
Konstituenten oder die der semantischen Interpretation zu nennen. Lernen bezieht
sich in der Regel auf eine Ebene, jedenfalls nicht in integraler Form auf das
Lernen des gesamten Wissens für Systeme der in Bild 1.4b oder 1.5b gezeigten
Art. Es wird im folgenden implizit oder explizit stets vorausgesetzt, daß eine
geeignete Abgrenzung des automatisch zu erwerbenden Wissens erfolgte. In keinem
Fall kann beim heutigen Stand der Technik erwartet werden, daß mit einem ein-
heitlichen Lernalgorithmus sämtliches Wissen eines vollständigen Bild- oder
Sprachanalysesystems akquiriert werden kann.

7.5.2 Repräsentation von Beobachtungen

Wenn man von Bild 1.4.b bzw. 1.5.b sowie von Voraussetzung 5 im vorigen
Abschnitt ausgeht, kommt es bei der Repräsentation von Beobachtungen darauf an,
die Abtastwerte eines Bild- oder Sprachsignals in den Formalismus zu transformieren, der der gewählten Abstraktionsebene angemessen ist. Es ist also zu
beachten,daß Wissen auf ganz unterschiedlichen Abstraktionsebenen zu erwerben
ist und daß auf jeder Ebene in der Regel mehrere Möglichkeiten zur Repräsentation dieses Wissens möglich sind. Gerade in der Literatur über grundsätzliche
Lernprobleme werden Algorithmen oft an Beispieldaten erprobt, die durch Bilder
veranschaulicht werden; der Entwickler des Algorithmus transformiert die Bilder
manuell in eine formale Repräsentation, die der gewählten Abstraktionsebene
entspricht. Bei einem tatsächlich automatischen Wissenserwerb muß dieser Schritt

natürlich ebenfalls automatisch erfolgen. Das setzt voraus, daß geeignete Transformationen bzw. Programme zur Bild- und Sprachverarbeitung realisiert wurden. Auch für solche Transformationen gibt es in der Regel mehrere verschiedene Algorithmen. Grundsätzlich ist damit zu rechnen, daß die Ergebnisse mit Verarbeitungsfehlern, zum Beispiel von der in den Bildern 1.6, 1.7 und 1.9 gezeigten Art, behaftet sind. Die anfängliche Repräsentation von Beobachtungen als Teilschritt beim Lernen wird damit zu einem schwierigen und vielschichtigen Problem selbst bei dem am Anfang von Abschnitt 7.5 als Typ 1 bezeichneten Fall des Lernens.

Ein kurzes Beispiel soll den erforderlichen Aufwand verdeutlichen. Es geht um die <u>Generierung</u> eines <u>Modells</u> eines Stadtteils durch Auswertung eines Paares von Stereobildern. Das Modell soll Gebäude als Polyeder mit topologischen und geometrischen Eigenschaften repräsentieren. Topologische Eigenschaften geben die Zusammenhangverhältnisse von Flächen, Kanten und Ecken des Polyeders an; geometrische Eigenschaften betreffen Ausdehnung und Lage der Flächen und Kanten sowie die Lage der Ecken. Geometrische Eigenschaften werden als Einschränkungen der topologischen aufgefaßt. Bild 7.5.1 zeigt ein Beispiel. Der Aufbau des Modells erfolgt in folgenden Schritten:

1. Als erstes erfolgt die Extraktion von Linien aus beiden Stereobildern mit den Teilschritten Ermittlung von Konturpunkten, Verdünnung der Punkte, Approximation von geraden Liniensegmenten.

2. Es werden Linienverbindungen ermittelt, wobei die vier Typen L, T, Pfeil und Gabel unterschieden werden. Eine Linienverbindung wird hier also eingeschränkt auf den Treffpunkt von 2 oder 3 Linien, Fälle mit mehr Linien werden nicht betrachtet.

3. Es werden mögliche korrespondierende Linienverbindungen bestimmt. Dabei wird berücksichtigt, daß zu einem bestimmten Verbindungstyp im einen Bild der korrespondierende Verbindungstyp nur auf einer Geraden im anderen Bild liegen kann und daß für einen Punkt auf dieser Geraden der korrespondierende Typ vorausgesagt werden kann. Damit ist es möglich, an bestimmten Stellen des anderen Bildes gezielt nach bestimmten Verbindungstypen zu suchen.

4. Mit einem "beam search"-Algorithmus wird nach eindeutigen korrespondierenden Verbindungstypen gesucht. Dabei werden lokale Kosten für die Übereinstimmung zweier Verbindungstypen und globale Kosten für die Übereinstimmung zweier benachbarter Polyederecken berücksichtigt.

5. Die 3-D Koordinaten von Ecken und von gefundenen Linien, die zwei Ecken verbinden, werden berechnet. Das ergibt ein 3-D "Drahtmodell". Zwei fast parallele und dicht benachbarte Linien werden zu einer zusammengefaßt.

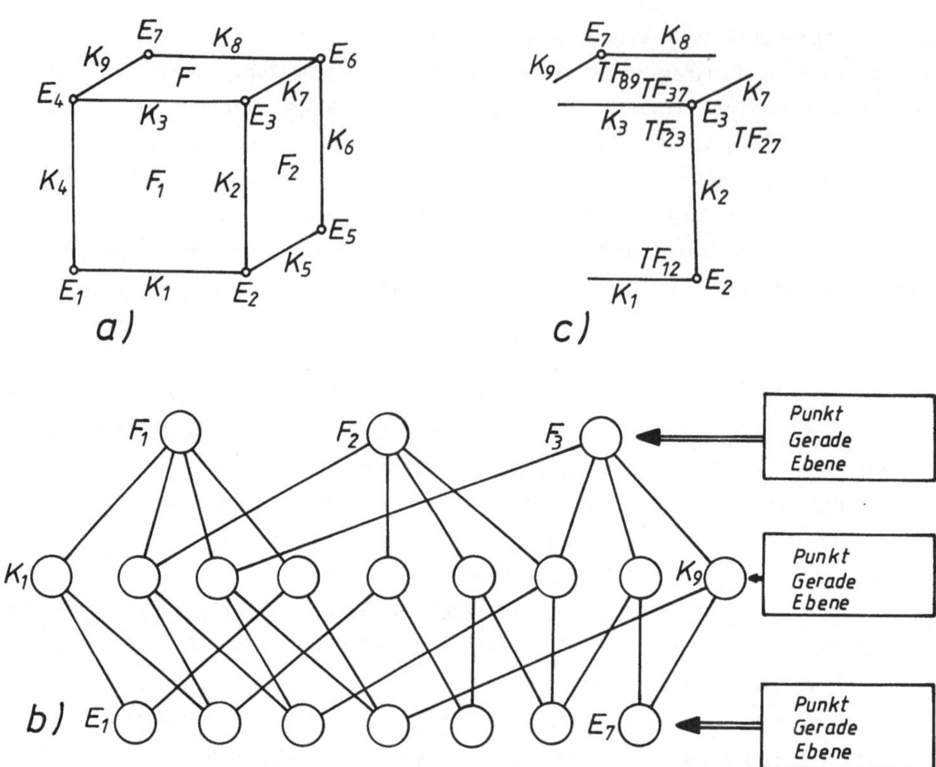

Bild 7.5.1   Zur Generierung einer Repräsentation von Beobachtungen.
a) ein Polyeder mit Flächen F, Kanten K und Ecken E; b) topologische und
geometrische Eigensschaften des Polyeders als Graph repräsentiert; c) Beispiel
für aus der Stereoanalyse gefundene Ecken und Kanten sowie damit generierte
Teilflächen

6. Zwei korrespondierende Verbindungstypen werden als Ecke eines Objekts aufgefaßt. Jedes benachbarte Paar von Kanten einer Ecke gehört zu den Kanten einer
ebenen Fläche des Objekts. Wegen der oben erwähnten Beschränkung auf 4 Typen
von Linienverbindungen gehört jedes benachbarte Kantenpaar zu einer anderen
Fläche. Für jedes Kantenpaar wird eine Teilfläche generiert.
7. Teilflächen werden verbunden. Im Bild 7.5.1c werden zu den Kantenpaaren K_i,
K_j die Teilflächen TF_{ij} generiert. Zwei Teilflächen werden vereinigt, wenn sie
1. fast parallel sind und geringen Abstand haben und 2. entweder genau eine
Kante gemeinsam haben, die die Fläche begrenzt aber nicht unterteilt (zum Beispiel TF_{12} und TF_{23} haben K_2 gemeinsam), oder jede eine nicht geschlossene Folge
von Kanten hat und die Endpunkte der Kantenzüge beider Teilflächen innerhalb

eines vorgegebenen Abstandes liegen (zum Beispiel TF_{89} mit Kanten K_8, K_9 und TF_{37} mit Kanten K_3, K_7).

8. Die Flächen, die nun noch keine geschlossene Umrandung haben, werden mit heuristischen Regeln vervollständigt.

9. Eine Fläche F_1 wird als Loch in einer anderen F_2 betrachtet, wenn die Ebenen beider Flächen fast parallel und dicht benachbart sind und wenn der Rand von F_1 innerhalb dessen von F_2 liegt.

10. Objekte, die nicht ganz von Flächen umgeben sind, werden vervollständigt, indem "Wände" zur Bodenfläche gezogen werden. Dieses ist bei Bildern von Stadtteilen eine naheliegende Heuristik.

Das Beispiel zeigt, daß die Repräsentation von Beobachtungen in einer symbolischen Form, die für einen Lernalgorithmus geeignet ist, einen erheblichen Aufwand verursacht und in der Regel mehr oder weniger eng auf den in Frage kommenden Problemkreis zugeschnitten ist. Ein wesentlicher Punkt ist, daß ein Modell, das durch Repräsentation von Beobachtungen ermittelt wurde, bei Anfallen weiterer Beobachtungen modifiziert werden kann. Im Prinzip erfolgt das durch entsprechende Änderungen, Ergänzungen und Löschungen im Modell. Bei dem obigen Beispiel können also topologische und/oder geometrische Eigenschaften entsprechend modifiziert werden. Die Koordinaten eines Punktes können zum Beispiel Beschränkungen für Graphknoten ergeben, die Ecken, Kanten oder Flächen des Objekts repräsentieren. Wenn festgestellt wird, daß die Aussage "ein bestimmter Punkt liegt auf einer bestimmten Kante" nicht mehr haltbar ist, müssen die damit zusammenhängenden Aussagen über Ecken und Flächen unter Umständen ebenfalls geändert werden. Dieses führt auf das allgemeine Problem der Aufrechterhaltung der Konsistenz eines Modells oder einer Wissensbasis, wenn der Inhalt der Wissensbasis veränderlich ist - genau das ist aber bei lernenden Systemen typischerweise der Fall.

7.5.3 Prinzipien der Generalisierung

Das Problem bei der Generalisierung von Beobachtungen zeigt in schematisierter Form Bild 7.5.2. Aus einer unter Umständen unendlichen Menge möglicher Beobachtungen oder Muster wird eine endliche Stichprobe von Repräsentanten verschiedener Klassen beobachtet. Zwei mögliche Generalisierungen sind in dem Bild gezeigt; welche die "bessere" ist, ist ohne weitere Beobachtungen oder

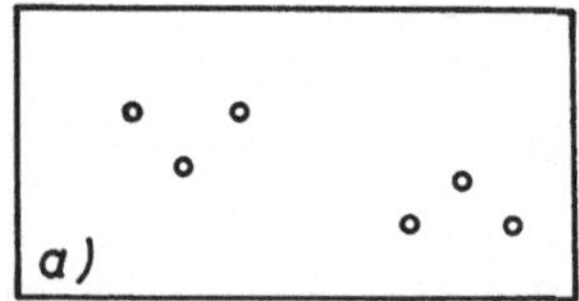 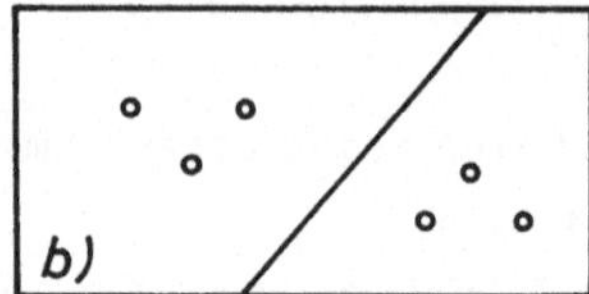 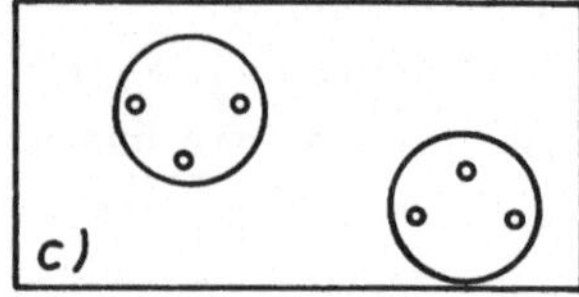

Bild 7.5.2   Zwei Beispiele für die Generalisierung von Beobachtungen.
a) Beobachtungen, b) Generalisierung 1, c) Generalisierung 2.

Vorkenntnisse nicht entscheidbar.

Als Grundprinzip der _Generalisierung_ läßt sich formulieren:
Wenn die systeminternen Repräsentationen zweier Beobachtungen oder Muster einen
geringen Abstand haben, dann sind sie einander ähnlich. _Ähnlichkeit_ ist ein
starkes Indiz dafür, daß Muster des gleichen Konzepts oder der gleichen Klasse
vorliegen. Es ist zu beachten, daß hier nur eine Aussage für zwei Muster, nicht
aber für _Klassenbildung_ in einer größeren Menge von Mustern gemacht wird. Zwei
Beispiele für mögliche Definitionen sind:
1. Wenn es in einer Menge von Beobachtungen oder Mustern stets wenigstens zwei
mit geringem Abstand gibt, so enthält die Menge Muster des gleichen Konzepts
oder der gleichen _Klasse_.
2. Wenn in einer Menge alle Muster voneinander geringen Abstand haben, gehören
sie zur gleichen _Klasse_.
Die Problematik beider Definitionen ist in Bild 7.5.3 angedeutet. Die lokale
Definition 1 kann zur sogenannten Brückenbildung führen und damit zur Zusammenfassung recht weit entfernter Muster (Pfeile in Bild 7.5.3b). Die globalere
Definition 2 kann die Brückenbildung verhindern und damit zur Trennung dicht

  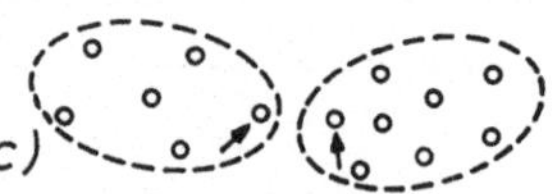

Bild 7.5.3   Bildung von Klassen nach unterschiedlichen Gesichtspunkten.
a) Beobachtungen, b) Brückenbildung durch Definition 1, c) keine
Brückenbildung durch Definition 2.

benachbarter Muster führen (Pfeile in Bild 7.5.3c).

Der Entwickler beeinflußt die Bildung von <u>Klassen</u> oder <u>Konzepten</u> durch Entscheidungen über die in Abschnitt 7.5.1 genannten Voraussetzungen. Die dortige Voraussetzung 4 umfaßt die Unterpunkte:

4.1. Die Definition eines <u>Abstandmaßes</u> für Beobachtungen. Wegen des oben formulierten Grundprinzips wird damit auch eine Aussage über die Ähnlichkeit von Beobachtungen möglich.

4.2. Die Wahl von <u>Generalisierungsverfahren</u>.

4.3. Die Anforderungen an Beobachtungen aus der <u>gleichen</u> <u>Klasse</u>.

4.4. Die Wahl des Algorithmus zur Konstruktion einer <u>generalisierten</u> <u>Repräsentation</u> zahlreicher Beobachtungen.

Bei jeder der erforderlichen Entscheidungen gibt es eine Vielzahl von Freiheitsgraden, so daß insgesamt eine große Zahl konkreter Lernalgorithmen denkbar ist. Das übliche Kriterium zur Beurteilung solcher Algorithmen besteht letztlich darin, ob das Ergebnis mit den subjektiven Vorstellungen eines menschlichen Beobachters übereinstimmt. Da Bild- und Sprachanalyse in vielen Fällen menschliche perzeptive Fähigkeiten ersetzen sollen, ist dieses ein naheliegendes Kriterium. Auf die Punkte 4.1 und 4.2 wird in den folgenden Abschnitten noch genauer eingegangen. Zwei Beispiele für Punkt 4.3 wurden oben bereits genannt. Das generelle Schema vieler Lernalgorithmen wird in Abschnitt 7.5.7 vorgestellt.

7.5.4 Abstandsmaße

Im allgemeinen werden Beobachtungen, also Folgen von Abtastwerten, systemintern durch symbolische Strukturen repräsentiert - wie erwähnt, soll die Repräsentation durch reelle Zahlen (Merkmalvektoren) hier nicht weiter betrachtet werden. Die Definition des Abstandes zweier Symbolstrukturen beruht in vielen Fällen auf folgendem Prinzip:

Der <u>Abstand</u> zweier Symbolstrukturen ergibt sich als bewichtete Summe der Transformationen, die erforderlich sind, um eine Struktur in die andere überzuführen. Gibt es mehrere Möglichkeiten der Überführung, wird die mit kleinstem Gewicht gewählt.

Diese Prinzip wird sowohl bei einfachen symbolischen Strukturen wie Zeichenketten als auch bei komplizierteren wie Graphen angewendet. Dabei werden drei Typen von Transformationen unterschieden:

1. Substitution eines Symbols durch ein anderes (in Graphen zum Beispiel Substitution eines Knotens oder einer Kante mit bestimmter Markierung durch einen Knoten oder eine Kante mit anderer Markierung).
2. Einfügung eines neuen Symbols.
3. Löschung eines vorhandenen Symbols.

Mit den obigen drei Transformationen ist es in der Regel möglich, eine Struktur auf sehr viele Arten in eine andere zu transformieren. Unter allen Möglichkeiten ist dann die mit kleinster bewichteter Summe der Transformationen auszuwählen und ergibt den Abstand der Strukturen. Bei Zeichenketten geschieht das mit Hilfe der dynamischen Programmierung, bei Graphen mit Graphsuchalgorithmen vom Typ des A*-Algorithmus. Der Aufwand für die Abstandsberechnung reduziert sich wesentlich, wenn die Strukturen so eingeschränkt sind, daß sie nur eine feste Zahl von Komponenten enthalten, wobei korrespondierende Komponenten zweier Strukturen den gleichen Typ haben (d.h. die Symbolstruktur entspricht einem "record"). Dann ergibt sich der Abstand einfach als gewichtete Summe der Transformation jeweils zweier korrespondierender Komponenten (entspricht im Prinzip den bekannten "Merkmalvektoren"). Durch Vorgabe eines Schwellwertes für den Abstand lassen sich alle Muster als ähnlich definieren, deren Abstand unter dieser Schwelle liegt. Die Bilder 7.5.4-6 verdeutlichen die erwähnten drei Beispiele für Strukturen und die Abstandsberechnung an einfachen Fällen.

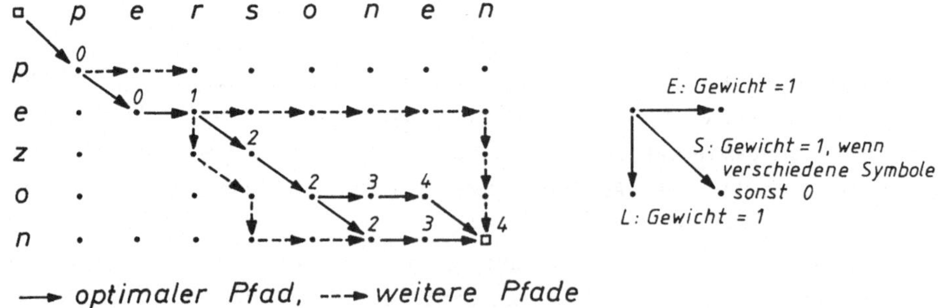

Bild 7.5.4   Vergleich zweier Zeichenketten mit E = Einfügung, S = Substitution, L = Löschung; in den Gitterpunkten steht jeweils der minimale Abstand, die Rechnung schreitet spaltenweise von links nach rechts voran.

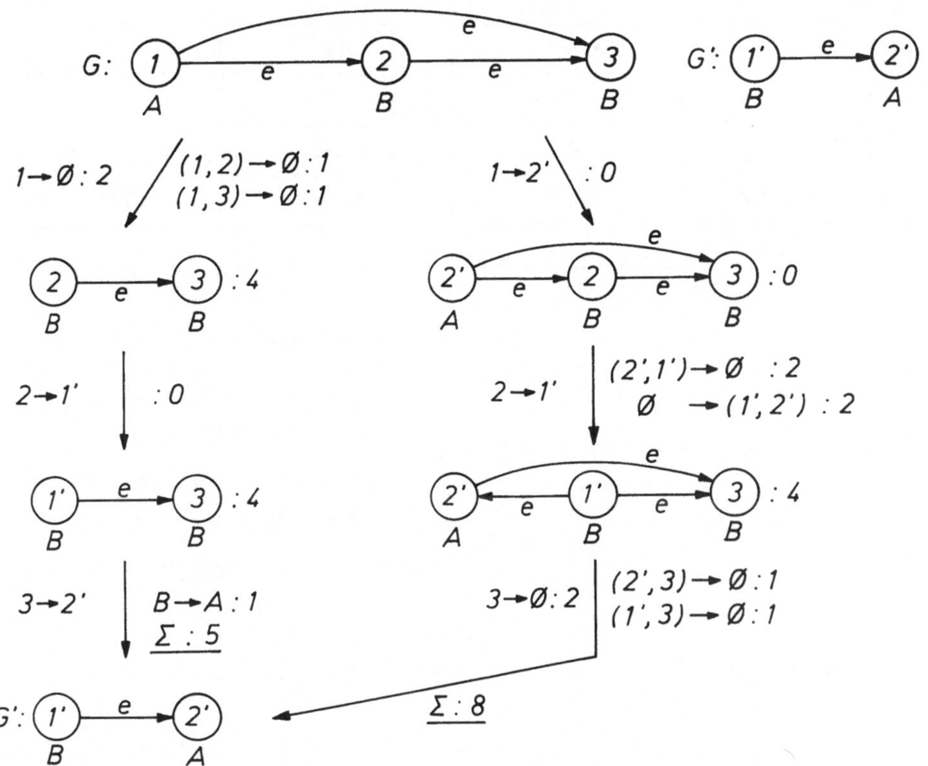

Bild 7.5.5   Vergleich zweier Graphen G und G´ mit zwei Beispielen für mögliche Abbildungen (es gibt weitere, die hier nicht gezeigt sind). Für die Kosten wurde angenommen: Löschen eines Knotens :2, Substitution einer Knotenmarkierung :1, Löschen einer Kante, bei der ein oder zwei Knoten gelöscht werden :1, Löschen einer Kante, ohne daß einer ihrer Knoten gelöscht wird :2, Einfügen einer Kante, wenn keiner ihrer Knoten eingefügt wird :2. Auf dem linken Weg ist die Summe der Kosten 5 (Minimalwert), auf dem rechten 8.

Es ist offensichtlich, daß man Repräsentationen und darauf fußende Abstände sehr unterschiedlich wählen kann und die Zweckmäßigkeit einer Wahl von den Intentionen des Benutzers abhängt. Man betrachte die drei Beispiele:

1. Das Auto ist fünf Meter lang und hat vier Räder.

2. Das Auto ist sechs Meter lang und hat vier Räder.

3. Das Boot ist fünf Meter lang und hat vier Ruder.

Objekt O

		O_1	O_2	O_3
$k_1:$	Typ $= \{$Auto, Boot$\}$	Auto	Auto	Boot
$k_2:$	Länge $= \{3,0 \dots 6,0m\}$	5	6	5
$k_3:$	bzw. Teile $= \{$n Räder, n Ruder, n$=2,4,6\}$	4 Räder	4 Räder	4 Ruder
$k_4:$	Preis $= \{0 \dots 100000\}$	30000	80000	2000

$$d(O_j, O_l) = \sum_{i=1}^{4} d(k_i(O_j), k_i(O_l)) = \sum_{i=1}^{4} d(k_{ij}, k_{il})$$

$d(k_{11}, k_{12})$

	Auto	Boot
Auto	0	10
Boot	10	0

$$d(k_{21}, k_{22}) = \begin{cases} 0, \text{ wenn } k_{11} \neq k_{12} \\ |k_{21} - k_{22}| / 3, \text{ wenn } k_{11} = k_{12} \end{cases}$$

$$d(k_{31}, k_{32}) = \begin{cases} 0, \text{ wenn } k_{11} \neq k_{12} \\ |n_1 - n_2| / 4, \text{ wenn } k_{11} = k_{12} \end{cases}$$

$$d(k_{41}, k_{42}) = \begin{cases} 0, \text{ wenn } k_{11} \neq k_{12} \\ 5 \cdot |k_{41} - k_{42}| / 100000 \end{cases}$$

$$d(O_1, O_2) = 2,8 \qquad d(O_1, O_3) = 10$$

Bild 7.5.6 Vergleich zweier Strukturen mit fester Zahl von Komponenten. Die Werte der Komponenten k_2, k_3, k_4, werden in der Abstandsberechnung jeweils so normiert, daß sie zwischen 0 und 1 liegen.

Man kann zunächst die Zeichenketten analog zu Bild 7.5.4 vergleichen und erhält als Abstände zwischen Kette 1 und 2 den Wert 5, zwischen Kette 1 und 3 ebenfalls den Wert 5. Eine Vorgehensweise dieser Art ist zweckmäßig, wenn man die akustische Ähnlichkeit beurteilen will (man würde dann lediglich besser zum Beispiel eine phonetische Repräsentation statt der graphematischen verwenden). Wenn man dagegen die Ähnlichkeit der beschriebenen Objekte beurteilen will, widerspricht dieses Ergebnis stark der intuitiven Beurteilung. In diesem Fall ist eine Repräsentation und Abstandsberechnung wie in Bild 7.5.6 zweckmäßiger. Es gibt also in der Regel nicht "die" geeignete Repräsentation, sondern für bestimmte Zwecke bzw. für bestimmte Abstraktionsebenen eines Systems mehr oder weniger geeignete.

Es sei daran erinnert, daß man bei der Definition von Ähnlichkeiten durchaus auch anders vorgehen kann - zum Beispiel indem man alle Symbolstrukturen als ähnlich betrachtet, die durch die gleiche formale Grammatik generiert werden können. Dieser syntaktische Ansatz wird im folgenden allerdings nicht weiter betrachtet.

7.5.5 Generalisierungsregeln

Der Grundsatz, daß die Beschreibung eines individuellen Musters so generalisiert werden kann, daß sie auch alle ähnlichen Muster umfaßt, läßt sich in einigen allgemeinen Regeln konkretisieren. Ohne einen speziellen Formalismus für die Repräsentation von Beobachtungen und von Wissen festzulegen, sind also Regeln für die Generalisierung von Repräsentationen

$$\text{Repräsentation (1)} \leq \text{Repräsentation (2)} \qquad (7.5.1)$$

erforderlich. Repräsentation (2) wird als Generalisierung von Repräsentation (1) bezeichnet, wenn die Menge der Muster, die Repräsentation (1) genügen, eine echte Untermenge der Menge von Mustern ist, die Repräsentation (2) genügen. Es wird vom Fall des überwachten Lernens ausgegangen, bei dem zu jeder Beobachtung auch das zugehörige Konzept oder die Klasse bekannt ist, das heißt die Beziehung

$$\text{Repräsentation (i)} \dashrightarrow \text{Konzept (j)}, \quad i=1,\ldots,N$$
$$j=1,\ldots,k \qquad (7.5.2)$$

ist für eine Menge von Beobachtungen gegeben. Bei der Generalisierung werden zwei Fälle unterschieden:
1. Die Generalisierung bezieht sich nur auf Repräsentationen, die das gleiche Konzept betreffen.
2. Die Generalisierung von Repräsentationen eines Konzepts wird so vorgenommen, daß in den generalisierten Repräsentationen nicht auch solche anderer Konzepte enthalten sind.

Folgende Regeln lassen sich für Fall 1 oben angeben:
R1. Wenn eine Repräsentation mehrere Bedingungen enthält, so erhält man eine generalisierte Repräsentation durch Eliminieren einer oder mehrerer Bedingungen.

Beispiel: Ein PKW hat 4 Räder und kostet 30.000 DM

      --→ Ein PKW hat 4 Räder.

R2. Wenn in zwei oder mehr Repräsentationen, die das gleiche Konzept betreffen, in korrespondierenden Bedingungen einem Attribut unterschiedliche Konstanten zugewiesen werden, so erhält man eine generalisierte Repräsentation, wenn man die Konstanten durch eine Variable ersetzt.

Beispiel: Der PKW fährt und eine Frau sitzt am Steuer.

      Der PKW fährt und ein Polizist sitzt am Steuer.

      --→ Der PKW fährt und jemand sitzt am Steuer.

R3. Wenn in zwei Repräsentationen ein Attribut einen bestimmten Wert hat, erhält man eine Generalisierung, indem man den Wertebereich vergrößert, und zwar:

R3.1. Wenn der Wertebereich reelle oder ganze Zahlen sind, generalisiert man auf das von beiden Attributwerten gebildete Intervall.

Beispiel: Das Haus ist 10 m lang und hat 2 Stockwerke.

      Das Haus ist 17 m lang und hat 5 Stockwerke.

      --→ Häuser sind 10 bis 17 m lang und haben 2 bis 5 Stockwerke.

Aber:Die Person ist 5 Jahre alt und nicht erwerbstätig.

      Die Person ist 70 Jahre alt und nicht erwerbstätig.

      --→ Personen zwischen 5 und 70 Jahren sind nicht erwerbstätig?

      Hier fehlt offensichtlich ein Gegenbeispiel der Art "Die Person ist 30 Jahre alt und erwerbstätig."

R3.2. Wenn der Wertebereich eine endliche Menge ist (zum Beispiel (rot, gelb, grün, blau)), generalisiert man auf diese Menge.

Beispiel: Die Farbe des Kleides ist rot.

      Die Farbe des Kleides ist grün.

      --→ Kleider sind rot, gelb, grün oder blau.

R3.3. Wenn der Wertebereich hierarchisch geordnet ist (zum Beispiel: ebene Figur= (Polygon, Oval), Polygon = (Dreieck, Viereck, Sechseck), generalisiert man auf die nächsthöhere Hierarchieebene.

Beispiel: Der Querschnitt des Profilstabes ist viereckig.

      Der Querschnitt des Profilstabes ist sechseckig.

      --→ Querschnitte von Profilstäben sind polygonal.

R4. Wenn eine Repräsentation eine Konjunktion von Bedingungen enthält, erhält man eine Generalisierung, indem man diese durch eine Disjunktion ersetzt.

Beispiel: Gesucht ist ein PKW, der schnell, billig und komfortabel ist.

      --→ Gesucht ist ein PKW, der schnell, billig oder komfortabel ist.

Der Fall 2 läßt sich stets als Generalisierung von Repräsentationen eines Konzepts auffassen, so daß die Generalisierung nicht auch Repräsentationen umfaßt, von denen bekannt ist, daß sie nicht zu diesem Konzept gehören. Eine allgemeine Regel dafür ist:

R5. Wenn in zwei Repräsentationen, von denen eine zu einem bestimmten Konzept gehört und die andere nicht, zwei Attribute mit disjunkten Werten auftreten, so erhält man eine Generalisierung, indem man den Attributwert auf alle Werte, außer den nicht zum Konzept gehörigen, ausdehnt.

Beispiel: Der Güterzug hat Tankwagen, Viehwagen und Tieflader.

Der Personenzug hat Personenwagen und Speisewagen.

--→ Güterzüge haben keine Personen- und Speisewagen.

Diese Regel ist offenbar mit Vorsicht anzuwenden, da sie die Aufnahme relevanter Attribute oder Bedingungen voraussetzt, wie folgendes Beispiel zeigt:

Das Kleid ist rot.

Der Pullover ist kein Kleid und ist blau.

--→ Kleider sind nicht blau. ?

Zur Unterscheidung von Kleidern und Pullovern ist die Farbe offensichtlich wenig geeignet.

Um Beobachtungen tatsächlich zu generalisieren, sind wiederum einige Vorgaben und Entscheidungen des Entwicklers erforderlich. Dazu gehören konkrete Algorithmen und Strategien zur Durcharbeitung einer Menge von Repräsentationen und Vorgaben über Wertebereiche sowie Vorgaben über die Wichtigkeit von Bedingungen. Die Regeln 1-4 stellen eine Art Primitivmenge dar, die durchaus um weitere ergänzt werden kann.

Das Gemeinsame an obigen Generalisierungsregeln ist, daß sie die Attribute nicht verändern. Es gibt einige allgemeine Regeln zur Einführung neuer, in einer Beschreibung nicht enthaltener Attribute.

R6. Wenn eine Beschreibung ein Bestandteil B_1 enthält und aufgrund allgemeinen Hintergrundwissens bekannt ist, daß B_1 ein Bestandteil B_2 impliziert, dann erhält man eine generalisierte Beschreibung, indem man B_1 durch B_2 ersetzt.

Beispiel: Das Haus hat 5 Stockwerke und einen Aufzug.

Häuser mit 5 Stockwerken sind hoch.

--→ Hohe Häuser haben einen Aufzug.

R7. Wenn mehrfach ein Attribut für verschiedene Teile oder Lagen mit gleichem Wert auftritt, erhält man eine Generalisierung durch Abzählen der Attribute.

Beispiel: Das Wort enthält einen Vokal im 2. Segment, einen im 4. Segment und einen im 6. Segment.

--→ Das Wort enthält 3 Vokale.

Die obigen Regeln wurden natürlichsprachlich formuliert, um nicht irgendeinen speziellen Repräsentationsformalismus für die Generalisierung zu suggerieren. Es kann durchaus erforderlich sein, diese Regeln in bestimmten Anwendungen durch andere zu ersetzen oder durch weitere zu ergänzen.

7.5.6 Qualitätsmaße

Wie schon Bild 7.5.2 andeutet, besteht ein grundsätzliches Problem in der Beurteilung der Qualität von erlerntem Wissen oder spezieller in der Beurteilung der Qualität einer generalisierten Beschreibung; dieses gilt in besonderem Maße für das unüberwachte Lernen. Das Qualitätsmaß eines Lernalgorithmus hat wesentlichen Einfluß auf die Art der generierten Beschreibungen. Im günstigen Falle enthält es problembezogenes Hintergrundwissen des Entwicklers, im ungünstigen ist es mehr oder weniger zufällig gewählt. Mögliche Kriterien für die Qualität sind:
1. Die Einfachheit der Beschreibung, zum Beispiel gemessen durch Zahl der Regeln, Prädikate, Attribute usw.
2. Die Homogenität der Repräsentanten eines Konzepts, zum Beispiel gemessen durch mittleren oder maximalen Abstand der Repräsentanten, wobei Abstandsmaße gemäß Abschnitt 7.5.4 in Frage kommen.
3. Die Trennung zwischen zwei Klassen, die zum Beispiel durch den mittleren oder minimalen Abstand der Repräsentanten verschiedener Klassen gemessen werden kann.
4. Der erforderliche Rechen- und Speicheraufwand.
5. Das Maß der Generalisierung der Beobachtungen, zum Beispiel gemessen durch das Verhältnis der von der Generalisierung erfaßten Muster zu den tatsächlich beobachteten.

Ein kombiniertes Qualitätsmaß M ist gegeben durch

$$M = (\ (\ Q_1,S_1),\ (Q_2,S_2),\ldots,(Q_1,S_1)). \qquad (7.5.3)$$

Dabei ist Q_i ein Qualitätsmaß, zum Beispiel der oben angegebenen Art, und S_i ein Schwellwert. Das Maß M gestattet eine Auswahl unter alternativen Beschreibungen B_j. Zunächst werden alle B_j durch Q_1 bewertet und diejenigen aufgehoben, deren Bewertung über dem Schwellwert S_1 liegt. Die übrig gebliebenen Beschreibungen werden analog mit Q_2 und S_2 ausgewählt usw. Eine andere Möglichkeit zur Definition eines Qualitätsmaßes ist die gewichtete Summe

$$M = \sum_i a_i Q_i \qquad , \qquad\qquad (7.5.4)$$

$$\sum_i a_i = 1 \quad \text{und} \quad 0 < Q_i < 1 \quad .$$

Unter alternativen Beschreibungen werden die m bestbewerteten ausgewählt oder alle, deren Bewertung über einem Schwellwert liegt.

7.5.7 Schema der Algorithmen

Obwohl konkrete Lernalgorithmen sehr unterschiedlich sind, läßt sich doch in einem allgemeinen Schema die prinzipielle Vorgehensweise vieler Algorithmen verdeutlichen.

Schema eines Algorithmus zur überwachten Generierung von disjunkten Konzepten:

1. Eingabedaten sind eine Menge von Beobachtungen, die zu dem zu lernenden Konzept K_1 gehören und eventuell eine Menge von Beobachtungen, die nicht zu K_1 gehören und einem Konzept K_0 zugeordnet werden.

2. Ein Repräsentationsformalismus für Beobachtungen und ein Qualitätsmaß M für generierte Beschreibungen wird gewählt.

3. Beobachtete Muster werden in dem gewählten Formalismus repräsentiert und ergeben die Stichproben

$$w_1 = (b_{11}, b_{12}, \ldots, b_{1N1}) \subseteq K_1$$
$$w_0 = (b_{01}, b_{02}, \ldots, b_{0N0}) \subseteq K_0 \qquad (7.5.5)$$

4. Es wird eine anfängliche Beschreibung $B_1(0)$ des Konzepts K_1 generiert, die die Eigenschaft hat

$$b_{1i} \in B_1(0), \; i=1,\ldots,N1 \quad ,$$
$$b_{0i} \notin B_1(0), \; i=1,\ldots,N0 \quad , \qquad (7.5.6)$$

das heißt $B_1(0)$ umfaßt alle beobachteten Muster aus K_1 und keines aus K_0. Ein Beispiel ist die anfängliche Beschreibung

$$B_1(0) = \bigvee b_{1i} \quad . \qquad (7.5.7)$$

Wenn alle Beobachtungen disjunkt sind, genügt (7.5.7) den Bedingungen (7.5.6).

5. Die Beschreibung B_1 wird so verändert (z.B. generalisiert, vereinfacht, erweitert), daß das gewählte Qualitätskriterium M verbessert wird und die neue

Form kein Muster aus w_0 enthält. Das Verfahren endet entweder nach Maximierung von M oder nach einer vorgegebenen Zahl von Umformungen. Das Ergebnis ist die Beschreibung B_1 mit der Eigenschaft

$$w_1 \subseteq B_1 \subseteq (K_1 \cup K_0) - w_0. \tag{7.5.8}$$

Eine solche Beschreibung wird als vollständig und konsistent bezeichnet.

Mit (7.5.7) werden alle Beobachtungen gleichzeitig verarbeitet. Vielfach ist eine iterative Berechnung zweckmäßig, die es gestattet, laufend eine vorhandene Beschreibung eines Konzepts durch neue Muster zu ergänzen. Ist B_1 die aktuelle Beschreibung und b_i die neue Beobachtung, so sind folgende Fälle möglich:

$$
\begin{aligned}
b_i \in w_1 \quad &\text{und} \quad b_i \in B_1 \quad \longrightarrow \text{tue nichts} \quad , \\
b_i \in w_0 \quad &\text{und} \quad b_i \notin B_1 \quad \longrightarrow \text{tue nichts} \quad , \\
b_i \in w_1 \quad &\text{und} \quad b_i \notin B_1 \quad \longrightarrow \text{ändere } B_1 \quad , \\
b_i \in w_0 \quad &\text{und} \quad b_i \in B_1 \quad \longrightarrow \text{ändere } B_1 \quad .
\end{aligned}
$$

$$\tag{7.5.9}$$

$$\tag{7.5.10}$$

Eine Modifikation von Schritt 4 ist dann:

4`. Beobachte Muster b_1, b_2,... . Das erste beobachtete Muster b_i aus w_1 bildet die anfängliche partielle Beschreibung

$$B_1^P = b_i \in w_1 \subseteq K_1, \tag{7.5.11}$$

alle nicht aus K_1 stammenden Beobachtungen werden nach w_0 gebracht. Für jedes neu beobachtete Muster werden die Bedingungen (7.5.9, 10) geprüft. Wenn $b_i \in w_1$ und $b_i \notin B_1^P$, dann wird B_1^P so verändert, daß $b_i \in B_1^P$ und kein Element $b_j \in w_0$ durch B_1^P überdeckt wird. Wenn $b_i \in w_0$ und $b_i \in B_1^P$, dann wird B_1^P so verändert, daß $b_i \notin B_1^P$ aber alle $b_i \in w_1$ durch B_1^P überdeckt werden. Wenn die Beschreibung B_1^P geändert wurde, wird Schritt 5 des obigen Algorithmus ausgeführt.

Unüberwachte Lernalgorithmen haben zum Ziel, eine Menge von beobachteten Mustern so in Teilmengen zu zerlegen, daß ein vorgegebenes Qualitätsmaß optimiert wird. Im Unterschied zu dem vorangehenden Algorithmus ist nicht bekannt, welchem Konzept ein beobachtetes Muster zuzuordnen ist. Ein Spezialfall sind Algorithmen, die eine Hierarchie von Zerlegungen in Teilmengen bilden. Es gibt Algorithmen, die genau eine vorgegebene Zahl k von Konzepten generieren und solche, die abhängig von einem Qualitätsmaß eine variable Zahl von Konzepten generieren.

Schema eines <u>Algorithmus</u> für die <u>unüberwachte</u> <u>Zerlegung</u> einer Stichprobe in genau <u>k</u> <u>disjunkte</u> <u>Teilmengen</u>:

1. Gegeben ist eine Stichprobe von Beobachtungen, ein Qualitätsmaß, ein Repräsentationsformalismus, die gewünschte Zahl k von zu generierenden Konzepten und ein Abstandsmaß.

2. Wähle k anfängliche Konzepte, zum Beispiel indem die Beschreibungen von k Beobachtungen als Konzepte verwendet werden.

3. Ordne jede Beobachtung dem Konzept zu, von dem sie den kleinsten Abstand hat. Dadurch wird die Stichprobe in k Teilmengen zerlegt.

4. Generiere mit den Beobachtungen jeder Teilmenge k neue, generalisierte Konzepte, so daß das gewählte Qualitätsmaß verbessert wird.

5. Wiederhole die Schritte 3 und 4 bis sich keine Änderung mehr ergibt oder eine vorgegebene Zahl von Iterationen erreicht ist.

Im Prinzip folgt dieser Algorithmus dem inzwischen klassischen ISODATA-Algorithmus für numerisch repräsentierte Daten. Durch zusätzliche Maßnahmen läßt sich der Algorithmus so modifizieren, daß die Zahl k der Konzepte variabel ist. Dazu gehört zum Beispiel das Zusammenfassen zweier genügend ähnlicher Konzepte zu einem neuen, das Aufspalten eines genügend inhomogenen Konzepts in zwei neue und das Löschen eines Konzepts, das zu wenig Beobachtungen überdeckt.

Schema eines _Algorithmus_ für die _unüberwachte_ Berechnung einer _hierarchischen Zerlegung_ einer Stichprobe:

1. Gegeben ist eine Stichprobe von Beobachtungen und ein Maß für die Ähnlichkeit von Beobachtungen und Konzepten.

2. Wenn $w = (b_1, b_2, \ldots, b_N)$ die Menge der Beobachtungen ist, beginnt man mit einer Menge K^0 von Konzepten

$$K^0 = (K_1, K_2, \ldots, K_N) \quad \text{mit} \quad K_i = b_i \ . \tag{7.5.12}$$

3. Im l-ten Schritt wird die Menge K^{l-1} von Konzepten betrachtet. Man ermittelt die ähnlichsten Konzepte K_i, $K_j \in K^{l-1}$ und faßt diese zu einem neuen Konzept K_{ij} zusammen, zum Beispiel $K_{ij} = K_i \cup K_j$. Die neue Konzeptmenge K^l enthält alle Konzepte von K^{l-1}, außer K_i und K_j, zuzüglich K_{ij}.

4. Das Verfahren endet für l=N.

Algorithmen der obigen Art sind vor allem geeignet, um für Zwecke der Bildverarbeitung Beobachtungen zu allgemeineren Konzepten zusammenzufassen. Auch in der Sprachverarbeitung sind solche Konzepte für die Verarbeitung etwa ab der Wortebene, wenn es um das Verstehen einer Äußerung im Kontext eines Problemkreises geht, wichtig. Sie entsprechen in etwa dem in Abschnitt 7.4 genannten Fall des "Zeigens" relevanter Objekte, wobei allerdings vorausgesetzt wird, daß die Objekte bereits in dem für den Algorithmus geeigneten Repräsentationsformalismus bereitgestellt werden. Sie eignen sich nicht für den ebenfalls in Abschnitt 7.4 genannten Fall der "Beschreibung" eines Objekts oder Sachverhalts.

Das Prinzip des <u>Lernens</u> <u>aus</u> einer weitgehend <u>natürlichsprachlichen</u> <u>Be-</u>
<u>schreibung</u> geht aus folgenden Beispielen hervor:

Das "weiße Haus" ist ein Gebäude, das in Washington steht und in dem der Präsident der USA residiert.

Der "gesuchte Wagen" ist ein roter PKW, vermutlich vom Typ Mercedes oder Audi, mit zertrümmertem rechtem Scheinwerfer.

In beiden Fällen wird ein neues Konzept mit Hilfe anderer Konzepte (wie "Gebäude", "PKW"), Relationen (wie "ist ein"), Restriktionen (wie "ein Gebäude, das...") und Ergänzungen (wie "roter" PKW) definiert. Vorausgesetzt wird offenbar, daß die zur Definition benutzten Bestandteile bereits bekannt sind. Im Lernprozeß werden die definierenden Bestandteile in das zu definierende übertragen. Das ist dann relativ einfach, wenn die Beschreibung bestimmte Schlüsselwörter enthält, die eine unverwechselbare Bedeutung haben, zum Beispiel wenn "Gebäude" direkt der Name eines bekannten Konzepts ist oder wenn "ist ein" immer die Spezialisierungsrelation (siehe zum Beispiel Abschnitt 3.3) bezeichnet. Sonst sind komplexe natürlichsprachliche Fähigkeiten bei der Umsetzung einer Beschreibung erforderlich. Die Vorgehensweise ist wie folgt:

1. Gegeben ist eine Menge bekannter Konzepte, Attribute und Relationen, eine Definition eines neuen Konzepts mit Hilfe der bekannten sowie gegebenenfalls allgemeine Information über die Wichtigkeit von Attributen und Relationen.

2. Es wird ein Rohkonzept angelegt, das alle a priori verfügbare Information enthält.

3. Es werden die aus der Definition des neuen Konzepts in das Rohkonzept zu übertragenden Informationen bestimmt.

4. Gegebenenfalls wird eine Auswahl unter der in 3. bestimmten Information getroffen.

5. Gegebenenfalls werden die Gründe für die Auswahl explizit vermerkt.

6. Die ausgewählte Information wird in das Rohkonzept eingetragen.

Als weiteres Beispiel wird in Grundzügen ein Ansatz vorgestellt, um Objektbeschreibungen zu lernen, die durch semantische Netze repräsentiert werden. Die Netze enthalten Konzeptknoten sowie Kanten zur Kennzeichnung von Generalisierungen, Attributen (wie zum Beispiel Größe, Farbe) und Lagerelationen (wie zum Beispiel über, links von, innerhalb). Die Kanten können zusätzlich durch die Bezeichnungen "muß" bzw. "darf nicht" stärker betont werden, zum Beispiel "muß links von sein" oder "darf nicht berühren". Naheliegende Alternativen zu dieser Vorgehensweise sind die Verwendung von Gewichten zwischen 0 und 1. Das Lernverfahren beruht wesentlich auf der Voraussetzung, daß eine sorgfältig gewählte

Trainingssequenz bereitgestellt wird, die mit einem typischen Vertreter oder einer typischen Instanz des Konzepts beginnt. Danach folgen weitere Instanzen des Konzepts und auch sorgfältig gewählte Instanzen, die nicht zu dem Konzept gehören; diese sollen sich nur in einer typischen Eigenschaft von dem Konzept unterscheiden, also die Zugehörigkeit zum Konzept nur knapp verfehlen. Die Idee ist, daß solche knapp verfehlenden Instanzen für die Konstruktion trennscharfer Konzepte entscheidend sind, da sie gezielt die erforderlichen Einschränkungen eines zu allgemeinen Konzepts angeben. Die Umsetzung von Bilddaten in den Netzwerkformalismus ist nicht Gegenstand des Algorithmus.

Algorithmus zur <u>Konstruktion</u> eines <u>Konzepts</u>, das als <u>semantisches</u> <u>Netz</u> repräsentiert wird:

1. Das erste Beispiel ist nach Voraussetzung eine Instanz des Konzepts und wird als anfängliches Konzept oder anfängliches Modell verwendet.

2. Wenn das folgende Beispiel eine Instanz des Konzepts ist, dann generalisiere das Konzept, sonst spezialisiere es.

<u>Generalisierung</u> eines Konzepts:

1. Vergleiche die semantischen Netze des Modells und des Beispiels und ermittle die Unterschiede zwischen beiden.

2 . Wenn das Modell ein Teil enthält, das selbst Element einer Klasse von Teilen ist, und das korrespondierende Teil des Beispiels Element einer anderen Klasse ist, dann generalisiere die Klasse (zum Beispiel durch Regel 3.3 von Abschnitt 7.5.5).

3. Wenn das Modell eine Kante enthält, die nicht im Beispiel auftritt, dann eliminiere die Kante.

4. Wenn das Modell Attribute oder Teile enthält, die durch andere Werte charakterisiert sind als im Beispiel, dann generalisiere den Wertebereich (zum Beispiel durch Regeln 3.1 oder 3.2 in Abschnitt 7.5.5).

5. Alle anderen Unterschiede zwischen Modell und Beispiel werden ignoriert.

<u>Spezialisierung</u> eines Konzepts:

1. Vergleiche die semantischen Netze des Modells und des Beispiels und ermittle die Unterschiede.

2. Wenn sich ein einziger besonders wichtiger Unterschied ermitteln läßt, dann bestimme, ob entweder das Modell oder das Beispiel eine Knate hat, die im jeweils anderen nicht vorhanden ist.

2.1. Wenn das Modell eine Kante hat, die nicht im Beispiel auftritt, dann wandle diese in eine "muß"-Kante.

2.2. Wenn das Beispiel eine Kante hat, die nicht im Modell auftritt, dann füge im Modell eine entsprechende "darf nicht"-Kante ein.

Wenn die Syntax einer natürlichen Sprache, wie vielfach üblich, durch eine formale Grammatik, zum Beispiel ein ATN, approximiert wird, ergibt sich beim Lernen das Problem, die Produktionen einer Grammatik durch Beobachten einer endlichen Stichprobe von Sätzen der von der Grammatik erzeugten Sprache zu konstruieren. Schon für einfache Grammatiken wird dieses eine äußerst schwierige und aufwendige Aufgabe. Eine interessante Alternative bietet der in Kapitel 5 beschriebene WASP (wait and see parser). Als Grundprinzip wurde dort die Verwendung eines Puffers und eines Stapelspeichers zur Erzielung einer lokalen Verarbeitung eingeführt; Syntax wurde durch eine Menge von Regeln beschrieben. Die Aktionen der Regeln waren vom Typ Erzeuge, Verbinde oder Vertausche. Die entscheidende Voraussetzung ist allerdings, daß ein leistungsfähiger Präparser verfügbar ist, der Nominalgruppen vorab analysieren kann. Der vorzustellende Lernalgorithmus setzt den Präparser voraus. Außerdem wird erwartet, daß schon eine Menge syntaktischer Regeln bekannt ist. Ein neuer, als grammatisch korrekt anzusehender Satz, der nicht akzeptiert wird, signalisiert dann, daß das syntaktische Wissen des Parsers durch weitere Regeln ergänzt werden muß. Dieses geschieht so, daß der neue Satz akzeptiert wird. Es wird schließlich vorausgesetzt, daß die vorhandenen Regeln vom Typ Erzeuge und Beende korrekt und vollständig sind. Wenn ein neuer Satz nicht akzeptiert wird, muß dieses also durch neue Regeln vom Typ Verbinde und/oder Vertausche korrigierbar sein. Die Bedingungen dieser Regeln müssen aus dem Puffer und dem obersten Element des Stapelspeichers hervorgehen. Mit diesen Beschränkungen wird die Komplexität des Lernproblems drastisch reduziert.

Der Algorithmus zum Lernen neuer Regeln in einem WASP arbeitet wie folgt:
1. Ein neuer Satz wird mit den vorhandenen Regeln analysiert. Wenn er akzeptiert wird, tue nichts, sonst verfahre wie unten angegeben.
2. Bilde eine Bedingung aus jedem Puffer Inhalt und aus dem aktuellen Zustand des Stapelspeichers.
3. Versuche es mit einer neuen Regel vom Typ Verbinden. Der Versuch ist erfolglos, wenn das erste Element im Puffer nicht mit dem aktuellen Zustand verbunden werden kann und wenn die neue Regel nicht zur Akzeptierung des Satzes ohne weitere Unterbrechung führt. Für das Verbinden gilt, daß Verben nur mit Verbphrasen, Nomina nur mit Nominalphrasen, Phrasen nur mit Phrasen anderen Typs verbunden werden können.
4. Wenn 3. nicht erfolgreich war, versuche es mit einer Regel vom Typ Vertauschen. Der Versuch ist erfolglos, wenn der Satz nicht akzeptiert wird.
5. Wenn entweder 3. oder 4. erfolgreich verlief, vereinige die neue Regel mit den vorhandenen. Wenn keine der vorhandenen Regeln die gleiche Aktion wie die

neue ausführt, setze die neue Regel an den Anfang der Regelmenge, sonst generalisiere beide Regeln mit der gleichen Aktion durch Eliminierung der Eigenschaften, die nicht in beiden gemeinsam sind.

Eine explizite oder stillschweigende Voraussetzung ist oft, daß die bei jedem Lernschritt erforderlichen Änderungen klein sind und/oder daß ein Lernprozeß bereits mit einem gewissen Wissensstand beginnt. Das Lernen beliebiger Änderungen (beliebig großer neuer Wissensinhalte) in einem Schritt bzw. das Lernen ohne jegliches Vorwissen führt in der Regel zu keinem konvergierenden Verhalten. Dieses deckt sich mit Beobachtungen über Lernerfolge beim Menschen; es entspricht auch den bekannten Algorithmen zum Parameterlernen, die ebenfalls mit kleinen Parameteränderungen arbeiten und umso rascher konvergieren je besser der Startwert ist.

7.6 Aufgaben

1. Gegeben seien folgende Beobachtungen O_i, i=1 - 6, die durch je drei Attribut: Wert Paare gegeben seien:

O_1 : (Form: Kreis),   (Farbe: weiß),   (Fläche: klein)
O_2 : (Form: Kreis),   (Farbe: schwarz), (Fläche: klein)
O_3 : (Form: Kreis),   (Farbe: weiß),   (Fläche: groß)
O_4 : (Form: Quadrat), (Farbe: schwarz), (Fläche: klein)
O_5 : (Form: Quadrat), (Farbe: weiß),   (Fläche: groß)
O_6 : (Form: Dreieck), (Farbe: weiß),   (Fläche: klein)

Machen Sie einen Vorschlag für ein Abstands- und ein Qualitätsmaß nach den Prinzipien von Abschnitt 7.5.4 und 7.5.6. Bestimmen Sie drei generalisierte Konzepte mit dem Algorithmus für die unüberwachte Zerlegung einer Stichprobe in genau k disjunkte Teilmengen von Abschnitt 7.5.7 und geeigneten Generalisierungsregeln von Abschnitt 7.5.5.

2. Gegeben seien die folgenden "Szenen" in natürlichsprachlicher Beschreibung:
S1: ein kleines Quadrat befindet sich links neben einem kleinen Dreieck.
S2: ein großes Quadrat enthält ein kleines Dreieck; rechts davon befindet sich ein weiteres kleines Dreieck.
Setzen Sie diese Beschreibung um in eine Repräsentation mit semantischen Netzen, die Spezialisierungen, Teile, Attribute und Relationen enthalten. Ermitteln Sie

mit dem Algorithmus zum Lernen in semantischen Netzen ein generalisiertes Netz, wobei davon ausgegangen wird, daß S1 und S2 zum gleichen Konzept gehören.

3. Wenden Sie den in Abschnitt 7.5.7 skizzierten Algorithmus zum Lernen neuer Regeln im WASP auf den Satz "verläßt der nächste Zug in zehn Minuten den Hauptbahnhof in Hamburg?" an. Nehmen Sie an, daß ein Präparser die Form "verläßt (NP1) in (NP2) (NP3)?" lieferte. Legen Sie die Regeln aus Abschnitt 5 zugrunde. Zeigen Sie, daß die Aktion "verbinde" nicht erfolgreich ist, daß aber "vertausche" zum Ziel führt.

7.7 Bibliografischer Rückblick

Eine umfassende Einführung in das automatische Lernen, allerdings ohne Berücksichtigung der speziellen Belange der Bild- und Sprachanalyse, gibt [10] für den KI Ansatz. Zum Parameterlernen in der Mustererkennung gibt es Kapitel in einer Vielzahl von Büchern, zum Beispiel in [5, 11]. Eine ausführliche Übersicht über automatische Konstruktion von Grammatiken gibt [6]. Interaktiver Wissenserwerb für die Bildanalyse wird in [12, 20] vorgestellt und für allgemeine Expertensysteme in [4, 13].

Der automatische Aufbau von Modellen, die genau einer Situation entsprechen, wird zum Beispiel in [3, 7] an Beispielen auführlich diskutiert. Verschiedene Abstandsmaße wurden in [2, 14] vorgeschlagen, dort sind zum Teil auch detaillierte Algorithmen zu deren konkreter Berechnung angegeben. Die Generalisierungsregeln wurden unter anderem in [9, 10] formuliert. Die Schemata für Lernalgorithmen entstammen [1, 9, 15, 17, 18, 19, 20]. Dort sind zahlreiche weitere Einzelheiten über die Algorithmen zu finden, insbesondere auch solche, die den speziellen Repräsentationsformalismus betreffen. Eine Erweiterung des Lernproblems unter Einbeziehung explizit formulierter Ziele ist in [16] untersucht worden. In [8] wurde schliesslich in Anlehnung an biologische Systeme ein genetischer Lernalgorithmus formuliert.

[1] Berwick, R.C.: Locality Principle and the Acquisition of Syntactic Knowledge. MIT Press Cambridge 1982
[2] Bunke, H., Allermann, G.: Inexact Graph Matching for Structural Pattern Recognition. Pattern Recognition Letters 1 (1983) 245 - 253

[3] Crowley, J.L.: Navigation for an Intelligent Mobile Robot. IEEE Trans. RA - 1 (1985) 31 - 41

[4] Davis, R.: Interactive Transfer of Expertise: Acquisition of New Inference Rules. AI 12 (1979) 121 - 157

[5] Duda, R.O., Hart, P.E.: Pattern Classification and Scene Analysis. J. Wiley New York 1972

[6] Fu, K.S., Booth, T.L.: Grammatical Inference: Introduction and Survey. IEEE Trans. SMC 5, Part I 95 - 111, Part II 409 - 423 (1975)

[7] Hermann, M., Kanade, T., Kuroe, S.: Incremental Acquisition of a Three - Dimensional Scene Model from Images. IEEE Trans. PAMI 6 (1984) 331 - 340

[8] Holland, J.H.: Adaptation in Natural and Artificial Systems. Univ. of Michigan Press, Ann Arbor 1975

[9] Michalski, R.S.: Pattern Recognition as Rule-Guided Inference. IEEE Trans. PAMI 2 (1980) 349 - 361

[10] Michalsky, R.S.; Carbonell, J.G.; Mitchell, T.M.: Machine Learning, An Artificial Intelligence Approach. Tioga, Palo Alto, California 1983

[11] Niemann, H.: Klassifikation von Mustern. Springer, Berlin Heidelberg New York Tokyo 1983

[12] Perkins, W.A.: INSPECTOR: A Computer Vision System that Learns to Inspect Parts. IEEE Trans. PAMI 5 (1983) 584 - 592

[13] Politakis, P.; Weiss, S.M.: Using Empirical Analysis to Refine Expert Systems Knowledge Data Bases. AI 22 (1984) 23 - 48

[14] Shapiro, L.G.: Haralick, R.M.: A Metric for Comparing Relational Descriptions. IEEE Trans. PAMI 7 (1985) 90 - 94

[15] Smith, S.F.: Flexible Learning of Problem Solving Heuristics Through Adaptive Search. Proc. 8. IJCAI, Karlsruhe 1983

[16] Vere, S.A.: Induction of Concepts in the Predicate Calculus. Advance Papers of 4. IJCAI, Tbilisi, Georgia, USSR 1975, 281 - 287

[17] Vere, S.A.: Multilevel Counterfactuals for Generalization of Relational Concepts and Productions. AI 14 (1980) 139 - 164

[18] Winston, P.H.: Learning by Creatifying Transfer Frames. AI 10 (1978) 147 - 172

[19] Winston, P.H.: Learning Structural Descriptions from Examples. In P.H. Winston (ed.): The Psychology of Computer Vision. Mc Graw Hill, New York 1975, 157 - 209

[20] Yachida, M.; Tsuji, S.: A Versatile Machine Vision System for Complex Industrial Parts. IEEE Trans. C 26 (1977) 882 -894

8 Wissensbasierte Analyse nuklearmedizinischer Bildfolgen

In diesem Kapitel soll anhand eines komplexen Beispiels gezeigt werden, wie verschiedene in den vorhergehenden Kapiteln behandelte Methoden der künstlichen Intelligenz in der Bildanalyse eingesetzt werden können. Wir betrachten hierzu ein System zur Analyse nuklearmedizisch gewonnener Bildfolgen des menschlichen Herzens. Die Aufgabenstellung des Systems besteht in der automatischen Gewinnung einer diagnostischen Beschreibung einer Bildsequenz. Das vorgestellte System wurde vollständig implementiert und anhand zahlreicher Folgen von Bildern getestet.

Es gibt verschiedene Motive für die Entwicklung und den Einsatz eines Systems wie des hier beschriebenen. Zum einen ist die konventionelle interaktive Auswertung einer Bildfolge zeitaufwendig. Ein automatisches System kann hier wesentlich zur Entlastung des Mediziners von Routinetätigkeit beitragen. Des weiteren kann ein automatisches System zu einer verbesserten Standardisierung und Reproduzierbarkeit des Auswertungsprozesses beitragen.

8.1 Datengewinnung und medizinische Hintergründe

In der Nuklearmedizin gewinnt man Bilder, sog. Szintigramme, indem dem Patienten eine schwach radioaktive Substanz verabreicht wird. Die Verteilung dieser Substanz im Körper ist durch die beim Zerfall entstehende Strahlung von der Körperoberfläche aus messbar. Es gibt zahlreiche Bildgewinnungsverfahren in der nuklearmedizinischen Diagnostik. Die vom hier vorgestellten System analysierten Bilder werden nach der Methode der sog. EKG-getriggerten Herzbinnenraumszintigraphie gewonnen. Hierbei wird ein Sequenzszintigramm, d.h. eine Folge von n Szintigrammen aufgenommen, wobei n typischerweise zwischen 12 und 32 liegt. Diese Bildfolge repräsentiert einen Zyklus (Schlag) des menschlichen Herzens. Als Radiopharmakon findet Technetium-99m, das intravenös verabreicht wird, Verwendung. Die Bildaufnahme erfolgt mithilfe einer sog. Gammakamera nach Gleichverteilung des Radiopharmakons im Blut. Die mit Blut gefüllten Hohlräume, d.h. Kammern und Vorhöfe des Herzens, treten in den Bildern der Folge jeweils als Regionen hoher Intensität auf. Auf diese Weise kann die Pumpbewegung des Herzens sichtbar gemacht werden.

Bei der diagnostischen Auswertung des Bewegungsverhaltens des Herzens interessiert aus medizinischen Gründen vor allem die linke Herzkammer (Ventrikel). Die hier betrachteten Bilder wurden unter einer sog. LAO 45°-Projektion von schräg links vorn aufgenommen, wodurch der linke Ventrikel sichtbar ist und nicht von anderen Teilen des Herzens verdeckt wird. Eine typische Bildsequenz, wie sie vom hier beschriebenen System analysiert wird, ist in Bild 8.1 dargestellt. Wir gehen im folgenden stets von 12 Bildern pro Sequenz mit einer örtlichen Auflösung von 64 x 64 Bildpunkten aus. Das erste Bild der Folge von Bild 8.1 zeigt Bild 8.2. Eine schematische Darstellung des Inhalts von Bild 8.2 ist in Bild 8.3 gezeigt. Der mit Blut gefüllte linke Ventrikel weist eine höhere Strahlungsintensität als der umschliessende Herzmuskel und das Septum auf. Die 2-D Intensitätsverteilung im Bild spiegelt die 3-D Verteilung des Radiopharmakons im Blut wieder. Es ist eine deutlich wahrnehmbare Hintergrundstrahlung vorhanden, welche durch andere Blutgefässe ausserhalb des Herzens bedingt ist. Das Schema der Bildaufnahme bleibt von Patient zu Patient konstant. Dennoch weisen die Bilder eine beträchtliche Variationsbreite bezüglich Form, Grösse und Bewegungsverhalten des Herzens auf.

Die konventionelle Auswertung von Sequenzszintigrammen der hier betrachteten Art durch den Mediziner erfolgt interaktiv und besteht aus den folgenden Schritten:
1. Kinematografische Darstellung der Sequenz am Bildschirm und subjektivvisuelle Begutachtung. Hier verschafft sich der Auswerter einen qualitativen Eindruck von Form, Grösse und Bewegungsverhalten durch Betrachtung der dynamisch-zyklisch als Film dargestellten Bildfolge.
2. Quantitative Auswertung durch Berechnung verschiedener Parameter. Die Ausgangsbasis für diese Parameter bilden üblicherweise die Konturen, welche den linken Ventikel mit seinen interessierenden Teilbereichen kennzeichnen. Bei der Konturbestimmung dominieren manuelle oder halbautomatische Verfahren unter Verwendung von Lichtgriffel, Rollkugel etc.

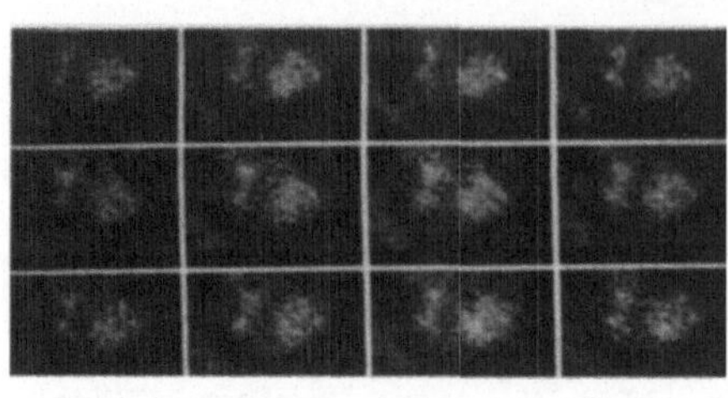

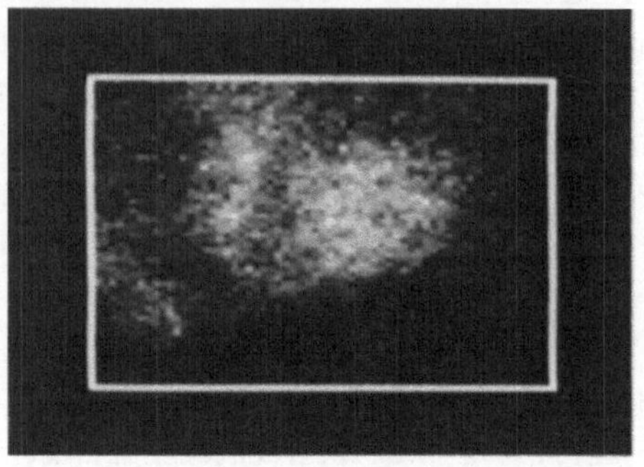

Bild 8.1 Beispiel einer Bildsequenz

Bild 8.2 Erstes Bild der Sequenz von Bild 8.1

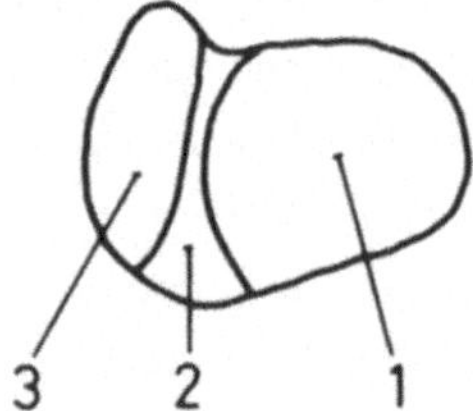

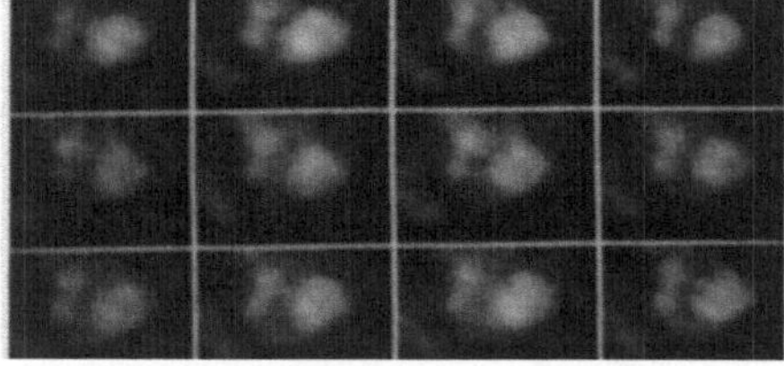

Bild 8.3 Schematische Darstellung des Inhalts von Bild 8.2. 1 = linker Ventrikel, 2 = Septum, 3 = rechter Ventrikel mit rechtem Atrium und Pulmonalarterie

Bild 8.4 Ergebnis einer Median-Glättung von Bild 8.1

3. Diagnostische Beurteilung. Hier werden die in Schritt 1 und 2 gewonnenen Erkenntnisse qualitativer und quantitativer Natur kombiniert mit anderen verfügbaren Informationen, z.B. Patientenvorgeschichte, akuten Beschwerden, Ergebnissen anderer Untersuchungen u.s.w. mit dem Ziel, eine medizinische Diagnose zu gewinnen. Das Ziel des hier beschriebenen Systems ist die Automatisierung von Schritt 2 und Teilen von Schritt 3 in oben angegebener Folge. Wesentliches Merkmal ist, dass bei der Ableitung einer diagnostischen Beschreibung in Schritt 3 vom System lediglich von Information Gebrauch gemacht wird, die direkt aus der Eingabebildfolge ableitbar ist. D.h. die zu ermittelnden diagnostischen Hinweise ziehen ausschliesslich Form, Grösse und Bewegungsverhalten, wie sie den Eingabebildern zu entnehmen sind, in Betracht und vernachlässigen weitere Information nicht-

bildhafter Natur. Ist im folgenden von einer vom System abgeleiteten Diagnose die Rede, so ist damit stets diese eingeschränkte Art von Diagnose, welche ausschliesslich auf den Eingabebildern beruht, gemeint.

Bei der Beurteilung des Bewegungsverhaltens des Herzens unterscheidet man die diagnostischen Kategorien Normal, Hypokinesie, Akinesie und Diskinesie. Ein normales Bewegungsverhalten liegt vor, wenn eine weitgehend gleichmässige Bewegung, d.h. Kontraktion und anschliessende Expansion, einer bestimmten Stärke entlang der gesamten Kontur des linken Ventrikels beobachtet werden kann. Ist die Bewegung abgeschwächt, so spricht man von einer Hypokinesie. Eine Akinesie bedeutet die vollständige Bewegungslosigkeit eines Teils der linken Herzkammer. Tritt eine Phasenverschiebung bei der Pumpbewegung in einem Teil des Ventrikels auf, so liegt dort eine Diskinesie vor. Die Uebergänge zwischen den Kategorien Normal-Hypokinesie-Akinesie-Diskinesie sind fliessend. Es ist also z.B. sinnvoll, von einem normal bis hypokinetischen oder einem diskinetisch bis akinetischen Bewegungsverhalten zu sprechen. Zur genaueren diagnostischen Beschreibung werden Teilbereiche des linken Ventrikels betrachtet. Diese Teilbereiche sind das infero-apikale, posterolaterale, basale und septale Segment. (Eine bildliche Darstellung folgt in Kap. 8.3.) Die oben erwähnten Bewegungskategorien können nicht nur auf den linken Ventrikel global bezogen werden, sondern insbesondere auch auf diese lokalen Segmente. Neben einer statischen Beurteilung des linken Ventrikels bezüglich Form und Grösse liegt die Aufgabe des hier vorgestellten Systems insbesondere darin, ein Sequenzszintigramm bezüglich obiger Bewegungskategorien zu beurteilen.

8.2 Systemübersicht

Eine Systemübersicht ist in Bild 8.5 gezeigt. Die generelle Struktur des Systems weist Aehnlichkeiten mit Bild 1.3 auf. Im folgenden werden die Hauptkomponenten von Bild 8.5 übersichtsartig erläutert.

Das Modell enthält als Langzeitwissensspeicher das zur Analyse einer Bildsequenz verwendete medizinische Wissen. Als Formalismus für die Wissensrepräsentation wird ein semantisches Netz verwendet, mit Konzepten und Relationen. Die Konzepte repräsentieren Grössen unterschiedlicher Natur, z.B. Objek-

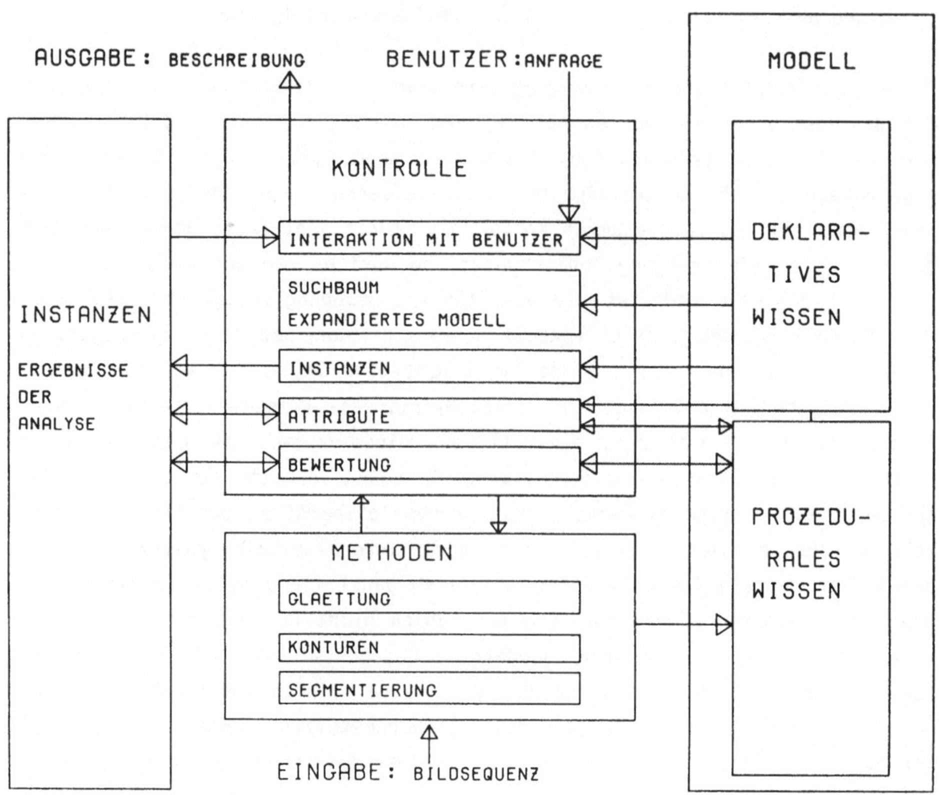

Bild 8.5 Systemübersicht

te wie den linken Ventrikel, Bewegungen wie eine Kontraktion sowie diagnostische Begriffe wie eine Akinesie. Der durch das semantische Netz dargestellte Sachverhalt ist qualitativer Natur und stellt den deklarativen Teil der
Wissensbasis dar. Der prozedurale Teil besteht aus Verfahren zur Berechnung
von Attributen, die innerhalb der Konzepte des Netzes auftreten. Eine wesentliche Funktion dieser Attribute liegt in der quantitativen Charakterisierung
der Grössen, die mithilfe der Konzepte repräsentiert werden. Beispiele für
Attribute sind die Fläche, die der linke Ventrikel auf einem Bild einnimmt,
oder die Dauer einer Kontraktion.

Die Instanzen dienen als Kurzzeitwissensspeicher der Aufnahme von Zwischenergebnissen und Ergebnissen eines Analyselaufes. Der Instanzenspeicher ist analog dem Modell strukturiert. Dies bedeutet, dass für jede Instanz notwendigerweise genau ein zugehöriges Konzept des Modells existiert. Umgekehrt kann jedoch ein Konzept mehrere Instanzen besitzen (vgl. Kap. 8.5.). Existiert zwischen zwei Instanzen eine Relation, so muss eine entsprechende Relation auch im Modell vorhanden sein. Mit den prozeduralen Wissensquellen des Modells korrespondieren bei den Instanzen jeweils konkrete Werte, welche diese Wissensquellen für bestimmte Eingabedaten liefern.

Der Methoden-Modul beinhaltet verschiedene Verfahren der Bildverarbeitung, die in fester Reihenfolge auf eine Eingabebildsequenz angewendet werden. Die einzelnen Verarbeitungsschritte bestehen aus einer Bildglättung, der Detektion der Kontur des linken Ventrikels sowie einer Segmentierung dieser Kontur.

Der Ablauf der Analyse einer Bildfolge wird durch den Kontroll-Modul gesteuert. Die Kontrolle hat zwei grundsätzliche Aufgaben, nämlich die Abwicklung der Interaktionen mit dem Benutzer und die Steuerung des Analyseprozesses im engeren Sinn. Zu Beginn eines Analyselaufs kann der Benutzer ein Konzept, das sog. Zielkonzept, angeben. Die Aufgabe des Systems besteht nun in der Instanziierung dieses Zielkonzepts sowie eventuell vorhandener Spezialisierungen. Diese Instanziierung kann die Ueberprüfung der Eingabebildfolge auf alle dem System bekannten Diagnosen bedeuten oder - falls es sich beim Zielkonzept um eine spezielle Diagnose handelt, d.h. um einen speziellen Verdacht, den der Benutzer bezüglich der Eingabebildfolge bestätigt oder widerlegt haben möchte - die Ueberprüfung einer speziellen hypothetischen Diagnose.

Eine von der Kontrolle zu erledigende Teilaufgabe ist das Anlegen von Instanzen, wobei insbesondere auch Attribute zu berechnen sind. Der Zustand der Analyse, d.h. Information darüber, welche Konzepte des Modells bereits ausgewertet sind, wird in einer speziellen Datenstruktur, dem sog. expandierten Modell, das von der Kontrolle lokal verwaltet wird, festgehalten. Ein grundlegendes Prinzip des Kontrollprozesses besteht darin, während der Analyse verschiedene Alternativen zu verfolgen. Dies ist nötig, da manche Phänomene erst im Laufe der Analyse im Rahmen eines grösseren Kontexts sicher interpretierbar sind. Verschiedene Alternativen drücken sich in verschiedenen miteinander konkurrierenden Instanzen des gleichen Konzepts aus. Die Verwaltung konkurrierender Instanzen erfolgt mithilfe einer speziellen Datenstruktur, des Suchbaumes. Um die Analyse auf erfolgversprechende Alternativen zu fokussieren, wird jede Instanz grundsätzlich mit einer Bewertung versehen. Die Berechnung dieser Bewertungen erfolgt durch ein spezielles Programm innerhalb der Kontrolle. Nach vollzogener Analyse einer Bildfolge kann der Benutzer über den Kontroll-Modul interaktiv auf sämtliche Daten, die im Instanzenspeicher erzeugt wurden, zugreifen.

Das dargestellte System kann als spezielle Form eines Expertensystems betrachtet werden, das aus Bildern medizinisch-diagnostische Aussagen als Teil einer umfassenden Diagnose ableitet. Die strikte Trennung zwischen Wissensbasis und Inferenzkomponente, eines der Hauptkriterien für Expertensysteme, ist sicherlich gegeben. Allerdings existiert in der momentanen Version des Systems keine Erklärungskomponente. Die Möglichkeit, interaktiv auf den Instanzenspeicher zuzugreifen, soll als gewisser Ersatz hierfür dienen.

8.3 Verarbeitung auf unterer Ebene

Da das Schwergewicht bei der Beschreibung des Systems zur Analyse nuklearmedizinischer Bildfolgen auf der wissensbasierten Analyse, nicht jedoch auf Aspekten der Bildverarbeitung und Segmentierung liegt, soll die Verarbeitung auf unterer Ebene nur kurz skizziert werden, wobei vor allem diejenigen Aspekte betrachtet werden, die für das Verständnis der nachfolgenden wissensbasierten Analyseschritte nötig sind. Die Verarbeitung auf unterer Ebene erfolgt durch den Methoden-Modul (vgl. Bild 8.5) und besteht aus einer Bildglättung, der Detektion der Kontur des linken Ventrikels sowie einer Segmentierung dieser Kontur.

Das Aussenden der in den Bildern registrierten Quanten ist ein Zufallsprozess. So ergeben sich Intensitätsschwankungen zwischen benachbarten Bildpunkten, obwohl die tatsächlich vorhandene Aktivität in den entsprechenden Bereichen konstant ist. Dieser Effekt ist deutlich in Bild 8.1 und 8.2 zu beobachten. Zur Verbesserung der Bildqualität erfolgt als erster Verarbeitungsschritt eine Bildglättung. Hierzu wird ein Median-Filter mit einer Fenstergrösse von 7x7 Bildpunkten verwendet. Die Entscheidung für diese Methode der Filterung wurde aufgrund experimenteller Untersuchungen getroffen. Die Medianfilterung erfolgt dadurch, dass für jede Position im Bild in einer lo-

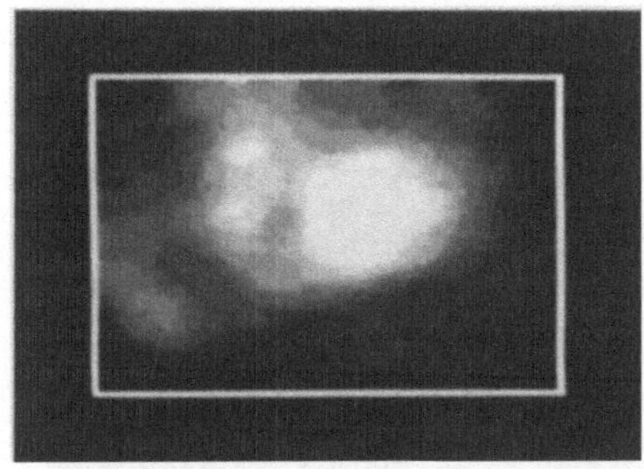 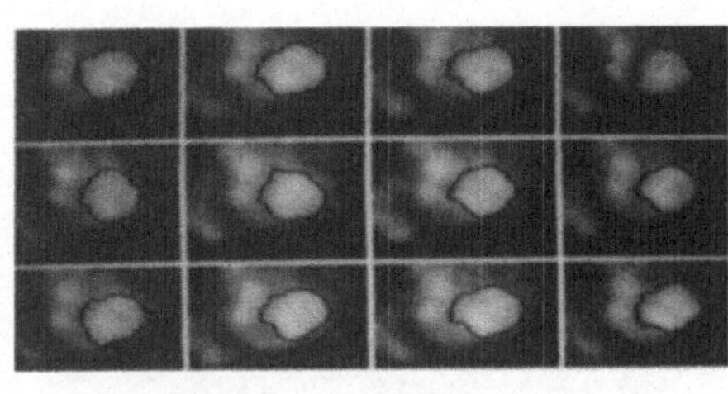

Bild 8.6 Ergebnis einer 7x7 Median-
Glättung von Bild 8.2

Bild 8.7 Konturen des linken Ventrikels zu Bild 8.4

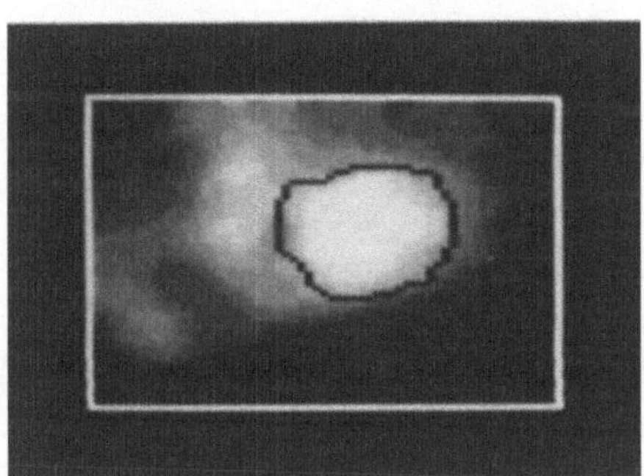 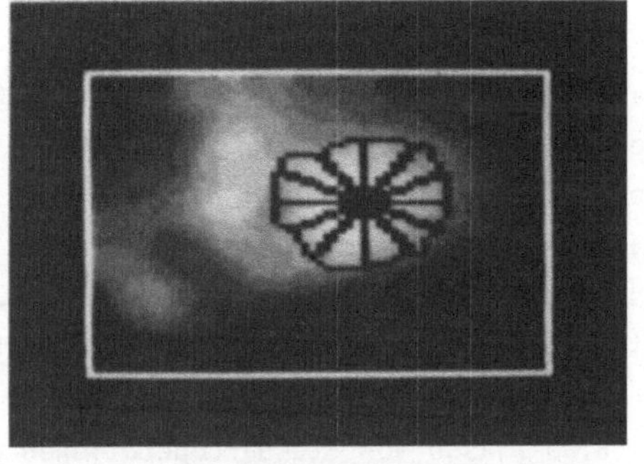

Bild 8.8 Konturen des linken Ventrikels zu Bild 8.6

Bild 8.9 Segmentierung des linken
Ventrikels in zwölf Sektoren
festen Winkels

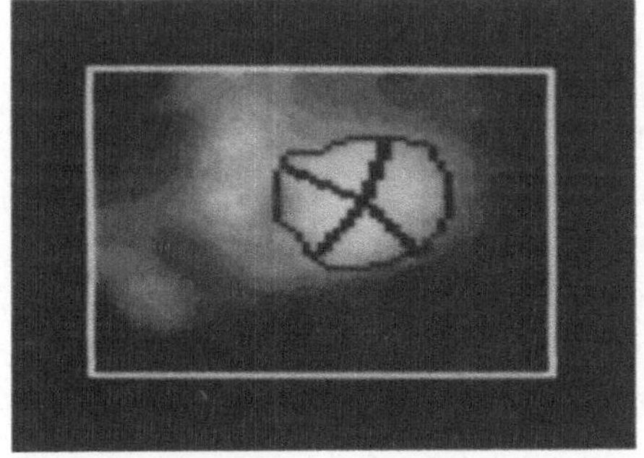 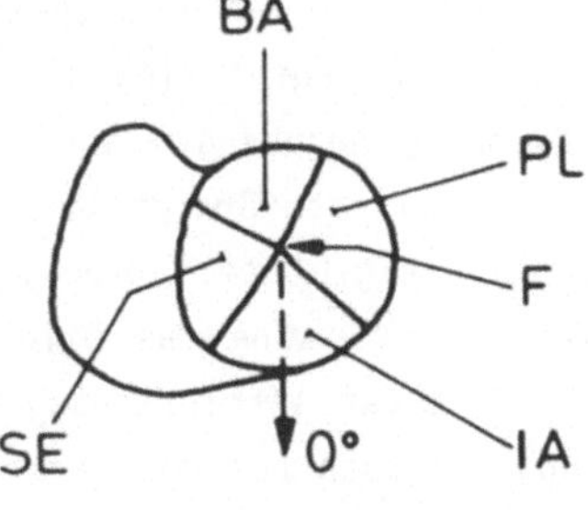

Bild 8.10 Segmentierung des linken
Ventrikels nach anatomischen
Kriterien

Bild 8.11 Schematische Darstellung
der vier Sektoren von Bild 8.10.
IA = infero-apikal, SE = septal,
BA = basal, PL = postero-lateral,
F = Flächenschwerpunkt

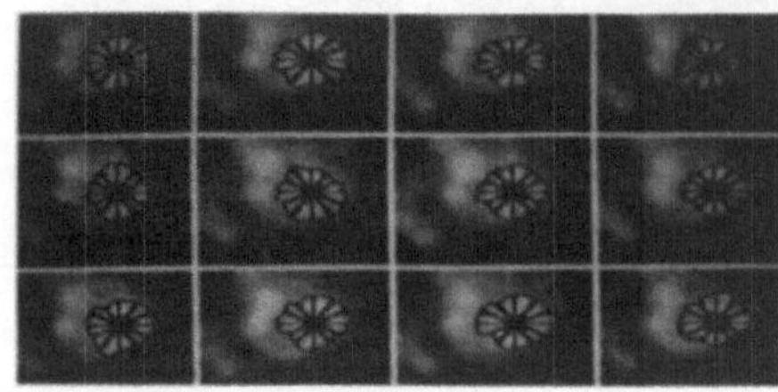 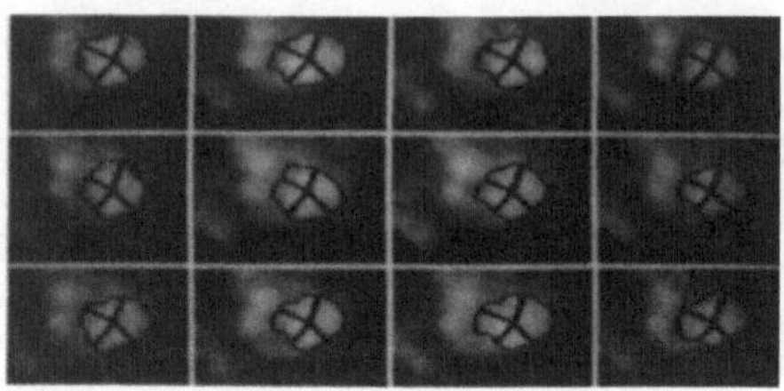

Bild 8.12 Segmentierung nach der
    Methode von Bild 8.9 für die
    gesamte Sequenz

Bild 8.13 Segmentierung nach der
    Methode von Bild 8.10 für die
    gesamte Sequenz

kalen Nachbarschaft von 7x7 Punkten der Median der Grauwertverteilung berechnet und als Wert des gefilterten Bildes verwendet wird. Das Ergebnis der Medianfilterung von Bild 8.1 und 8.2 ist in Bild 8.4 und 8.6 gezeigt. Der Glättungseffekt ist deutlich erkennbar. Durch die Glättung wird nicht nur der subjektiv-visuelle Eindruck verbessert, vielmehr stellt dieser Schritt auch eine wichtige Voraussetzung für die nachfolgende Konturfindung dar.

Eine Klasse von Standardoperationen zur Kantendetektion in der Bildanalyse beruht auf der Bildung der 1. Ableitung der Grauwertfunktion eines Bildes und der anschliessenden Verbindung lokaler Extrema zu Folgen von Konturlinienpunkten. Die Detektion des linken Ventrikels folgt ebenfalls diesem Prinzip, wobei eine Anpassung an die spezifische Aufgabenstellung vorgenommen wurde. Diese Anpassung ergibt sich aus der Beobachtung, dass der linke Ventikel in allen Bildern, unabhängig von individuellen Variationen, in guter Näherung stets eine ellipsenförmige Gestalt besitzt und dass die Kontur geschlossen ist. Deshalb ergibt sich eine wesentliche Vereinfachung bei der Repräsentation der Kontur, wenn das Bild einer Polarkoordinatentransformation unterzogen wird. Diese Vereinfachung macht sich sowohl bei der Berechnung der 1. Ableitung als auch bei der Verbindung der lokalen Extrema zu einer Folge von Konturpunkten bemerkbar.

Im einzelnen beruht die Detektion der Kontur des linken Ventrikels auf folgenden Schritten:

1. Bestimmung eines Punkts innerhalb des linken Ventrikels als Zentrum für die Polarkoordinatentransformation. Diese Bestimmung beruht auf heuristi-

schen Kriterien, die sich aus den standardisierten Aufnahmebedingungen ableiten lassen.

2. Polarkoordinatentransformation des Bildes unter Verwendung des vorher bestimmten Zentrums.

3. Berechnung der 1. Ableitung der Grauwertfunktion entlang der Zeilen der Polardarstellung, d.h. bei konstantem Winkel.

4. Verbindung lokaler Extrema durch Suche eines optimalen Pfades in dem in Schritt 3 berechneten Bild. Die Suche beruht auf dynamischer Programmierung (vgl. Kap. 6.).

5. Rücktransformation des in Schritt 4 gefundenen Pfades in die x,y-Ebene.

Die Schritte 1 - 5 werden sequentiell auf jedes Bild der Sequenz angewendet. Durch den Vergleich aller Konturen einer Folge können fehlerhaft detektierte Konturen in Einzelbildern korrigiert werden. Als Beispiel für die Konturdetekion sind in Bild 8.7 und 8.8 die Konturen gezeigt, die sich für Bild 8.4 und 8.6 ergeben.

Mithilfe der nach obiger Methode gewonnenen Konturen lässt sich das Bewegungsverhalten des linken Ventrikels global untersuchen. Für eine lokale Beurteilung ist es nötig, die Kontur in Segmente zu zerlegen. Hierzu werden zwei sich gegenseitig ergänzende Methoden verwendet. Bei der ersten Methode erfolgt eine Zerlegung der Fläche des linken Ventrikels in 12 Sektoren, wobei das Zentrum im Flächenschwerpunkt zu liegen kommt. Die Zahl von 12 entspricht medizinischen Empfehlungen. Ein Beispiel für diese Art der Segmentierung ist in Bild 8.9 gezeigt. Bei der zweiten Methode der Segmentierung werden die Segmente infero-apikal, postero-lateral, basal und septal bestimmt, siehe Bild 8.10 und 8.11. Das Verfahren beruht auf einer Klassifikation der Konturpunkte, unter Verwendung der Konturrichtung und der Lage eines Punktes relativ zum Schwerpunkt als Merkmale. Während bei einer Segmentierung wie in Bild 8.9 Sektoren konstanten Winkels vorliegen, ändern sich die entsprechenden Winkel in Bild 8.10 i.a. von Patient zu Patient. Bei beiden Arten der Segmentierung erfolgt die Bestimmung des Schwerpunktes und der Sektoren für das erste Bild einer Sequenz. Der so gefundene Schwerpunkt und die Winkel werden dann als Referenzgrössen für alle anderen Bilder einer Folge verwendet. Auf diese Weise ergeben sich die in Bild 8.12 und 8.13 gezeigten Ergebnisse.

Als Endergebnis des Methoden-Moduls liegt für jedes Bild der Eingabesequenz die Kontur des linken Ventrikels sowie die Kontur der Sektoren nach Bild 8.9 und 8.10 vor. Diese Konturen werden mithilfe wissensbasierter Metho-

den weiter verarbeitet mit dem Ziel, Hinweise auf Bewegungsstörungen oder Ab-
normalitäten hinsichtlich Form und Grösse zu entdecken.

8.4 Modell

8.4.1 Modellsyntax

Die Wissensrepräsentation im hier dargestellten System beruht auf einem
semantischen Netz. Der gewählte Formalismus weicht in verschiedenen Details
von der in Kap. 3. verwendeten Syntax ab, folgt jedoch den gleichen grund-
sätzlichen Prinzipien. Als Bausteine des semantischen Netzes treten Konzepte
auf, die durch Relationen miteinander verknüpft sind. Die durch Konzepte des
Netzes modellierten Einheiten können grob in drei Klassen unterteilt werden,
nämlich Objekte, Bewegungen und Diagnosen.

Ein Konzept wird genauer charakterisiert durch eine Reihe von Attributen.
Als Erweiterung gegenüber Kap. 3. treten neben Attributen zwei weitere Typen
von Komponenten in Konzepten auf, nämlich Strukturrelationen und Bewertungen. Beide Komponenten können als spezielle Attribute im Sinne von Kap. 3.
angesehen werden. Strukturrelationen dienen der Ueberprüfung bestimmter Restriktionen, denen Attribute oder Teile eines Konzepts genügen müssen. (Der
Begriff des Teils wird im nächsten Absatz erläutert.) Bewertungen geben ein
Mass dafür an, wie gut eine Instanz den durch das Konzept modellierten Begriff erfüllt. Zur Berechnung einer Bewertung werden insbesondere Strukturrelationen herangezogen. Sowohl Strukturrelationen als auch Bewertungen sind
in Konzepten durch Prozeduren gegeben, während sie in Instanzen in Form von
konkreten Werten, nämlich den Ergebnissen der entsprechenden Prozeduren für
spezielle Werte von Eingabeparametern, auftreten.

In Kap. 3. wurden die beiden Relationen Generalisierung und Instanz zusammen mit ihren Umkehrungen Spezialisierung und Instanz-von als Standardrelationen semantischer Netze sowie das damit verbundene Vererbungsprinzip behandelt. Neben diesen Relationen existiert im hier beschriebenen Netzwerkformalismus eine weitere Standardrelation, nämlich die Teil-Relation mit ihrer

Umkehrung Teil-von. Dies bedeutet, dass ein Konzept im hier betrachteten System neben den Slots für Generalisierungen, Spezialisierungen und Instanzen auch Teil- und Teil-von-Slots besitzt. Grundsätzlich liesse sich diese Relation auf der Basis der Syntax von Kap. 3. durch die Einführung zusätzlicher Konzepte modellieren. Es wurde jedoch der expliziten Verwendung einer Standardrelation der Vorzug gegeben, da bis auf Ausnahme weniger, sog. primitiver Konzepte, jedes Konzept Teile besitzt und weil weiterhin die Teil-/Teil-von-Relation eine fundamentale Rolle bei der Wissensnutzung und Inferenz einnimmt. Im Hinblick auf die Inferenz definiert diese Relation den Datenfluss zwischen verschiedenen Instanzen. Dies bedeutet, dass durch die Teil-/Teil-von-Relation zum Ausdruck gebracht wird, welche Attributwerte eines Konzepts A als Eingabeparameter bei der Berechnung der Attributwerte eines Konzepts B Verwendung finden.

8.4.2 Modell - Deklaratives Wissen

Während die Ueberlegungen zur Modellsyntax in Kap. 8.4.1. völlig unabhängig von einer speziellen Anwendung sind, soll im folgenden skizziert werden, welche problemspezifischen Aspekte bei der Analyse der hier betrachteten Bildfolgen relevant sind und wie diese mithilfe eines semantischen Netzes formal repräsentiert werden können. Eine übersichtsartige Darstellung des im hier beschriebenen System verwendeten semantischen Netzes ist in Bild 8.14 gezeigt. Die Einfachpfeile repräsentieren die Relation Teil-von, während Doppelpfeile die Spezialisierung-Relation zum Ausdruck bringen. Bezüglich der Teil-von-Relation können acht Ebenen im Netz unterschieden werden, die durch Nummern am linken Rand von Bild 8.14 kenntlich gemacht sind. Jede dieser Ebenen ist hinsichtlich der Spezialisierung-Relation in maximal drei Stufen unterteilt. Aus zeichnerischen Gründen zeigen die Pfeile in Bild 8.14 jeweils nur in eine Richtung. In der rechnerinternen Darstellung liegt jedoch eine Verzeigerung in beide Richtungen vor.

Insgesamt enthält das Modell des hier beschriebenen Systems über 170 Konzepte. Bei Bild 8.14 handelt es sich um eine übersichtsartige Darstellung, bei der verschiedene Konzepte jeweils zu Gruppen zusammengefasst wurden. Begriffe in Grossbuchstaben bezeichnen jeweils einzelne Konzepte, während Gross- und Kleinschreibung für die Bezeichung von Gruppen mit jeweils mehre-

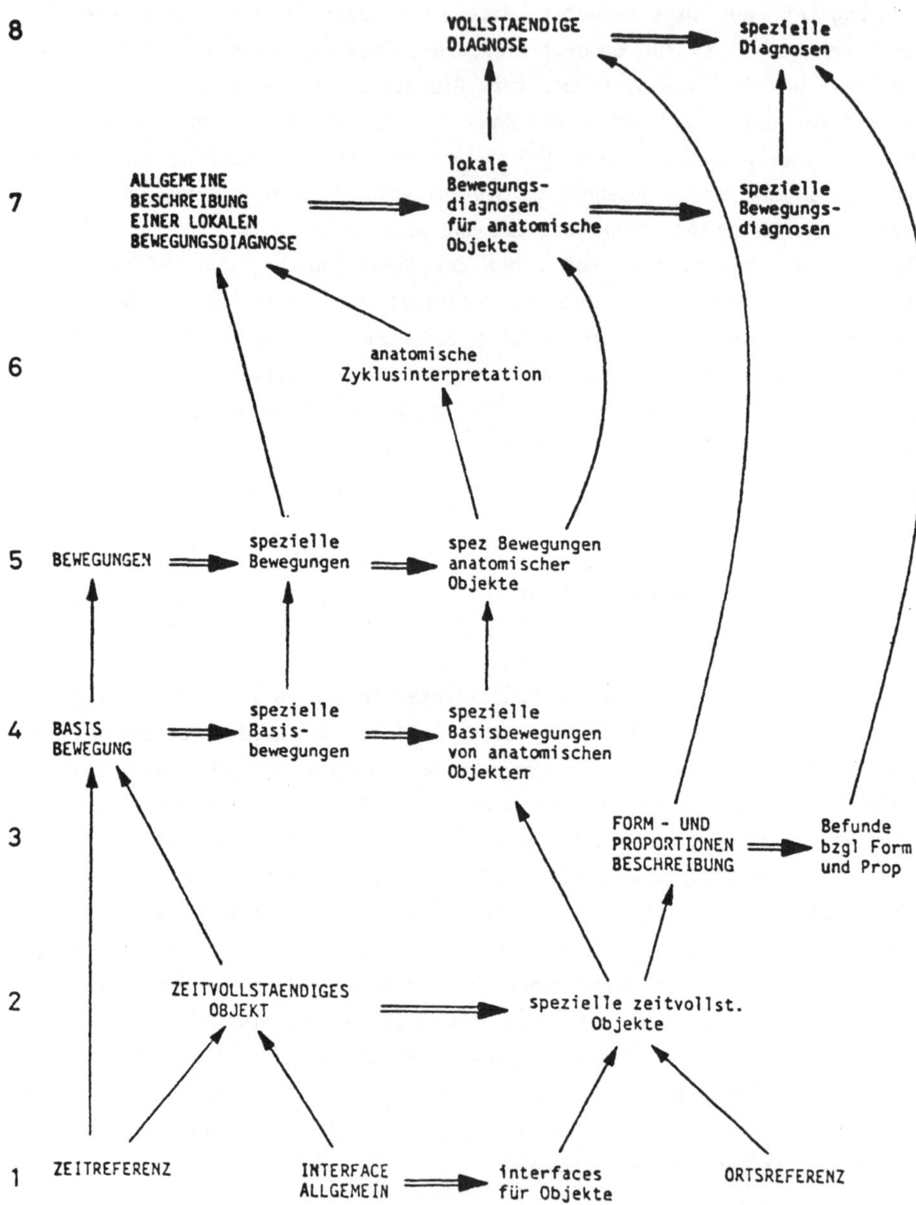

Bild 8.14 Uebersichtsartige Darstellung des semantischen Netzes

ren Konzepten verwendet wurde. Die Strukturierung des Netzes orientiert sich an dem Grundgedanken, eine bottom-up Instanziierung von Konzepten durchzuführen, welche in Ebene 1 startet und sich in Richtung Ebene 8 fortsetzt. Um ein Konzept auf Ebene i instanziieren zu können, müssen alle seine direkten oder indirekten Teile auf den Ebenen 1,..., i-1 bereits instanziiert sein, i=2,...,8.

Aus inhaltlicher Sicht lassen sich drei Kategorien von Konzepten im Netz unterscheiden. Auf den Ebenen 1 und 2 befinden sich Konzepte, welche Objekten, wie dem linken Ventrikel sowie Sektoren entsprechen. Die Konzepte der Ebenen 4,5 und 6 repräsentieren Bewegungen. Schliesslich beziehen sich die Konzepte auf den Ebenen 3,7 und 8 auf diagnostische Interpretationen der Bildfolge. Es folgt eine genauere Erläuterung der einzelnen Ebenen.

Auf den Ebenen 1 und 2 befinden sich Konzepte zur Repräsentation der Ergebnisse des Methoden-Moduls. Diese Konzepte dienen der Darstellung des linken Ventrikels, der Sektoren nach Bild 8.12 und 8.13 sowie weiterer Parameter, z.B. der Anzahl der Bilder in einer Sequenz.

Die Konzepte der Ebene 3 beziehen sich auf eine statische Beurteilung des Herzens hinsichtlich Form und Grössenverhältnisse. Zur Ableitung dieser Beurteilung ist lediglich die in der Ebene 2 bereitgestellte Information nötig. Das Konzept FORM- UND PROPORTIONENBESCHREIBUNG kann als allgemeiner Prototyp aufgefasst werden, der definiert, welche Eingangsgrössen für die gewünschte Beurteilung benötigt werden, während jedes der in der Gruppe "Befunde bezüglich Form und Proportionen" vertretenen Konzepte einen speziellen Befund repräsentiert. Ein Beispiel für einen solchen Befund ist "Ausweitung des postero-lateralen Segments". Zur Ueberprüfung dieses Befundes werden die Konturen des linken Ventrikels und des postero-lateralen Segments verwendet, die in der Gruppe "spezielle zeitvollständige Objekte" auftreten. Aus diesen Konturen werden als Attribute des Konzepts "Ausweitung des postero-lateralen Segments" die Fläche des linken Ventrikels und der Segmente, die Länge der Kontur des linken Ventrikels und der Segmente sowie die Hauptachsen des Ventrikels bestimmt. Der Befund trifft zu, falls verschiedene Bedingungen gelten. Ein Beispiel für eine Bedingung lautet, dass die Fläche des postero-lateralen Segments gross ist im Verhältnis zur Fläche des gesamten linken Ventrikels.

Mithilfe des Konzepts BASISBEWEGUNG auf Ebene 4 werden Flächenänderungen interpretiert, die zwischen aufeinanderfolgenden Bildern der Sequenz stattfinden. Insbesondere interessieren hierbei Basiskontraktionen,- stagnationen und -expansionen, die als Spezialisierungen in der Gruppe "spezielle Basisbewegungen" zusammengefasst sind. In der Gruppe "spezielle Basisbewegungen von anatomischen Objekten" erfolgt eine weitere Spezialisierung dieser speziellen Basisbewegungen auf den linken Ventrikel und die Segmente nach Bild 8.10.

In den Konzepten der Ebene 5 des Netzes findet eine Zusammenfassung der Basisbewegungen, die sich jeweils nur auf zwei aufeinanderfolgende Bilder beziehen, zu längeren Bewegungseinheiten statt. Analog zu Ebene 4 existieren zwei Stufen der Spezialisierung. Auf der ersten dieser Stufen werden die speziellen Bewegungen Kontraktion, Stagnation und Expansion betrachtet. In der Gruppe "spezielle Bewegungen anatomischer Objekte" erfolgt eine weitere Spezialisierung auf Objekte analog zu Ebene 4. Um Fehlinterpretationen auf höheren Ebenen im Netz so weit wie möglich zu vermeiden, sind generell mehrere Alternativen für die Interpretation einer Flächenänderung zwischen zwei aufeinanderfolgenden Bildern vorgesehen. Ein Beispiel ist in Bild 8.15 gezeigt. Bild 8.15.a zeigt den Flächenverlauf des linken Ventrikels in einer Folge von 12 Bildern. Die Interpretation dieses Flächenverlaufs, die mithilfe der Konzepte der Ebene 5 des Netzes erreicht wird, ist in Bild 8.15.b angegeben.

Auf der Ebene 6 erfolgt die Unterteilung des gesamten Zyklus, d.h. der Bildfolge, in Phasen, die aufgrund anatomischer Kriterien definiert sind. Diese Phasen werden auf der Ebene 7 des Netzes zu einem Vergleich mit der Ebene 5 benötigt.

Die Konzepte der Ebene 7 des Netzes beinhalten lokale Bewegungsdiagnosen. Der Terminus "lokal" bringt zum Ausdruck, dass eine Beurteilung des Bewegungsverhaltens individuell für verschiedene Objekte, nämlich linker Ventrikel und die Segmente nach Bild 8.10 erfolgt. Das Konzept ALLGEMEINE BESCHREIBUNG EINER LOKALEN BEWEGUNGSDIAGNOSE kann wieder als Prototyp aufgefasst werden, welcher Teile und Attribute für alle Konzepte dieser Ebene definiert. Eine Spezialisierung auf den linken Ventrikel und die Segmente nach Bild 8.10 erfolgt in der Gruppe "lokale Bewegungsdiagnosen für anatomische Objekte". Die speziellen Bewegungsdiagnosen, die in Kap. 8.1. erläutert wurden, treten schliesslich in der dritten Stufe der Spezialisierung auf.

In den Konzepten der Ebene 8 werden verschiedene Ergebnisse, die auf tieferen Ebenen im Netz anfallen, zu einer vollständigen Diagnose kombiniert.

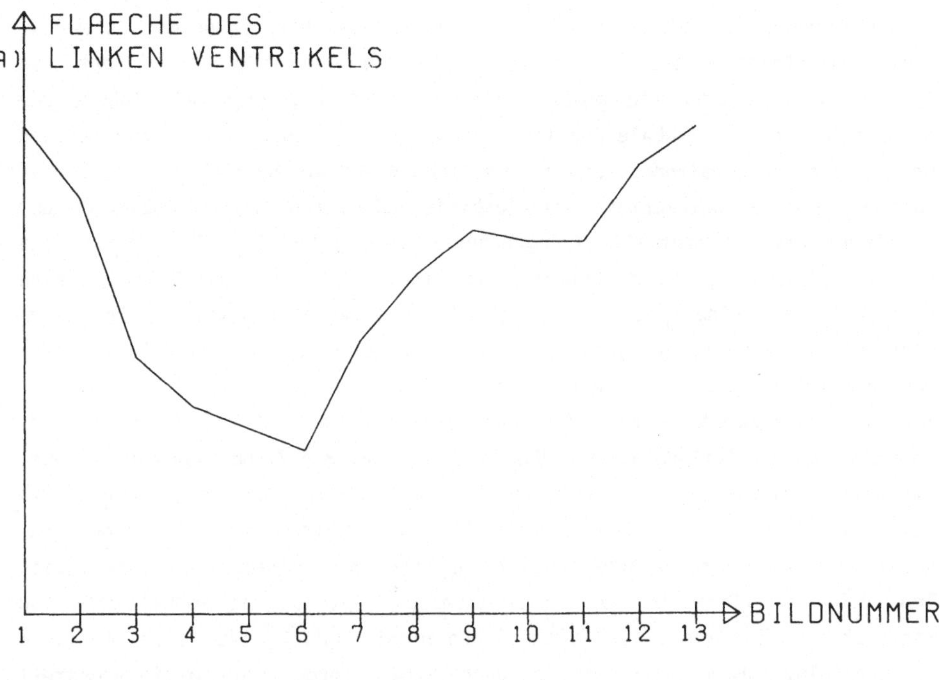

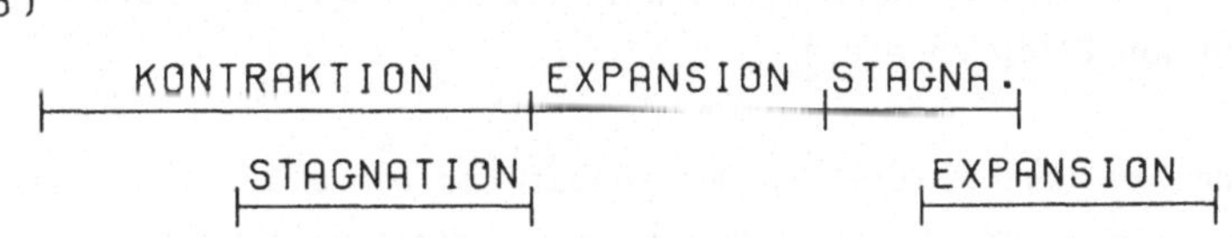

Bild 8.15 Beispiel zur Bestimmung von Bewegungen. a) Flächenverlauf des lin-
    ken Ventrikels in einer Bildsequenz. b) Einteilung in Bewegungsphasen
    mit mehreren Alternativen.

Es werden sowohl Ergebnisse über die statischen Verhältnisse auf Ebene 3
als auch die auf Ebene 7 ermittelten lokalen Bewegungsdiagnosen herangezogen unter Einbeziehung der Sektoren festen Winkels. Weitere Details zu
den Ebenen 7 und 8 folgen in Kap. 8.4.3.

8.4.3 Modell - Prozedurales Wissen

Die Konzepte des hier betrachteten semantischen Netzes können als Mechanismus aufgefasst werden, um Attribute, die sich auf das gleiche Objekt, die gleiche Bewegung oder die gleiche Diagnose beziehen, zu einer Einheit zusammenzufassen. Die globale Funktion des Netzes kann unter zwei verschiedenen Gesichtspunkten verstanden werden. Zum einen dient das Netz einer Strukturierung des für den betrachteten Problemkreis relevanten Wissens bezüglich der Standardrelationen Spezialisierung/Generalisierung und Teil/Teil-von ("eine Kontraktion des linken Ventrikels ist eine _spezielle_ Kontraktion", "eine Kontraktion ist eine _spezielle_ Bewegung", "ein Zyklus besitzt als _Teil_ eine Kontraktionsphase" u.s.w.); zum anderen drückt es über die Teil-Relation prozedurale Abhängigkeiten zwischen den Attributen verschiedener Konzepte aus. (Wie bereits erwähnt, erfolgt die Instanziierung von Konzepten strikt bottom-up bezüglich der Teil-Relation.) Das Ziel von Kap. 8.4.2. bestand darin, übersichtsartig darzustellen, welche Konzepte im Netz auftreten und welche qualitative Bedeutung ihnen zukommt. Die für eine diagnostische Interpretation quantitativ relevante Information wird mithilfe der prozeduralen Wissensquellen, d.h. der Attribute, gewonnen. Insgesamt enthält das Modell über 500 Attribute. Es ist somit aus Platzgründen nicht möglich, hier alle Attribute zu behandeln. Andererseits ist dies auch nicht erforderlich, da ein Grossteil der Attribute auf einfachen Prinzipien beruht (Berechnung von Flächen, Schwerpunkten, Achsen von Ellipsen etc.).

Zur Bestimmung von Attributen, die Bewegungen auf der Ebene 5 des Netzes charakterisieren, wurde ein spezielles syntaktisches Verfahren unter Verwendung der Methode der dynamischen Programmierung entwickelt (vgl. auch Kap. 5.1. und 6.). Dieses Verfahren ist in anderen Publikationen genauer dargestellt, auf die in Kap. 8.8. verwiesen wird. Wir beschränken uns bei der Darstellung der Attribute im folgenden auf ein Produktionensystem, das zur Berechnung von diagnostischen Interpretationen auf den Ebenen 3,7 und 8 des Netzes verwendet wird.

Für jede spezielle diagnostische Interpretation in den Ebenen 3,7 und 8 des Netzes existiert jeweils genau eine Produktion. Ein Beispiel für eine derartige Produktion ist in Bild 8.16 angegeben. Mithilfe dieser Regel lässt sich feststellen, ob das Bewegungsverhalten eines der Segmente des linken

Ventrikels normal ist. Die im Bedingungsteil der Regel auftretenden Grössen
entsprechen Attributen auf tieferliegenden Ebenen des Netzes. So ist z.B. der
Parameter EF ein Attribut des Konzepts ZYKLUS, einer speziellen Bewegung auf
der Ebene 5 des Netzes. Die Phasen EP, FF, SF, PEP und IVE werden bei der
anatomischen Zykluszerlegung in der Ebene 6 des Netzes bestimmt, während Kon-
traktions-, Stagnations- und Expansionsphasen auf der Ebene 5 des Netzes auftreten, vgl. auch Bild 8.15. Sowohl die anatomischen Bewegungsphasen EP, FF,
SF, PEP und IVE, als auch Kontraktionen, Stagnationen und Expansionen sind
jeweils durch ihren Anfang- und Endzeitpunkt charakterisiert. Somit kann
durch einen Vergleich z.B. leicht der Anteil der Kontraktionen an der Phase
EP oder der Anteil der Stagnationen am gesamten Zyklus festgestellt werden.
Grössen wie der Normalanteil von Stagnationen im Zyklus, der Normalbereich
für den Parameter EF sowie Entscheidungskriterien dafür, wann z.B. die Phase
EP von Kontraktionen dominiert wird, sind aus der medizinischen Fachliteratur
bekannt und wurden direkt in prozeduraler Form codiert (vgl. auch Bild 8.18
und die Diskussion im nächsten Abschnitt). Somit lässt sich eine Regel wie
in Bild 8.16 als Prozedur formulieren, die als Eingabeparameter Werte von
Attributen auf tieferen Ebenen des Netzes verwendet und als Ergebnis einen
Attributwert liefert, der angibt, ob eine spezielle Diagnose zutrifft oder
nicht. Ein weiteres Beispiel für eine Produktion ist in Bild 8.17 angegeben.

Als wichtige Eigenschaft gilt, dass Aussagen über das Zutreffen von Diagnosen
i.a. nicht als binäre ja/nein-Entscheidungen, sondern in Form einer Bewertung
aus dem Intervall [0,1] vorliegen, wobei 1 das absolute Zutreffen und 0 das
absolute Nichtzutreffen charakterisiert. Seien A, B und C Aussagen mit den
Bewertungen cf(A), cf(B) und cf(C). Wir betrachten als Beispiel die Regeln
a) <u>IF</u> A $\wedge$ B <u>THEN</u> C,
b) <u>IF</u> A $\vee$ B <u>THEN</u> C,
c) <u>IF</u> $\sim$ A <u>THEN</u> C.
Die Berechnung von cf(C) erfolgt bei gegebenem cf(A) und cf(B) mittels

$$cf(C) = \min \{cf(A),cf(B)\} \text{ für a),}$$
$$cf(C) = \max \{cf(A),cf(B)\} \text{ für b),}$$
$$cf(C) = 1-cf(A) \text{ für c).} \qquad (8.4.1)$$

Bewertungen die sich auf den <u>IF</u>-Teil von Regeln beziehen, werden direkt von
den Prozeduren, welche eine Regel auf ihre Anwendbarkeit prüfen, geliefert.
Zur Berechnung einer Bewertung für die Aussage "der Parameter EF liegt im
Normalbereich" in Bild 8.16 wird z.B. eine Funktion wie in Bild 8.18 verwendet. Bei einem gegebenen Wert für den Parameter EF ergibt sich als Bewertung

```
IF   der Parameter EF liegt im Normalbereich UND
     der Anteil der Stagnationen im Zyklus liegt im Normalbereich UND
     die Phase EP ist von Kontraktionen dominiert UND
     die Phase FF ist von Expansionen dominiert UND
     die Phase SF ist von Expansionen dominiert UND
     die Phase PEP ist von Kontraktionen oder Stagnationen dominiert UND
     die Phase IVE ist von Expansionen oder Stagnationen dominiert
THEN das Bewegungsverhalten ist normal
```

Bild 8.16 Regel für Bewegungs-Normalverhalten.

```
IF   der Parameter EF liegt im für eine Akinesie typischen Bereich UND
     der Anteil der Stagnation im Zyklus liegt im für eine Akinesie
          typischen Bereich UND
     die Phase EP ist von Stagnationen dominiert ODER es treten keine Kon-
          traktionen und keine Expansionen während der Phase EP auf UND
     die Phase FF ist von Stagnationen dominiert ODER es treten keine
          Kontraktionen und keine Expansionen während der Phase FF aus UND
     die Phase SF ist von Stagnationen dominiert ODER es treten keine Kon-
          traktionen und keine Expansionen während der Phase SF auf UND
     es treten keine Expansionen während der Phase EP auf UND
     es treten keine Kontraktionen während der Phase FF auf UND
     es treten keine Kontraktionen während der Phase SF auf UND
     es treten keine Kontraktionen während der Phase PEP auf UND
     es treten keine Expansionen während der Phase IVE auf
THEN es liegt eine regionale Akinesie vor
```

Bild 8.17 Regel für regionale Akinesie

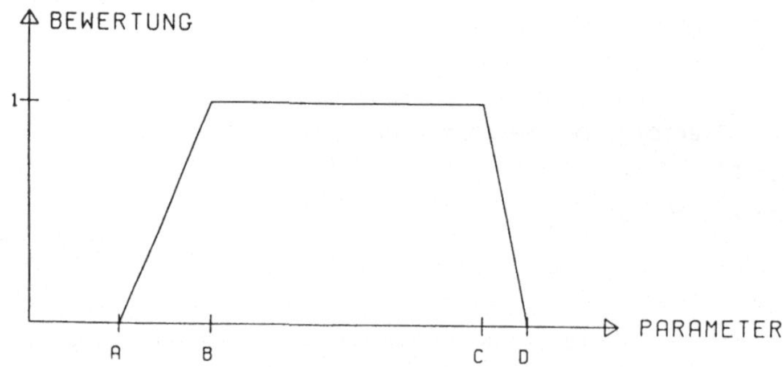

Bild 8.18 Beispiel für Bewertungsfunktion

ein Wert zwischen 0 und 1. Der konkrete Verlauf der Funktion, d.h. die Grössen a,b,c und d, wurden unter Bezugnahme auf die medizinische Fachliteratur festgelegt.

8.5 Kontrolle

In Kap. 3.4. wurden verschiedene elementare Möglichkeiten für die Wissensnutzung und Inferenz bei semantischen Netzen skizziert. Im hier beschriebenen System wird ein grundlegend anderer Absatz verfolgt. Während die Idee des strukturellen Vergleichs in Kap. 3.4. im Vordergrund steht, dient das hier betrachtete semantische Netz im Hinblick auf die Inferenz der Repräsentation der Reihenfolge, in welcher Konzepte zu instanziieren sind. Der im Kontroll-Modul des Systems verwendete Algorithmus zur Wissensnutzung und Inferenz orientiert sich lediglich an der syntaktischen Struktur des Netzes und ist vom speziellen Modellinhalt vollständig unabhängig. Somit macht eine Aenderung der Wissensbasis des Systems keine Modifikation des Kontrollmoduls erforderlich. Ebenso kann der Kontrollmodul im Rahmen eines vollständig anderen Problemkreises eingesetzt werden, wenn das zur Wissensrepräsentation verwendete Netz die gleiche syntaktische Struktur besitzt.

Die Instanziierung von Konzepten erfolgt bottom-up im Netz. Zur Berechnung eines Attributs der Ebene $i>2$ werden Eingabeparameter verwendet, die auf einer Ebene $j<i-1$ als Attribute auftreten und somit dort berechnet werden. Die Attribute auf der untersten Ebene 1 des Netzes werden vom Methoden-Modul berechnet. Man könnte zunächst daran denken, in jedem Analyselauf das gesamte Netz jeweils nach dem gleichen Schema bottom-up zu instanziieren. Von dieser Idee wurde jedoch kein Gebrauch gemacht. Vielmehr dient das Netz als allgemeine Wissensbasis, von der in einem Analyselauf typischerweise nur ein bestimmter Ausschnitt relevant ist und somit der Instanziierung bedarf. Der relevante Netzausschnitt kann von Analyselauf zu Analyselauf variieren. Beim hier beschriebenen Kontrollalgorithmus ist vorgesehen, dass der Benutzer interaktiv ein bestimmtes Konzept aus dem Netz, das sog. Zielkonzept, dem System mitteilt. Die Aufgabe des Systems ist es dann, dieses Zielkonzept und alle seine Spezialisierungen zu instanziieren. Als Zielkonzept ist jedes Konzept des Netzes prinzipiell möglich. Aus der Sicht der hier betrachteten Anwendung tritt jedoch als Zielkonzept typischerweise ein Konzept der Ebene 7

oder 8 des Netzes auf. Das allgemeinste Zielkonzept, welches die Instanziierung sämtlicher anderer Konzepte des Netzes einschliesst, ist VOLLSTAENDIGE
DIAGNOSE (vgl. Bild 8.14).

Aus den beiden Rahmenbedingungen, nämlich Vorgabe eines Zielkonzepts aus
dem Modell und Berechnung von Attributen und Strukturen von unten nach oben,
lässt sich das Grundgerüst des Kontrollalgorithmus ableiten. Da bei der Instanziierung eines Konzepts zur Berechnung der Attribute als Eingabeparameter die Attribute von Teilen benötigt werden, müssen diese Teile instanziiert sein, bevor das betrachtete Konzept selbst instanziierbar ist. Die benötigten Teile besitzen ihrerseits Teile, die vorher zu instanziieren sind
u.s.w. Gesamtziel bei der Analyse ist die Instanziierung des Zielkonzepts.
Somit ergibt sich als Teilaufgabe für den Kontrollalgorithmus zunächst die
sukzessive Bestimmung von Teilen, ausgehend vom Zielkonzept. Dieser Prozess
wird als Netzexpansion bezeichnet. Da - beginnend mit dem Zielkonzept - sukzessive zu Teilen, Teilen von Teilen u.s.w. übergegangen wird, vollzieht sich
der Expansionsprozess top-down. Die Netzwerkexpansion stoppt, sobald ein sog.
primitives Konzept erreicht wird. Primitive Konzepte sind dadurch definiert,
dass sie Attribute, jedoch keine Teile besitzen. Mit anderen Worten, primitive Konzepte befinden sich auf unterster Ebene im Netz und werden mithilfe von
Prozeduren des Methoden-Moduls instanziiert. Sind die primitiven Konzepte instanziiert, so können sukzessive von unten nach oben von Konzepten auf höher-
en Ebenen des Netzes Instanzen angelegt werden bis schliesslich das Zielkonzept erreicht ist. Mit der Instanziierung des Zielkonzepts ist das Ziel der
Analyse erfüllt und der Kontrollalgorithmus stoppt.

Der Kontrollalgorithmus sieht vor, dass für ein Konzept mehrere alternative, miteinander konkurrierende Instanzen generiert werden können. Dies ist
bei vielen Anwendungen wichtig, insbesondere bei der Auswertung von Sequenzszintigrammen des menschlichen Herzens. Z.B. ist eine Teilaufgabe im hier beschriebenen System die Detektion von Stagnationen auf Ebene 5 des Netzes.
Eine Stagnation der Länge k ist im strikten Sinn definiert dadurch, dass die
Fläche des linken Ventrikels von Bild i bis Bild i+k konstant ist. Aufgrund
von Digitalisierungseffekten, einer relativ schlechten Bildqualität sowie
anderen Einflüssen manifestiert sich jedoch eine Stagnation i.a. nicht durch
einen konstanten Flächenverlauf, sondern durch eine betragsmässig kleine
Flächenänderung, d.h. durch eine betragsmässig kleine Expansion oder Stagnation. Somit ist es sinnvoll, betragsmässig kleine Flächenänderungen mit
verschiedenen möglichen Interpretationen zu versehen. Dieses Einführen von

Alternativen führt auf höheren Ebenen des Netzes zu neuen alternativen Instanzen.

Verschiedene Instanzen für ein und dasselbe Konzept sind als miteinander konkurrierend anzusehen. D.h., dass der Kontrollalgorithmus eine der Alternativen für den Fortgang der Verarbeitung, d.h. als Grundlage für die Instanziierung weiterer Konzepte zu wählen hat. Die generelle Idee besteht darin, genau diejenigen Alternativen auszuwählen, welche die beste Kompatibilität auf höherer Ebene im Netz ergeben. Ein naiver Ansatz wäre, alle möglichen Kombinationen der verschiedenen miteinander konkurrierenden Instanzen zu untersuchen. Dies ist unbefriedigend, da die Anzahl der so erzeugten Alternativen exponentiell mit der Anzahl der Teile des Zielkonzepts wächst.

Zur Vermeidung einer kombinatorischen Explosion bei der Untersuchung der verschiedenen konkurrierenden Instanzen wird ein Suchverfahren verwendet, welches eine spezielle Variante von Algorithmus A* darstellt (vgl. Kap. 6.). Anstelle der in Kap. 6. eingeführten Kosten wird für jede Instanz eine Bewertung verwendet. Diese Bewertung wird durch eine im zugehörigen Konzept als Attribut verankerte Funktion berechnet. Eine Bewertung ist eine reelle Zahl zwischen 0 und 1, wobei 1 die maximale und 0 die minimale Bewertung darstellt. Eine hohe (niedrige) Bewertung entspricht niedrigen (hohen) Kosten. Die Bewertung einer Instanz berechnet sich aus der Bewertung anderer Instanzen, die Teil der betrachteten Instanz sind, sowie aus speziellen zusätzlichen Tests. Mittels der Bewertung wird zum Ausdruck gebracht, inwieweit die Instanz den durch das Konzept modellierten Begriff erfüllt. Ein Beispiel für die Berechnung einer Bewertung ist in Gl. (8.4.1) gegeben.

Ein Knoten des bei der Suche entstehenden Suchgraphen - man überlegt sich leicht, dass dieser Graph bei der hier diskutierten Anwendung stets baumförmig ist - repräsentiert einen Ausschnitt des semantischen Netzes zusammen mit Instanzen, welcher durch top-down Expansions- und bottom-up Instanziierungsschritte aus einem vorgegebenen Zielkonzept entstanden ist. Es muss gelten, dass mindestens ein Konzept instanziiert ist und zu keinem Konzept mehr als eine Instanz existiert. Ein Knoten im Suchbaum charakterisiert somit einen Zwischenzustand bei der Analyse einer Bildfolge, nachdem mindestens ein Konzept instanziiert und im Falle von Alternativen jeweils eine konkrete Instanz ausgewählt wurde. Die Bewertung eines Knotens des Suchbaums ist definiert als obere Abschätzung der Bewertung einer Instanz des Zielkonzepts. Diese Abschätzung kann z.B. unter Verwendung monotoner Funktionen dadurch

```
BEGIN
initialisiere EXPMODELL mit ZIELKONZEPT;
initialisiere SUCHBAUM;
AKTUELLER KNOTEN = EXPMODELL;
WHILE nicht alle Konzepte in EXPMODELL instanziiert
DO BEGIN
    wähle ein Konzept als AKTUELLES_KONZEPT aus dem EXPMODELL;
    IF AKTUELLES KONZEPT nicht instanziiert THEN
        IF AKTUELLES KONZEPT primitiv THEN
            instanziiere AKTUELLES_KONZEPT;
            erweitere EXPMODELL um alle Spezialisierung von AKTUELLES_KONZEPT;
            IF n>2 konkurrierende Instanzen THEN
                generiere n Nachfolger von AKTUELLER KNOTEN im SUCHBAUM;
                AKTUELLER_KNOTEN = Blattknoten von SUCHBAUM mit höchster Bewertung;
                EXIT DO;
        IF AKTUELLES_KONZEPT nicht primitiv und alle Bestandteile
        instanziiert THEN
        instanziierte AKTUELLES_KONZEPT;
        erweitere EXPMODELL um alle Spezialisierungen von AKTUELLES_KONZEPT;
        IF n>2 konkurrierende Instanzen THEN
            generiere n Nachfolger von AKTUELLER_KNOTEN im SUCHBAUM mit
            höchster Bewertung;
            EXIT DO;
        IF AKTUELLES KONZEPT nicht primitiv und nicht vollständig
        expandiert THEN
        expandiere AKTUELLES_KONZEPT;
    END
END
```

Bild 8.19 : Kontrollalgorithmus

realisiert werden, dass für alle aktuell unbekannten Bewertungen der Maxi-
malwert 1 verwendet wird. Eine derartige obere Abschätzung entspricht einer
unteren Abschätzung der Kosten beim Einsatz von Algorithmus A* nach Kap. 6.

Der im Kontrollmodul zur top-down Netzexpansion und bottom-up Instanziierung verwendete Algorithmus, der konkurrierende Instanzen nach dem Prinzip
der heuristischen Suche behandelt, ist in Bild 8.19 skizziert. Es werden zwei
Datenstrukturen, nämlich EXPMODELL und SUCHBAUM, verwendet. In EXPMODELL wird
der aktuelle Zustand der Netzexpansion festgehalten, während mittels SUCH-
BAUM die konkurrierenden Instanzen verwaltet werden. Der Algorithmus startet
mit nur einem Konzept, dem Zielkonzept, in EXPMODELL. Das übergeordnete Ziel
besteht darin, alle Konzepte von EXPMODELL - und damit insbesondere das Zielkonzept - zu instanziieren. Ein Konzept kann instanziiert werden, wenn es entweder primitiv ist oder wenn seine Teile vollständig instanziiert sind. Bevor Instanziierungen erfolgen können, muss das Netz bis zur Ebene primitiver
Konzepte expandiert worden sein. Nach der Instanziierung eines Konzepts erfolgt die Instanziierung aller seiner Spezialisierungen.

8.6 Ergebnisse und Diskussionen

Das hier vorgestellte System wurde vollständig auf einer PDP 11/34 unter dem Betriebssystem RSX 11/M realisiert. Aus Gründen der Kompatibilität mit anderen in der Nuklearmedizin gebräuchlichen Softwarepakten wurden als Programmiersprachen FORTRAN und RATFOR gewählt. Bei RATFOR handelt es sich um eine FORTRAN-Erweiterung, insbesondere um Kontrollstrukturen, welche die strukturierte Programmierung unterstützen. Das gesamte Analysesystem nach Bild 8.5 benötigt ca. 4 MByte. Die Laufzeit bei der Analyse einer Bildsequenz variiert in Abhängigkeit vom Zielkonzept und der Anzahl der erzeugten konkurrierenden Instanzen. Letzter Wert hängt von der aktuellen Eingabebildfolge ab. Typisch ist eine Laufzeit von ca. 3h bei der Auswahl eines Zielkonzepts auf der Ebene 8 des Modells. Hiervon nimmt die Verarbeitung auf unterer Ebene nach Kap. 8.3. ca. 50 min ein. Die PDP 11/34 besitzt einen Adressraum von nur 64KByte pro Prozess. Ein Grossteil der Laufzeit wird verbraucht durch das Ein- und Auslagern von Prozessen vom Hintergrund- in den Hauptspeicher und umgekehrt. Eine Portierung des Systems auf andere Minirechner mit einem Speicherausbau von 4 MByte befindet sich in der Planungsphase und könnte zu einer beträchtlichen Verringerung der Laufzeit beitragen.

Im Laufe der Entwicklung des Systems wurde eine Stichprobe mit verschiedenen Bildfolgen, die alle von einem Mediziner diagnostisch beurteilt worden waren, gesammelt. Anhand dieser Sequenzen wurden einerseits die verschiedenen Verarbeitungsmodulen inkrementell entwickelt; zum anderen wurde die Stichprobe verwendet, um nach der Fertigstellung des Gesamtsystems die automatisch abgeleiteten Diagnosen mit denen des Mediziners zu vergleichen.

Da sämtliche wissensbasierten Verarbeitungsschritte eines Analyselaufs auf den vom Methoden-Modul bestimmten Konturen beruhen, wurde deren Korrektheit in einer Serie separater Tests untersucht. Bei einer subjektiv-visuell durchgeführten Ueberprüfung wurde anhand einer Stichprobe von 420 Einzelbildern festgestellt, dass in 7 % aller Bilder die Konturen fehlerhaft waren. Die restlichen 93 % der Konturen wurden einer weiteren detaillierten Analyse unterzogen, um die vom System automatisch detektierten Konturen mit den vom Mediziner manuell in die Bilder eingezeichneten Konturen auf Uebereinstimmung zu prüfen. Für den Test wurde ein Standardverfahren der Nuklearmedizin verwendet, welches auf einem Parameter beruht, der sich direkt aus den Konturen ergibt. Ein Vergleich zwischen dem Parameter auf der Basis auto-

matisch bestimmter Konturen mit dem Parameter auf der Basis manuell einge-
zeichneder Konturen ergab einen Korrelationskoeffizienten von 0.93. Andere
Vergleichswerte aus der Literatur liegen zwischen 0.8 und 0.97. Die Zuverlässigkeit und Korrektheit der Konturbestimmung im hier beschriebenen System
kann also als zufriedenstellend bezeichnet werden.

Zur Beurteilung der Korrektheit der vom System abgeleiteten diagnostischen Interpretationen wurden 21 Bildfolgen herangezogen. Drei dieser Bildfolgen wurden vom System als nicht interpretierbar zurückgewiesen. Bei den
restlichen Sequenzen ergab sich eine gute bis sehr gute Uebereinstimmung
zwischen den ärztlichen Diagnosen und den Analyseergebnissen des Systems.
So wurde bei einer Reihe von Sequenzen genau die Diagnose des Mediziners
auch vom System aufgestellt. Bei den übrigen Bildfolgen sind die einander
entsprechenden Interpretationen zwar nicht identisch, jedoch miteinander
kompatibel. Hierzu wurde bereits in Kap. 8.1. ausgeführt, dass zwischen verschiedenen diagnostischen Begriffen ein kontinuierlicher Uebergang existiert.
Es wurden weder falsch-positive noch falsch-negative Interpretationen vom
System abgegeben. Zur Gewinnung gesicherter Aussagen über die Leistungsfähigkeit des Systems sind aufgrund der potentiell sehr grossen Vielfalt des Bildmaterials und der zugehörigen diagnostischen Aussagen noch weitere Tests mit
einer grösseren Stichprobe erforderlich.

Es gibt zahlreiche Erweiterungsmöglichkeiten des hier vorgestellten Systems, insbesondere im Hinblick auf den klinischen Einsatz. Hier ist zunächst
die Verbesserung der Benutzeroberfläche, einschliesslich der Bereitstellung
einer Erklärungskomponente zu nennen. Weitere mögliche zukünftige Projekte
sind z.B. die Koppelung des Bildanalysesystems mit einem Datenbanksystem oder
die Erweiterung zu einem allgemeinen Expertensystem, das neben bildhaften
Eingabedaten auch andere Informationen, z.B. akute Beschwerden, Ergebnisse
anderer Untersuchungen, Patientenvorgeschichte etc. bei der Gewinnung einer
umfassenden Diagnose berücksichtigt.

8.7 Aufgaben

1. Stellen Sie die beiden Regeln von Bild 8.16 und 8.17 nach der Syntax von
   Bild 4.2 dar.

2. a) Gegeben seien Bewertungen cf(A), cf(B) und cf(C) für Aussagen A,B und
   C sowie eine Regel der Form $\underline{IF}$(A $\wedge$ B) v (~C) $\underline{THEN}$ D. Geben Sie die Bewer-
   tung cf(D) der Aussage D unter Verwendung von Gl.(8.4.1) in Kap. 8.4.3 an.
   b) Gehen Sie für die Berechnung von Sicherheiten nicht von der Formel b in
   Gl.(8.4.1) sondern von cf(C) = cf(A) + cf(B) - cf(A)cf(B) für die Regel $\underline{IF}$
   AvB $\underline{THEN}$ C aus. Diskutieren und vergleichen Sie die Eigenschaften beider
   Vorschriften. Skizzieren Sie den Verlauf von cf(C) in Abhängigkeit von
   cf(A) und cf(B).

3. Gegeben sei das folgende semantische Netz.

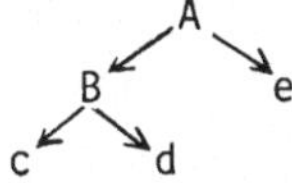

   Hierbei bezeichnen Grossbuchstaben nichtprimitive und Kleinbuchstaben primitive Konzepte. Die Pfeile mögen die Teil-Relation darstellen. (Also ist
   z.B. das Konzept e ein Teil von A.)
   a) Skizzieren Sie die einzelnen Schritte des in Kap. 8.5. angegebenen
   Kontrollalgorithmus bei Wahl von A als Zielkonzept. (Annahme: es treten
   keine konkurrierenden Instanzen auf.)
   b) Nehmen Sie an, dass jeweils zwei konkurrierende Instanzen für die Konzepte c,d und e auftreten und skizzieren Sie die einzelnen Schritte des
   Kontrollalgorithmus von Kap. 8.5. bei Wahl von A als Zielkonzept. (Die
   Sicherheiten für die Knoten des Suchbaumes können beliebig gewählt werden.)

4. Die in Kap. 8.5. diskutierte top-down Netzexpansion besitzt Aehnlichkeiten mit der Rückwärtsableitung bei Produktionensystemen, wenn ein Konzept
   A mit Teilen $A_1,\dots,A_n$ als Regel $\underline{IF}$ A_1 $\wedge\dots\wedge$ A_n $\underline{THEN}$ A interpretiert wird.
   Uebertragen Sie die Methode der Vorwärts- und der gemischten Ableitung von
   Produktionensystemen auf den hier betrachteten Netzformalismus. Vernachlässigen Sie die Generalisierungs-/Spezialisierungsrelation und betrachten Sie nur die Teil-/Teil-von-Relation. Diskutieren Sie, für welche An-
   wendungsbereiche welche Version des Kontrollalgorithmus am geeignetsten
   ist.

8.8 Bibliografischer Rückblick

Das hier dargestellte System zur Analyse nuklearmedizinisch gewonnener Bildfolgen des menschlichen Herzens wurde bereits in einer Reihe anderer Publikationen beschrieben. Umfassende Darstellungen sind [3,16], die sowohl in der Tiefe als auch in der Breite über die hier gegebenen Beschreibungen hinausgehen. Eine Uebersicht enthält auch [13]. Zu speziellen Aspekten des Systems existieren weitere Publikationen. So enthält [5] eine anwendungsunabhängige Skizze des Kontrollalgorithmus von Kap. 8.5. Das syntaktische Verfahren, das zur Berechnung von Bewegungen auf der Ebene 5 des Netzes eingesetzt wird, ist als eigenständiger Ansatz in [4] beschrieben. Eine detaillierte Behandlung der Segmentierung des linken Ventrikels im Methoden-Modul enthält [2]. Bei der Entwicklung des Systems wurde an grundlegender medizinischer Fachliteratur vor allem auf [6,17,18] zurückgegriffen. Eine Beschreibung der bei der Implementierung verwendeten Programmiersprache RATFOR findet sich in [10].

Die für das beschriebene System relevanten, aus der Literatur bekannten Arbeiten lassen sich in zwei Gruppen einteilen, welche sich einerseits auf Expertensysteme und andererseits auf die wissensbasierte Bildanalyse beziehen. Für Expertensysteme ist der Bereich der medizinischen Diagnostik nach wie vor eine wichtige Anwendung. Eine kleine Auswahl aus der umfangreichen Literatur ist [9,15,19]. Im Bereich der wissensbasierten Bildanalyse ist insbesondere das in [21,22] beschriebene ALVEN-System zu nennen, welches zahlreiche Aehnlichkeiten sowohl aus anwendungsorientierter als auch methodischer Sicht mit dem hier beschriebenen System besitzt. Ziel bei ALVEN ist die automatische Gewinnung einer Beschreibung des Bewegungsverhaltens des linken Ventrikels. Die Eingabebilder sind im Gegensatz zum hier dargestellten System keine Szintigramme, sendern Röntgenaufnahmen. In Analogie zu Bild 8.5 lässt sich bei ALVEN klar trennen zwischen Wissensrepräsentation, Inferenz und Extraktion elementarer Bildbestandteile. Die Wissensrepräsentation erfolgt mithilfe eines semantischen Netzes ähnlich dem hier beschriebenen System. Bezüglich der Wissensnutzung unterscheidet sich ALVEN, da die verwendete Methode auf Relaxation (vgl. Kap. 5.2.) beruht.

Der Einsatz von Rechnern zur Bearbeitung von Bildern in der medizinischen Diagnostik, insbesondere der Herzdiagnostik, wird seit vielen Jahren intensiv verfolgt. Ueblicherweise steht hierbei gegenwärtig allerdings noch die Entwicklung halbautomatischer, interaktiver Systeme in Vordergrund, wobei auf die explizite Repräsentation und Nutzung von Expertenwissen in einer wie in Bild 8.14 dargestellten Art verzichtet wird. Beispiele für derartige Arbeiten sind in [1,11,20] dargestellt. Spezielle Probleme des automatischen Findens von Organgrenzen werden in [7,8,14] behandelt.

[1] Adam, W.E., Tarkowska, A., Bitter, F., Stanch, M., Geffers, H.: Equilibrium (Gated) Radionuclide Ventriculography. Cardiovascular Radiology 2 (1979) 161-173

[2] Bunke, H.: Segmentation of the left Ventricle in Scintigraphic Image Sequences. In Capellini, V., Constantinides, A.G. (eds.): Digital Signal Processing 84, North-Holland, 1984, 710-714

[3] Bunke, H.: Modellgesteuerte Bildanalyse, Teubner Verlag, Stuttgart, 1985

[4] Bunke, H., Grebner, K., Sagerer, G.: Syntactic Analysis of Noisy Input Strings with an Application to the Analysis of Heart-Volume Curve. Proc. 7th ICPR, Montreal, 1145-1147

[5] Bunke, H., Sagerer, G.: Use and Representation of Knowledge in Image Understanding based on Semantic-Networks. Proc. 7th ICPR, Montreal, 1135-1137

[6] Feistel, H.: Nuklearmedizinische Herzfunktionsdiagnostische Untersuchungen während der ersten Tracer-Passage und im Verteilungsgleichgewicht. Dissertation, Universität Erlangen-Nürnberg, 1982

[7] Gerbrand, J.J., Reiber, J.H.C., Lie, S.P., Simons, M.L.: Automated left Ventricular-Bourdary Extraction from Technetum 99m Gated Blood Pool Scintigrams with Fixed or Moving Region of Interest. Proc. 2nd Int. Conf. on Visual Psychophysics and Medical Imaging, Brüssel, 1981, 155-159

[8] Hawman, E.G.: Digital Boundary Detection Techniques for the Analysis of Gated Cardiac Scintigrams. Optical Engineering 20 (1981) 719-725

[9] Horn, W.: ESDAT-an Expert System for Primary Medical Care. In [12], 1-10

[10] Kernighan, B.W., Plangher, P.J.: Software Tools. Prentice Hall, Reading, Mass., 1976

[11] Kuwahara, M., Eiho, S.: An Overview of a Case Study in the Diagnosis of Cardiac Diseases. Future Generations of Computer Systems 1 (1985) 353-375

[12] Neuman, B. (Hsg.): GWAI-83, 7th German Workshop on Artificial Intelligence. Informatik-Fachberichte 76, Springer-Verlag, Berlin, Heidelberg, New York, Tokyo, 1983

[13] Niemann, H., Bunke, H., Hofmann, I., Sagerer, G., Wolf, F., Feistel, H.: A Knowledge Based System for Analysis of Gated Blood Pool Studies. IEEE Trans. PAMI-7 (1985) 146-259

[14] Pöppl, S.J., Hermann, G.: Boundary Detection in Scintigraphic Images. Camp. Graphics and Im. Processing 19 (1982) 281-290

[15] Puppe, F., Puppe, B.: Overview on MED1: A Heuristic Diagnostic System with an Efficient Control Structure in [12], 11-20

[16] Sagerer, G.: Darstellung und Nutzung von Expertenwissen für ein Bildanalysesystem. Informatik Fachbericht 104, Springer-Verlag Berlin, Heidelberg, New York, Tokio, 1985

[17] Sauer, E., Sebening, H.: Myocard- und Ventrikelszintigraphie, Böhringer-Verlag, Mannheim, 1980

[18] Schicha, H., Emrich, D.: Nuklearmedizin in der kardiologischen Praxis. GIT-Verlag Ernst Giebeler, Darmstadt, 1983

[19] Shortliffe, E.A.: Computer-Based Medical Consulations: MYCIN. Americal Elsevier, New York, 1976

[20] Silber, S., Schwaiger, M., Klein, U., Rudolph, W.: Quantitative Beurteilung der linksventrikulären Funktion mit der Radionuklid-Ventrikulographie. Herz 5 (1980) 146-158

[21] Tsotsos, J.K.: A Framework for Visual Motion Understanding. Ph.D. Thesis, TR CSRG-114, Dept. Comp. Sci., University of Toronto, 1980

[22] Tsotsos, J.K., Mylopoulos, J. Covvey, H.D. Zucker, S.W.: A Framework for Visual Motion Understanding. IEEE Trans. PAMI-2 (1980) 563-573

9 Verstehen gesprochener Sprache

Dieser Abschnitt gibt eine Übersicht über wissensbasiertes <u>Verstehen</u> <u>gesprochener</u> <u>Sprache</u> am Beispiel des Spracherkennungs- und Dialogsystems <u>EVAR</u>. Wenn im folgenden von "Sprache" die Rede ist, ist stets zusammenhängend gesprochene deutsche Sprache gemeint. Da es zu weit führen würde, alle Aspekte der wissensbasierten Verarbeitung in EVAR zu erörtern, wird der Schwerpunkt auf die Bereiche Semantik und Pragmatik gelegt.

9.1 Ziele

Menschliche Kommunikation im beruflichen Bereich bedient sich vor allem der Sprache, der Schrift und bildlicher Darstellungen, deren automatische Erkennung und Verarbeitung daher von besonderem Interesse ist. Da schriftliche Äußerungen überwiegend maschinell verfertigt werden, haben sich hier entsprechende Arbeiten der Mustererkennung auf die Erkennung maschinengeschriebener Zeichen konzentriert und zu kommerziellen Geräten geführt. Bei Sprache muß offensichtlich mit den üblichen Varianten der von Personen gesprochenen Äußerungen gerechnet werden. Daher konzentrierten sich die Arbeiten hier zunächst auf isoliert gesprochene Wörter aus einem Vokabular von 10-300 Wörtern und auf einen oder einige wenige Sprecher; in diesem Bereich liegen kommerzielle Geräte vor. Inzwischen gibt es auch zahlreiche Forschungsprojekte, deren Ziel global das Verstehen zusammenhängend gesprochener Sprache ist. Individuelle Unterschiede ergeben sich beispielsweise aus der verwendeten Sprache, dem Umfang des Vokabulars, der Zahl der Sprecher, den Einschränkungen in der Syntax und dem beabsichtigten Problemkreis. Hier wird als ein Beispiel das Spracherkennungs- und Dialogsystem EVAR genauer vorgestellt.

Das Gesamtziel für EVAR ist letztlich ein funktionsfähiges System, das mit einem Benutzer über einen begrenzten Problemkreis einen Dialog führen kann. Dabei soll kontinuierlich gesprochene deutsche Sprache für die Eingabe verwendet werden und das System mit normalen deutschen Sätzen antworten. Im einzelnen ergeben sich folgende Ziele:

1. Das System soll die vier Teilaufgaben Erkennen der gesprochenen Wörter, Verstehen der Benutzerabsicht, Antworten auf vollständig verstandene Benutzerfragen, Rückfragen des Systems bei unvollständigen Anfragen oder Unklarheiten lösen (aus den vier Teilaufgaben Erkennen, Verstehen, Antworten und Rückfragen resultiert die Abkürzung EVAR für den Systemnamen).

2. Es soll eine flexible Systemstruktur verwendet werden, die für grundlegende Untersuchungen geeignet ist.

3. Von Anfang an sollen sprecherunabhängige Ergebnisse ermittelt werden, auch wenn das anfänglich zu geringen Erkennungsraten führt.

4. Die Sprachqualität wird auf Telefonbandbreite beschränkt, um die Nutzung des Systems über Telefonleitungen vorzubereiten.

5. Das verwendete Vokabular wird auf etwa 2000 Wörter aus einem Vollformenlexikon beschränkt.

6. Es wird linguistisches Wissen für die semantisch/pragmatische Verarbeitung, die Dialogführung und Textgenerierung genutzt.

7. Es soll eine möglichst große Teilmenge der deutschen Syntax zugelassen sein.

8. Dialekte werden ausgeschlossen.

Die prinzipielle Systemstruktur entspricht weitgehend Bild 1.5 b in Abschnitt 1.2. Als Problemkreis wurden für EVAR Auskünfte über Inter City Fahrpläne gewählt, weil dieses Gebiet relativ klar begrenzt, aber nicht trivial ist und weil das eigentliche Faktenwissen eindeutig und knapp in Form von Fahrplänen vorliegt.

9.2 Verarbeitung auf unterer Ebene

Als Verarbeitung auf unterer Ebene werden hier die Schritte bis zur Berechnung von Wortketten bezeichnet. Eine Wortkette ist eine Folge zeitlich im Rahmen vorgegebener Toleranzen benachbarter Wörter, deren Wortklassen im Sinne einer vorgegebenen Grammatik eine syntaktisch korrekte Folge bilden. Zu dieser Verarbeitung wird nicht die Berechnung einer vollständigen Syntaxanalyse der Wortkette gerechnet. Da die Verarbeitung auf unterer Ebene nicht zum eigentlichen Thema des Buches gehört, wird sie hier nur sehr kurz behandelt.

Das Sprachsignal wird auf Telefonqualität 0,1-3,4 kHz bandpaßgefiltert, mit 10 kHz abgetastet und in Intervallen von etwa 0,4 s energienormiert. Es wird in sogenannten Rahmen von 12,8 ms Dauer, die alle 12,8 ms bestimmt werden, zerlegt. Für jeden Rahmen werden 10 mel Cepstrum Koeffizienten und ein Maß für die Lautheit berechnet. Die erwähnten Koeffizienten werden mit einem zweistufigen Klassifikator klassifiziert, wobei 49 sogenannte Phonkomponenten unterschieden werden. Phonkomponenten sind zum Beispiel ein Burst, eine Behauchung, ein vokalisches a oder ein nasales m. Die Phonkommponenten werden in einer Segmentierstufe zu Phonen zusammengefaßt, wobei 36 Phone unterschieden werden. Phone sind zum Beispiel die Plosive "T" und "D", die Vokale "offenes I" und "geschlossenes I" oder die Konsonanten "stimmhaftes F" und "stimmloses F". Je Phonsegment werden bis zu fünf mögliche Phone und deren Zuverlässigkeit ermittelt; dazu kommt ein Maß für die Lautheit und bei stimmhaften Segmenten die Grundfrequenz. Das Training des Klassifikators erfolgt mit einer von 11 Sprechern gesprochenen Stichprobe, der Test mit einer von einem zwölften gesprochenen. Das am besten bewertete Phon ist in 51% der Fälle das richtige, in 79% der Fälle ist das richtige unter den fünf am besten bewerteten.

Anschließend wird versucht, in der Folge von phonetischen Segmenten Wörter zu finden. Die Basis dafür ist ein Lexikon, das die dem System bekannten Wörter und deren Standardaussprache nach Duden enthält. Das Lexikon wird als phonetischer Baum organisiert, in dem Wörter mit gleicher Anfangskette von Phonen durch den gleichen Pfad im Baum reprasentiert werden. Jedem Wort wird ein HMM zugeordnet und die Wahrscheinlichkeit dafür berechnet, daß dieses Wort an einer bestimmten Stelle des Sprachsignals endet - die Grundlagen der HMM wurden in Abschnitt 5.5. vorgestellt. An Stellen mit genügend hoher Wahrscheinlichkeit für das Enden eines Wortes wird eine Worthypothese generiert, deren wesentliche Elemente Anfangszeit, Endzeit, Wortnummer und Bewertung sind. Die in einem HMM erforderlichen Parameter werden wiederum sprecherunabhängig aus einer Stichprobe geschätzt. Zur Zeit müssen etwa 17 Worthypothesen je Phonsegment berücksichtigt werden, um unter den Hypothesen in etwa 80% der Fälle das richtige Wort zu finden.

In der Menge der Worthypothesen, deren prinzipielles Aussehen in Bild 1.9 gezeigt ist, wird dann nach syntaktisch zulässigen Sätzen und Konstituenten gesucht. Als Satz bzw. Konstituente wird hier eine Folge von Wörtern bezeichnet, die im Sinne der verwendeten Grammatik einen Satz bzw. eine syntaktische Konstituente bilden. In der Regel überdeckt ein Satz die gesprochene Äußerung, eine Konstituente dagegen nicht. Die Berücksichtigung von Konstituenten erfolgt, um auch ungrammatische Äußerungen zumindest teilweise verarbeiten zu können, um frühzeitig die semantische und pragmatische Verarbeitung starten zu können und um bei nicht erkannten Wörtern wenigstens die richtig erkannten Teile der Äußerungen verarbeiten zu können. Aufgrund der vielen Worthypothesen ergeben sich meistens mehrere syntaktisch korrekte Sätze, die im Laufe der Verarbeitung auf höherer Ebene weiter zu betrachten sind. Die Syntax der vom System akzeptierten Teilmenge der Sprache wird durch ein ATN definiert. Für die Suche nach Sätzen und Konstituenten wird das ATN durch Auslassen der Tests und Aktionen in ein RTN transformiert, also eine kontextfreie Sprache verwendet. Nur für die vom RTN akzeptierten gut bewerteten Sätze und Konstituenten wird dann mit einem ATN Parser die vollständige syntaktische Struktur berechnet.

9.3 Wissensbasierte Verarbeitung der Sprache

Die Verarbeitung auf unterer Ebene liefert Wortketten, die im Sinne einer kontextfreien Grammatik syntaktisch zulässig sind. Sie liefert keine Aussage darüber, welche der in der Regel mehreren Bedeutungen eines Wortes gemeint ist, welches die Absicht des Fragenden im Rahmen des Problemkreises des Systems ist oder wie kurze Äußerungen der Form "ja bitte" oder "möglichst am Sonntag abend" im Kontext eines längeren Auskunftsdialogs zu verstehen sind. Dafür braucht das System allgemeines linguistisches Wissen, problemspezifisches Wissen - bei EVAR also Wissen über Inter City Zugauskünfte - und Wissen über den Ablauf von Auskunftsdialogen. Um die Komplexität der einzelnen Verarbeitungsschritte und den Einfluß von Änderungen in Moduln möglichst zu begrenzen, werden die Schritte Syntax, Semantik, Pragmatik, Dialog, Fakten der Antwort und Antwortformulierung unterschieden.

9.3.1 Semantische Verarbeitung

Die semantische Analyse beschränkt sich auf einzelne Sätze, ohne deren Dialogkontext auszuwerten. Sie prüft Beziehungen zwischen Wörtern und den durch sie bezeichneten Objekten und deren Verträglichkeiten. Es wird darauf geachtet, diesen Teil anwendungsunabhängig zu halten. Das semantische Wissen besteht aus den im Lexikon enthaltenen Wortbedeutungen und Verträglichkeiten zwischen verschiedenen Wortklassen. Die Realisierung der Wissensstrukturen erfolgt mit semantischen Netzen, deren Grundlagen in Kapitel 3 erläutert wurden. Den theoretischen Hintergrund der semantischen Verarbeitung bilden die Valenz und Kasus Theorie. Der semantischen Analyse in EVAR kommen folgende Aufgaben zu:

1. Auflösung lexikalischer Mehrdeutigkeiten.

2. Interpretation von Konstituenten bezüglich ihrer semantischen Eigenschaften.

3. Auswahl zwischen alternativen syntaktischen Hypothesen und zwischen alternativen Interpretationen von Konstituenten.

4. Aufdeckung semantischer Anomalien, die auf Erkennungsfehlern basieren.

5. Darstellung der Kasus Struktur.

6. Generierung von Erwartungen über die Fortsetzung eines Satzes.

Diese Aufgaben werden mit drei fundamentalen Operationen bearbeitet:

1. Lokale Interpretation syntaktischer Konstituenten.

2. Kontextuelle Interpretation einer Äußerung mit Hilfe der Kasus Rahmen des Verbs.

3. Generierung modellgetriebener (top down) Hypothesen aufgrund teilweiser Interpretation der Äußerung.

Die drei Operationen werden durch jeweils eine oder mehrere Funktionen des Semantik Moduls realisiert.

Die lokale Interpretation bearbeitet syntaktische Konstituenten, die vom Syntax Modul geliefert werden. Die wichtigsten Konstituententypen sind die Nominalgruppe NG, die Präpositionalgruppe PNG, die Adjektivgruppe ADJG, die Verbalgruppe VG und der Satz S. Lokale Interpretation der ersten drei Konstituententypen basiert auf der Idee, daß bestimmte Wortklassen (zum Beispiel Präpositionen) bestimmte semantische Beschränkungen für andere Wortklassen (zum Beispiel Nomina) zur Folge haben. Die Beschränkungen werden im Wörterbuch durch das Merkmal SELEKTION repräsentiert. Zum Beispiel hat die Präposition "mit" im Lexikon vier Bedeutungen eingetragen, darunter eine mit der Klasse INSTRUMENT und Selektion THING. Das Nomen "Bahn" hat fünf Bedeutungen im Lexikon, darunter eine mit Klasse TRANSPORT, die eine Spezialisierung von THING ist. Wenn die PNG "mit der Bahn" lokal interpretiert wird, wird festgestellt, daß die Selektion THING von "mit" einer Spezialisierung der Klasse TRANSPORT von "Bahn" entspricht und daher die Bedeutung INSTRUMENT von "mit" kompatibel mit der Bedeutung TRANSPORT von "Bahn" ist. In diesem Beispiel gibt es keine weiteren kompatiblen Bedeutungen. Auch ohne größeren Kontext können also hier von den 4 x 5 = 20 möglichen Bedeutungskombinationen innerhalb einer PNG 19 als unzulässig (im Sinne der im Lexikon repräsentierten Verträglichkeiten) ausgeschlossen werden. Gibt es keine zulässige Bedeutungskombination, kann die PNG als semantisch falsch von der weiteren Bearbeitung ausgeschlossen werden.

Die lokale Interpretation einer Konstituente vom Typ VG besteht nur aus der Generierung von Kasus Rahmen der in Bild 9.3.2 gezeigten Form. Dahinter steckt die Vorstellung der Valenz und Kasus Theorie, daß die syntaktische und semantische Struktur eines Satzes im wesentlichen durch das Hauptverb bestimmt wird. Um einen sinnvollen Satz im Sinne einer bestimmten Bedeutung des Verbs aufzubauen, erfordert das Verb entsprechende syntaktische Konstituenten wie NG oder PNG; dieses wird als Valenz des Verbs bezeichnet. Ein Verb in bestimmter Bedeutung eröffnet also eine Reihe von Fächern mit bestimmten morpho-syntaktischen und semantischen Eigenschaften, die im Valenz Rahmen beschrieben werden. Der Valenz Rahmen wird zum Kasus Rahmen ergänzt, indem Kasus oder Rollen Bezeichnungen zur Beschreibung der funktionalen Rolle des Satzes hinzugefügt werden. Für eine andere Bedeutung des Verbs wird sich in der Regel ein anderer Kasus Rahmen ergeben.

Die kontextuelle Interpretation eines Satzes oder größerer Teile eines Satzes versucht nun, in die generierten Kasusrahmen der VG die lokal interpretierten Konstituenten NG, PNG und ADJG einzuordnen, was nur möglich ist, wenn die Eigenschaften dieser Konstituenten mit den im Kasus Rahmen erwarteten übereinstimmen. Die Erwartung ist, daß in den Kasus Rahmen, der zur tatsächlichen Bedeutung des Verbs gehört, mehr Konstituenten eingepaßt werden können als in die anderen. Die Zahl der erfolgreich eingepaßten Konstituenten liefert die Grundlage der Bewertung eines Kasus Rahmens. Der am besten bewertete Kasus Rahmen wird als Bedeutung des Verbs bzw. des Satzes ausgewählt.

Mit drei Funktionen wird die kontextuelle Interpretation realisiert:
1. Vergleich von Rahmen und Satz (FSM, frame sentence match).
2. Vergleich von Rahmen und Konstituente (FCM, frame constituent match).
3. Ergänzung der kontextuellen Interpretation (SCI, supplement contextual interpretation).
Die Funktion FSM wählt eine gut bewertete syntaktische Konstituente vom Typ S, die bereits lokal interpretiert ist. Für jeden Kasus Rahmen des Verbs wird dann die oben erwähnte Einpassung der Konstituenten versucht. Während FSM einen vollständigen Satz verlangt, gestattet FCM auch die Verarbeitung kleinerer syntaktischer Konstituenten. Der Zweck von FCM besteht darin, bereits frühzeitig

mit der semantischen Analyse beginnen zu können und auch dann eine semantische
Verarbeitung durchzuführen, wenn die syntaktische Verarbeitung keinen vollständigen Satz liefert. Dieses kann aufgrund falsch erkannter Wörter oder "ungramma-
tischer" Äußerungen (im Sinne der verwendeten Grammatik) der Fall sein. Die
Funktion SCI schließlich ergänzt freie Angaben im Satz. Dabei handelt es sich um
Konstituenten, die weder als obligatorische noch als optionale Bestandteile
eines Kasus Rahmens aufgeführt werden, die aber als zusätzliche Bestandteile
auftreten können.

In den obigen Ausführungen kam der VG eine zentrale Bedeutung zu, da der
Kasus Rahmen der VG das Gerüst für die Satzbedeutung lieferte. Es gibt aber
häufig Satzkonstruktionen, in denen relativ nichtssagende Verben verwendet werden und die wesentliche Information in Substantiven ausgedrückt wird. Beispielsweise kann man sagen "ich möchte am Montag eine Fahrt von Nürnberg nach Hamburg
machen" statt "ich möchte am Montag von Nürnberg nach Hamburg fahren". Diese
Fälle werden praktisch genauso behandelt, indem nämlich auch für Substantive
Kasus Rahmen eröffnet werden.

Die Verarbeitung wird zum Schluß am Beispiel des Satzes "der nächste Zug
fährt um fünf Uhr ab" illustriert. Zur Vereinfachung betrachten wir nur die zum
vollständigen Satz gehörige Syntaxhypothese vom Typ S, die nach Verarbeitung
durch den ATN Parser in der Form von Bild 9.3.1 vorliegt. Diese Form wird in ein
semantisches Netz übertragen, das hier nicht gezeigt wird. Das Ergebnis der oben
bereits erwähnten lokalen Interpretation der VG durch Aufbau des Kasus Rahmens
zeigt Bild 9.3.2, wo zwei der insgesamt vier im Lexikon repräsentierten Bedeutungen des Verbs "fahren" dargestellt sind. Das Ergebnis der kontextuellen
Interpretation mit der Funktion FSM zeigt Bild 9.3.3. Man erkennt, daß in den
ersten Kasus Rahmen der gesamte Satz eingeordnet werden kann, während das für
den zweiten nicht möglich ist. Daher wird die erste Verbbedeutung als die wahr-
scheinlichste ausgewählt.

9.3.2 Pragmatische Verarbeitung

Gemäß dem oben erwähnten geschichteten Ansatz werden in der <u>Pragmatik</u> die
Verarbeitungsschritte durchgeführt, die vom Problemkreis abhängen. Es geht hier
um das Verstehen der <u>Intentionen</u> oder Ziele eines Benutzers. Auch auf dieser

```
(S (STRING  (der nächste Zug fährt um fünf Uhr ab))
   (NUKLEUS (verb abfahren.1))
   (TYP Aussage )
   (STRUKTUR

      ((NG    (STRING   (der nächste Zug))
              (NUKLEUS  (n Zug.1))
              (KASUS    nom)
              (GENUS    mas)
              (NUMERUS  3)
              (STRUKTUR

                 ((det der.1)
                  (adj nächster.1)
                  (n   Zug.1))))

       (UHRZ (STRING   (um fünf Uhr))
             (NUKLEUS  (n Uhr.1))
             (STUNDEN  5)
             (MINUTEN  0)
             (STRUKTUR

                ((präp um.1)
                 (ZAHL (STRING   fünf)
                       (NUKLEUS  5)
                       (STRUKTUR ((Zahlwort fünf.1))))
                 (n Uhr.1))))

       (VG    (STRING   (fährt ab))
              (NUKLEUS  (verb abfahren.1))
              (PERSON   3)
              (MODUS    ind)
              (TEMPUS   präs)
              (STRUKTUR
                 ((verb abfahren.1)))))))
```

Bild 9.3.1   Syntaktische Struktur des Satzes "der nächste Zug fährt um fünf Uhr
ab"

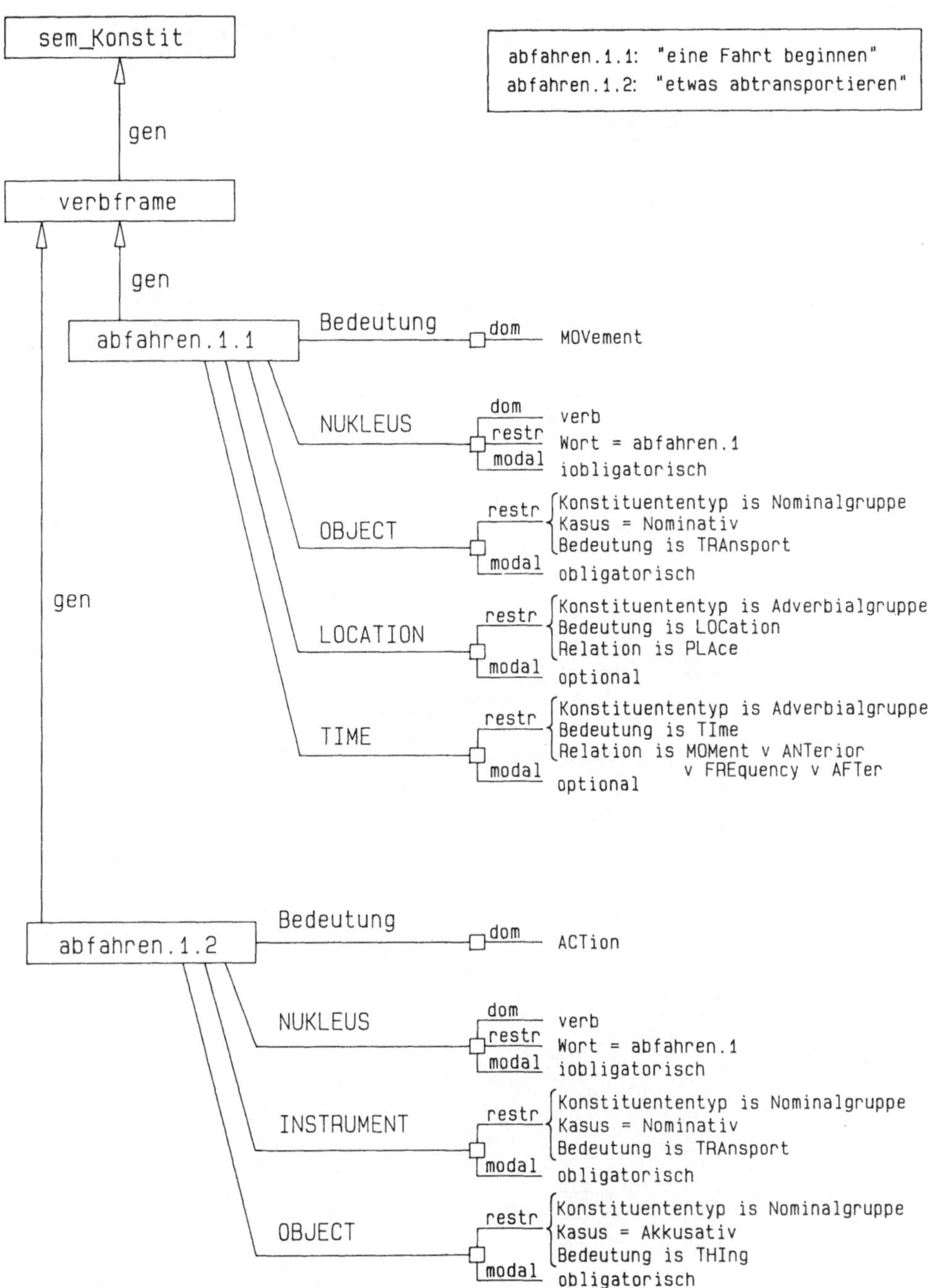

Bild 9.3.2 Zwei Kasus Rahmen des Verbs "abfahren"

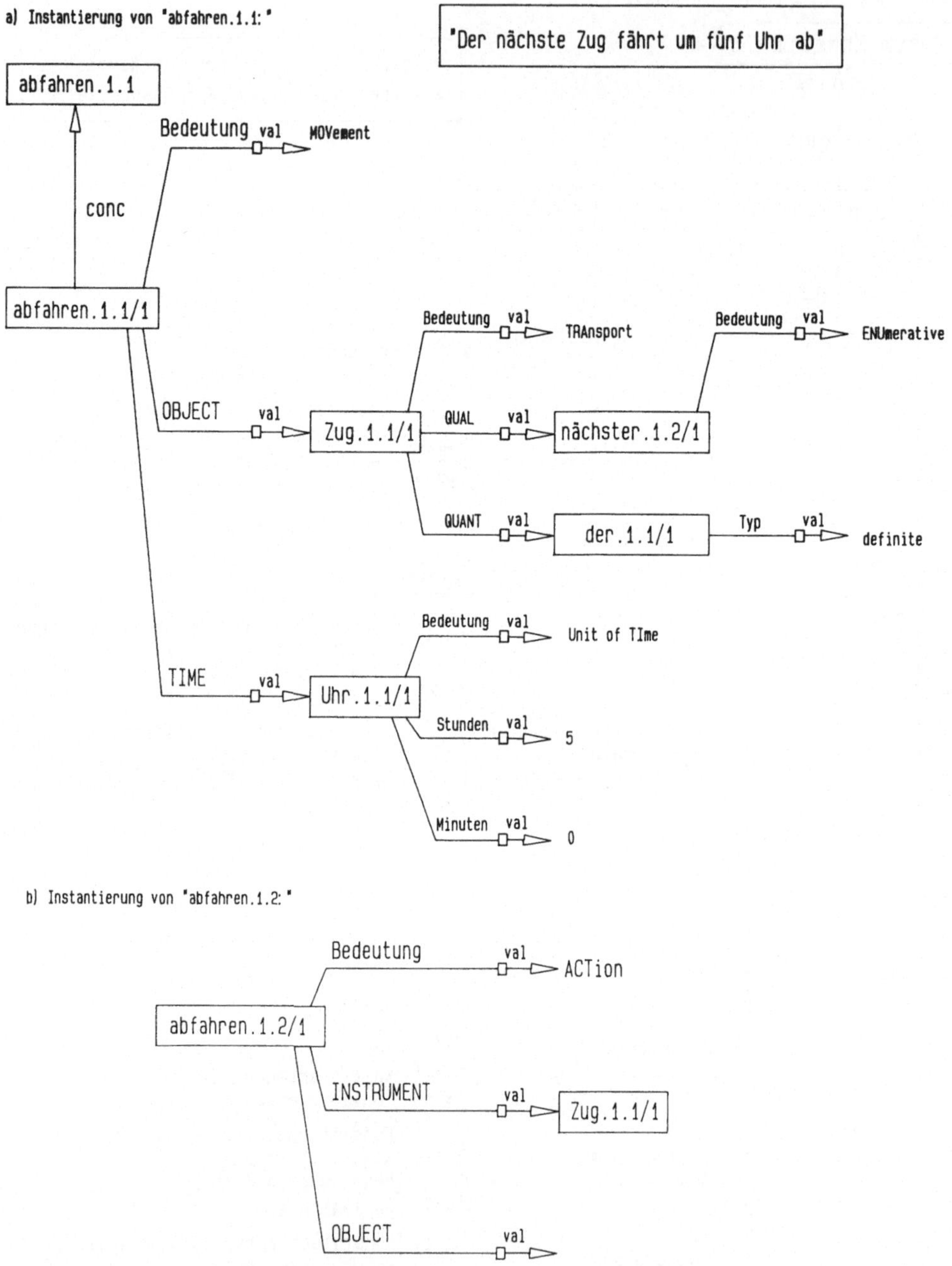

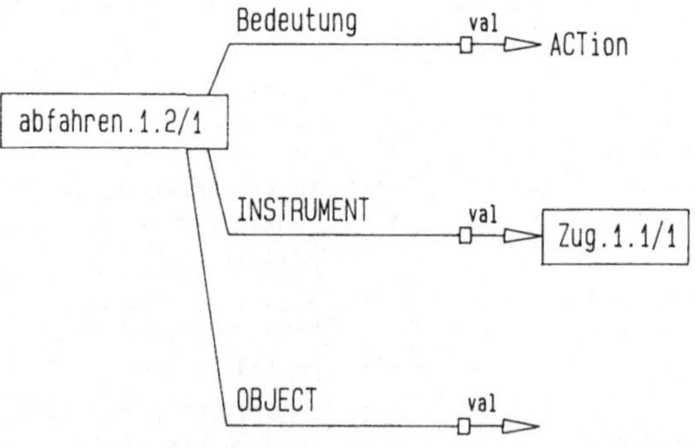

Bild 9.3.3   Ergebnis der Funktion FSM für die Kasus Rahmen aus Bild 9.3.2 und den Satz aus Bild 9.3.1

Stufe wird nur eine einzelne Äußerung untersucht, aber kein Dialogkontext berücksichtigt. Als Problemkreis wurden Auskünfte über Inter City Züge gewählt. Das auf der Pragmatik Ebene erforderliche Wissen ist in vier Teilbereiche gegliedert:

1. Die <u>Situationsebene</u>, in der der situative Kontext des Gesprächs dargestellt ist.

2. Die <u>Intentionsebene</u>, die die für den Problemkreis wesentlichen Typen von Sprecher Intentionen enthält.

3. Die <u>thematische Ebene</u>, welche spezielles problemkreisabhängiges Wissen bereitstellt.

4. Die <u>Weltebene</u>, die allgemeines Wissen repräsentiert soweit es ebenfalls für den Problemkreis erforderlich ist.

Eine genauere Erläuterung dieser Begriffe wird im folgenden gegeben. Das relevante Wissen ist jeweils in einem semantischen Netz repräsentiert.

Unter dem in der <u>Situationsebene</u> repräsentierten Kontext werden Angaben über die Person, den Ort, das Thema und die Uhrzeit des Gesprächs verstanden. Diese sind als Attribute PARTNER, LOCATION, TOPIC und TIME des Konzepts SITUATION realisiert. Das Konzept wird zu Beginn einer Analyse mit Vorerwartungen instantiiert - zum Beispiel TOPIC = Zuginformation (s.u.) oder LOCATION = Nürnberg.

Der <u>Intentionsebene</u> kommt eine zentrale Bedeutung zu, da hier der Themenbereich, über den das System Auskunft geben kann, festgelegt wird und da hier die vom System verstehbaren Intentionen des Sprechers definiert werden. Grundsätzlich lassen sich drei Gruppen unterscheiden:

1. <u>Sachfragen</u> über den gewählten Problemkreis.

2. Äußerungen zur <u>Steuerung</u> des Dialogverlaufs.

3. <u>Emotionen</u> des Sprechers wie Überraschung, Ärger oder Zufriedenheit.

Im Pragmatik Modul ist nur die erste Gruppe tatsächlich realisiert. Die zweite fällt in den Bereich des Dialog Moduls. Die dritte wird im Rahmen eines Auskunftssystems als weniger wichtig angesehen. Es werden fünf Typen von Sachfragen unterschieden:

1. Die <u>Objekt</u> Auskunft, zum Beispiel "hat der Zug auch einen Speisewagen?"

2. Die <u>Reservierungs</u> Auskunft.

3. Die <u>Verbindungs</u> Auskunft, zum Beispiel "gibt es einen durchgehenden Zug von Nürnberg nach Bremen?"

4. Die <u>Fahrplan</u> Auskunft, zum Beispiel "wann fährt der nächste Zug nach Bonn?"

5. Die <u>Fahrpreis</u> Auskunft.

Die ersten drei Auskunftstypen sind als Spezialisierungen des Konzepts ZUGINFOR-
MATION definiert, wie Bild 9.3.4. zeigt; die letzten beiden sind wiederum Spezialisierungen des Konzepts VERBINDUNGSAUSKUNFT und erben daher die Attribute
des allgemeineren Konzepts. Man entnimmt dem Bild, daß zum Beispiel zu einer
Fahrplan Auskunft Angaben über Abfahrts- und Ankunftszeit (from-time, to-time),
über Abfahrts- und Ankunftsort (source, goal) sowie über mögliche Umsteigeorte
(path) gehören. Das System "versteht" eine Äußerung, wenn es bestimmten Abschnitten des Sprachsignals bestimmte Wörter des Lexikons zuordnen kann und
diese Wörter wiederum als Werte bestimmten Attributen eines instantiierten
Konzepts zuordnet. (zum Beispiel die Wörter "heute Abend noch" als gewünschte
Ankunftszeit (to-time) im Rahmen einer Fahrplan Auskunft interpretiert).

In der thematischen Ebene wird spezielles, auf den Problemkreis bezogenes
Wissen bereitgestellt. Dazu gehört zum Beispiel Wissen über übliche Zugausstat-
tungen (ein Inter City hat keinen Gepäckwagen). Die Weltebene beschreibt allge-
meineres Wissen, zum Beispiel zeitliche Verhältnisse. Auf Einzelheiten dieser
beiden Ebenen wird hier verzichtet.

Während also die Semantik allgemeine sprachliche Bezüge auswertet, untersucht
die Pragmatik problemkreisabhängige Aspekte. In diesm Sinne läßt sich pragmatische Analyse als Spezialisierung der semantischen auffassen. Von der Semantik
wurden den Konstituenten eines Satzes eine oder mehrere semantische Klassen
zugewiesen (wie Bedeutung = TRAnsport) und die Konstituenten in geeignete Kasusrahmen eingefügt (s. Bild 9.3.2). Die pragmatische Analyse umfaßt vor allem
die beiden Schritte:
1. Spezialisierung der semantischen Klassen.
2. Spezialisierung der Kasus.
Es sei darauf hingewiesen, daß die in EVAR vollzogene Trennung zwischen Semantik
und Pragmatik in anderen Systemen entweder gar nicht oder in anderer Weise
vorgenommen wird. Als wichtiger Vorteil dieser Trennung wird angesehen, daß sich
bei einem Wechsel des Problemkreises nur der Pragmatik Modul ändert und der
Semantik Modul übernommen werden kann. Allerdings wird für einen anderen Problemkreis in der Regel auch der fachspezifische Teil des Lexikons zu ergänzen
sein.

Die Spezialisierung der semantischen Klassen erfolgt in der Pragmatik im
Hinblick auf den Problemkreis. So ist zum Beispiel für die semantische Konsis-
tenz hinreichend, daß in dem Satz "gibt es einen direkten Zug von Nürnberg nach
Bremen?" das Wort Bremen eine Ortsangabe (LOCation) ist. Im Problemkreis Inter

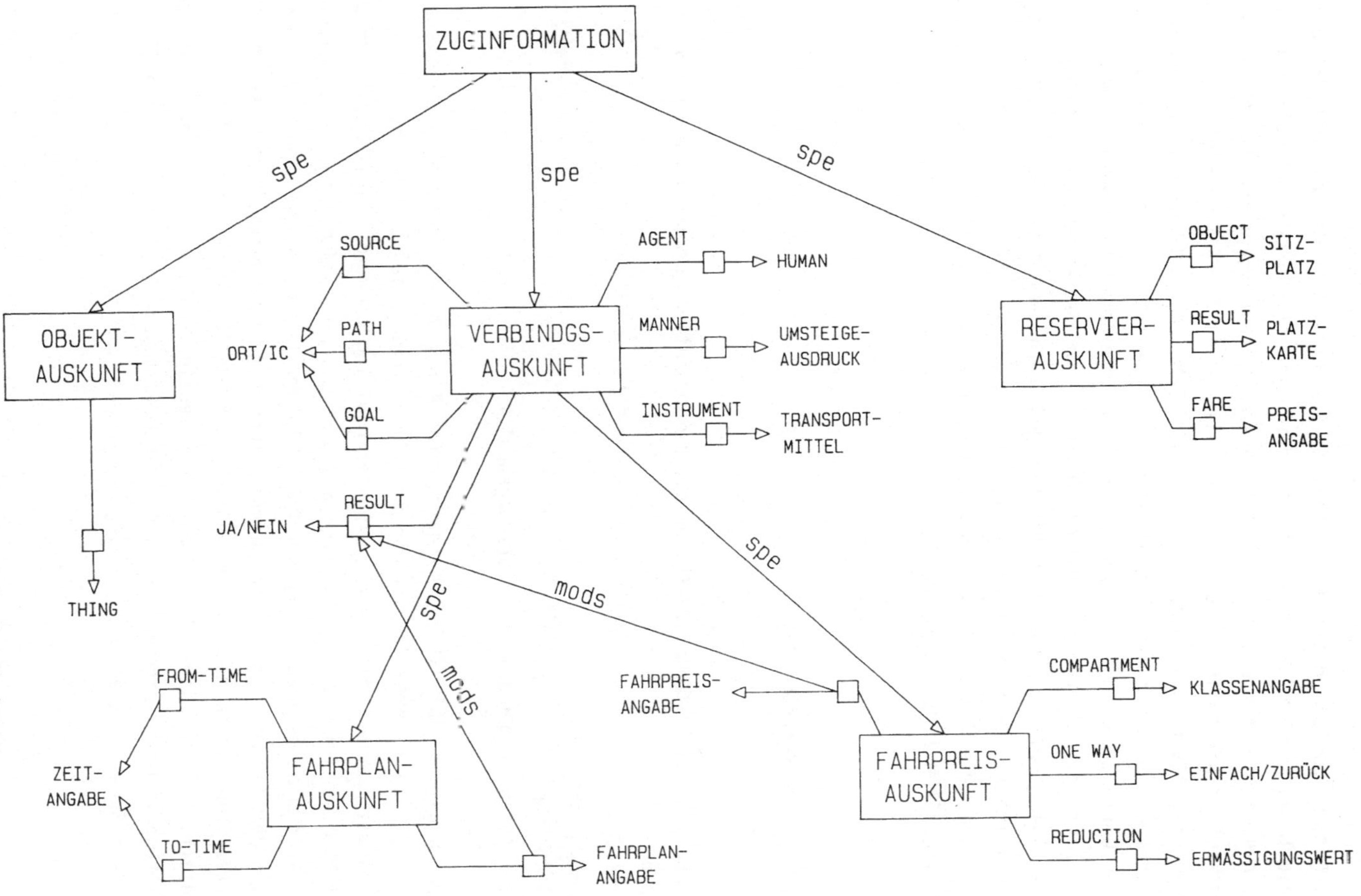

Bild 9.3.4   Die Modellierung der verschiedenen Auskunftstypen

City Auskünfte ist jedoch zu prüfen, ob Bremen ein IC Bahnhof ist, also zur spezielleren Klasse "Stadt mit IC Bahnhof" gehört. Solche Spezialisierungen lassen sich in einem semantischen Netz in natürlicher Weise mit der Spezialisierungskante repräsentieren. Bei der Spezialisierung der Kasus werden die allgemeinen semantischen Tiefenkasus (wie GOAL, TIME oder INSTRUMENT) pragmatischen Rollenbezeichnungen zugeordnet. In manchen Fällen ist das durch direkte Übernahme der Werte möglich. So liefert zum Beispiel die semantische Analyse des Satzes "wann fährt der nächste Zug nach Frankfurt" für die PNG "nach Frankfurt" den Kasus "GOAL", und das Konzept FAHRPLANAUSKUNFT fordert das Attribut GOAL. Dagegen ist in der semantischen Analyse nur der Kasus TIME für eine Zeitangabe vorgesehen, die Pragmatik muß aber offensichtlich Ankunfts- und Abfahrtszeiten (TO-TIME, FROM-TIME) unterscheiden.

9.3.3 Weitere Verarbeitung

Im Rahmen des Systems EVAR folgen auf die semantisch-pragmatische Verarbeitung noch drei weitere Stufen:
1. Dialog
2. Fakten der Antwort
3. Antwortgenerierung.
Diese Stufen werden hier nur kurz angedeutet.

Der Dialog Modul hat die Aufgabe, eine Äußerung im Kontext vorangehender Äußerungen zu interpretieren und von ihrem Inhalt das zu speichern, was im Rahmen des Problemkreises für den weiteren Dialog wichtig sein könnte. Wenn die Absicht eines Benutzers vollständig geäußert und verstanden wurde - zum Beispiel alle Attribute des Konzepts FAHRPLANAUSKUNFT mit Worten belegt sind - müssen die Fakten der Antwort, die hier insbesondere Züge und deren Abfahrts- und Ankunftszeiten und -orte sind, ermittelt werden. Diese Fakten werden zunächst ebenfalls in einem semantischen Netz repräsentiert. Sie werden in der Antwortgenerierung in einen verständlichen deutschen Text umgesetzt, der über ein Display oder ein Sprachsynthesegerät ausgegeben werden kann.

9.4 Bibliografischer Rückblick

Die in diesem Kapitel behandelte wissensbasierte Analyse gesprochener Sprache hat Bezüge zum Verstehen von gedruckten Texten [3, 6, 7, 13] (natural language understanding) und allgemein zur Linguistik [4,5,9]. Dort werden auch andere Ansätze als der in EVAR verwendete vorgestellt. Erste Ansätze für Systeme zum Verstehen gesprochener Sprache wurden im amerikanischen ARPA SUR Projekt erarbeitet.Einige neuere Spracherkennungs- und Dialogsysteme werden in [10,12, 14] vorgestellt. Das hier beschriebene System EVAR sowie die semantische und pragmatische Verarbeitung wurden ausführlich in [1, 2, 14] beschrieben.

[1] Brietzmann, A.: Semantische und pragmatische Analyse im Erlanger Spracherkennungsprojekt. Dissertation. Arbeitsberichte des IMMD Band 17 Nr. 5, Universität Erlangen 1984

[2] Brietzmann, A., Ehrlich, U.: The Role of Semantic Processing in an Automatic Speech Understanding. System. Proc. 11. Int. Conf. on Computational Linguistics Bonn 1986, 596 - 598

[3] Cotrell, G.W., Small, B.L.: A Connectionist Scheme for Modelling Word Sense Disambiguation. Cognition and Brain Theory 6 No. 1 (1983)

[4] Dowty, D.R., Wall, J.R.E., Peters, S.: Introduction to Montague Semantics. Reidel Dordrecht 1981

[5]Fillmore, C.J.: The Case for Case. In: E. Bach, R.T. Harms (eds.): Universals in Linguistic Theory. New York 1968, 1 -88

[6] Hendler, J., Phillips, B.: A Flexible Control Structure for the Conceptual Analysis of Natural Language Using Message Passing. Texas Instruments TR 08 81 03, Dallas 1981

[7] Hoeppner, W., Morik, K., Marburger, H.: Talking it Over: The Natural Language Dialog System HAM - ANS. Report ANS-26, Univ. Hamburg 1984

[8] Klatt, D.H.: Review of the ARPA Speech Understanding Project. J. Acoustical Soc. of America 62 (1977) 1345 - 1366

[9]Korhonen. J.: Studien zu Dependenz, Valenz und Satzmodell. Europäische Hochschulschriften I/212. Lang Bern 1977

[10] Lang, M.: Spracheingabe zur Steuerung automatisierter Systeme. VDI - Berichte 587, VDI Verlag Düsseldorf 1986, 115 -128

[11] Lea, W.A. (ed.): Trends in Speech Recognition. Prentice Hall, Englewood Cliffs, N.J. 1980

[12] Levinson, S.E., Rabiner, L.R.: A Task - Oriented Conversational Mode Speech Understanding System. Bibliotheca Phonetica 12 (1985) 149 -196

[13] Morik, K.: Partnermodellierung und Interessenprofile bei Dialogsystemen der Künstlichen Intelligenz, Report ANS-25, Univ. Hamburg 1984
[14] Niemann, H., Brietzmann, A., Mühlfeld, R., Regel, P., Schukat, G.: The Speech Understanding and Dialog System EVAR. In R. De Mori, S.Y. Suen (eds): New Systems and Architectures for Automatic Speech Recognition and Synthesis. NATO ASI Series F 16. Springer Berlin Heidelberg New York Tokyo 1985, 271 -302

Sachwortregister

A* - Algorithmus 159, 182, 219
Ableitung 98, 110, 121
-, datengetriebene 98
-, gemischte 110
-, zielgetriebene 98
Abstand von Symbolstrukturen 181
Abtasttheorem 14
Abtastwert 3, 14, 121
Aehnlichkeit 180
-, von Relationstrukturen 82
Aequivalenz 32, 36, 37
Aktion
-, einer Regel 97
Aktionsausführung 103
Allquantor 33
Alphabet 120
Alternative 19, 141
Analyse 4
-, semantische 230
Anfangswahrscheinlichkeit 129
Anweisung 53
Anwendbarkeit
-, einer Regel 99, 100, 105
Attribut 67, 69, 95ff, 201ff,
                              208ff
Aufwand 138
Ausgabewahrscheinlichkeit 129
Ausgangssymbol 129
Ausputzen 163
Aussage 143, 150, 173
-, fokale 145
-, ungenaue 140, 146
-, unsichere 140, 143
Axiom 46

Backtracking 58
Backus-Naur-Form 69, 94
backward chaining,
  s. Rückwärtsableitung
Basisformel 34
Baum 154
Bedeutung 126, 230
Bedingung einer Regel 96, 99
Beschreibung
-, natürlichsprachliche 173, 192
-, symbolische 1, 2
Bestandteile, einfachere 2, 120,
                                141
Bewegung 208ff,211, 214
Bewegungsinformation 23
Beweisen
-, konstruktives 50
Bewertung 138, 140, 150, 151,
  160, 208ff, 215, 216, 219
Bild 1, 5, 18, 138, 142, 151
Bildanalyse 2, 3, 5, 6, 146,
  152, 166

Bildfolgen
-, nuklearmedizinische 198ff
Bildverarbeitung 203
Bindung von Variablen 99ff, 112
bottom-up inference 211, 217,
      s. Vorwärtsableitung

Daten 138
Datenbasis 93ff
Defaultwert 71
Diagnose
-, medizinische 198ff, 211ff,
                            214ff
Dialog 230, 240
Diskriminantenfunktion 128
Distributivgesetz 38
dreidimensionale Information 22
dynamische Programmierung 161,
                    182, 207, 214

Eigenschaft 2, 19
Einfügen
-, von Knoten und Relationen 81
-, von Slots 84
Elementaraktion 97, 98, 102, 103
Elementarfakt 95, 98
Elementarterm 96, 105
Endlosschleife 109
Entscheidbarkeit
-, partielle 48
Entwurf 138
erfüllbar 36
Erkennungsalgorithmus 121
Erklärungskomponente 204
Erwartung 140
Expansion 156
Expertensystem 93, 204, 222
Expertensystemschale 117
Expert system shell,
  s. Expertensystemschale
Existenzquantor 33

Fakt 93ff, 99, 113, 148
Feuern
-, einer Regel 96
Filterung, lineare 16
Flächen 18
Form 24
Formel 31, 32
-, atomare 32
forward chaining,
  s. Vorwärtsableitung
FORTRAN 221
Frame 69
Funktionssymbol 31
fuzzy set, s. vage Menge

Generalisierung 70, 75, 115, 170,
  175, 179, 180, 185, 208, 214

Glaubwürdigkeit 144, 150
Grammatik 120, 169, 194, 228
Graph 64ff, 138, 153, 155
-, gerichteter 64
-, markierter 64
-, ungerichteter 64
Graphsuche 155
Grauwert 15, 19, 22
Grundklausel 40
Grundsymbole 120

Herzdiagnose 198ff
Herzkammer 199ff
hidden Markov model, HMM 129,
                           229
Hierachie 145, 190
Hornklausel 113

Implikation 32, 112
Inferenz 93, 98, 103, 104,
                          217ff
-, bottom-up 98
-, top-down 98
Inferenzregel 36, 37, 112
Instanz 42, 68ff, 87ff, 160,
      193, 202ff, 208ff, 217ff
Instanz
-, konkurrierende 219ff
Intelligenz 31
Interpretation 1, 33
Interpreter 54, 98
Isomorphie 65

Kante 64, 138
Klasse 174, 180
Klassifikation 126
Klausel 37
-, leere 45
Klausel-Form 37ff
Knoten 64, 138, 160
Kompatibilitätskoeffizient 127
Konfidenzintervall 146
Konfiguration 121
Konfliktauflösung 100, 111
Konfliktmenge 100, 110
Konnektionsmethode 60
Konnektor 32, 96
Konsistenz 179
Konstituente 229, 231
Kontrolle 6, 137, 203, 217ff
Kontrolmengen 111
Kontrollmodul 138
Konstante 31, 99, 100, 112
Konstantensymbol 31
Kontext 112
Konturdetektion 199, 203
Konzept 68ff, 88ff, 127, 137,
  151, 161, 171, 174, 180, 189,
        193, 201ff, 208ff, 237

Konzept, primitives 218
Korrelationskoeffizient 222
Kosten 81, 219
Kostenattribut 67
künstliche Intelligenz 2, 3
Kurzzeitwissen 93, 97, 202

Langzeitwissen 93, 97, 201
Lernalgorithmus 189
Lernen 166, 167, 174
-, überwacht 174, 185, 189
-, unüberwacht 174, 190
Lexikon 26, 132, 229, 238
Linie 18, 19, 141, 177
LISP 91, 117
Literal 32, 97, 115
-, negatives 55
-, positives 55
Löschen
-, von Knoten und Relationen
                              81
-, von Slots 84
Logik 31ff
-, nichtmonotone 61
-, unscharfe 61, 110

Markierung 126
Mass des Vertrauens 145, 149
Mass des Zweifels 145, 149
Matching 81, 84, 85
M.1 117
Median 70, 204
Merkmal 128
Metafakt 95, 98, 103, 104, 106
Metaregel 112
Metaterm 96, 105
Metrik 82
Modell 174, 175, 177, 208ff
-, geschichtetes 9
-, Markov 129
Modellsyntax 208
Modifikationsregel 77
modus ponens 37, 112, 148
modus tollens 37, 148
Möglichkeit 145, 147
Möglichkeitsverteilung 147
Monotonie 101, 112, 117
Monotoniebedingung 159
de Morgan'sche Gesetze 38
Muster 1, 121, 127, 138
Mustererkennung 1, 168
MYCIN 117

Nachfolger 44, 156
Nachfolgeklausel 44
Negation 32
Normalform
-, konjunktive 40
Normierung 15

Notwendigkeit 145, 147
Nuklearmedizin 198ff
Nutzen 140

Objekt 19, 95ff, 127, 139, 171
-, primitives Objekt 18
Oder
-, logisches 32
OPS5 117
Optimalitätsbedingung 161

Parameter 25, 168
Parser 121
PASCAL 69
Petri-Netz 111
Pfad 153, 155, 161
Planung 138
Plausibilität 144, 150
Polarkoordinatentransformation
                        206, 207
Prädikat 96
Prädikatenkalkül 31ff
Prädikatensymbol 31
Pragmatik 230, 233, 238
Priorität 19, 140, 151
Prioritätsbewertung 151
Prioritätsregel 101, 102
Problemkreis 3, 121, 139, 158,
        166, 168, 175, 179, 233
procedural attachment 72
Produktion 96ff, 120
Produktionensystem,
                s. Regelsystem
Programm
-, logisches 53ff, 113, 116
Programmieren
-, logisches 53ff,
-, objektorientiertes 91
PROLOG 53, 117
Propositionenkalkül 34
Prototyp 65, 81, 82, 127, 152,
                        174, 211
pruning, s. Ausputzen
Punkt 19

Qualitätsmass 188
Quantisierung 14
Quantor 33

Rangordnungsoperation 17
RATFOR 221
Referenzwort 132
Refutation 47
Regel 20, 94ff, 99, 113, 120,
    124, 137, 148, 151, 152, 168,
                        185, 194
Regelinterpreter 93, 98
Regelsystem 93ff, 214ff
-, nichtmonotones 110

Region 20
Reihenfolge 139
Rekursion 109
Relation 2, 33, 65, 75ff,
                201ff, 208ff
Relationalstruktur 63ff
-, attributierte 67ff
Relationalstrukturvergleich
                        81ff
Relationsattribut 67
Relaxationsverfahren 126
Repräsentant 130
Repräsentationsform 167, 169
Resolutionsregel 43ff
Resolvente 44
Rückwärtsableitung 98, 104,
                        110ff

Satz 34, , 120, 229
Schlussfolgerung, ungenaue
                        141, 148
Schwellwertoperation 17
Segment, lautliches 26
Segmentierung 4, 6, 18, 25,
                        142, 204ff
Semantik 230, 238
Semantisches Netz 63, 68ff,
    112, 160, 193, 231, 201, 208,
                        240
Sensor 1, 5
Sequenzszintigramm 198ff

Sicherheit 110, 142, 151
Sicherheitsfaktor 110, 146,
                        150
Skolemfunktion   38, 52
slot 70, 83ff, 208
Sohn 156
Spezifität 101, 102
Spezialisierung 70, 75, 115,
                        208, 214
Sprache 1, 6, 25, 121, 138,
    141, 151, 194, 227
Sprachanalyse 2, 3, 6, 146,
                        152, 166
Spracherkennung 129, 131
Sprachverarbeitung, natürliche
                        4
Startsymbol 121
Strukturrelation 208
Substitution 41ff, 100, 112
Subsumption 50
Suchalgorithmus 138, 158, 162,
                        219
Suche 138, 153, 155, 219
Suchstrategie 154
Symbol 31
-, nichtterminales 121
-, terminales 120

Symbolkette 122
Syntax 230
System 6
-, homomorphes 17
System, lineares 16
Systemstruktur 138
Szintigramm 198ff

Tautologie 49
Teil-Relation 208ff, 214ff,
Term 32, 96
Terminierung 103
Terminierungsbedingung 103
Textur 22
Theorem 246
Theorem-Beweisen 36, 46ff
-, konstruktives 50ff
Tiefe 22
Toleranzbereich 22
Top down inference,
          s. Rückwärtsableitung
Transformation 137, 156
-, elementare 81

Uebergangswahrscheinlichkeit
                         129
Ummarkieren 81
Und
-, logisches 32
unerfüllbar 36
Unifikation 41ff
Unifikationsalgorithmus 44
Unifikator 42
-, allgemeinster 43
Untergraph 64
Untergraphisomorphie 65
Unterstützungsmenge 49

vages Mass 144
vage Menge 146
Variable 34, 45, 99
-, freie 34
-, gebundene 34, 99ff 112
Variablensymbol 31
Variablenumbenennung 40
Vater 156
Ventrikel 199ff, 211
Vererbung 75ff, 113ff, 208
Verlust 140
Vertrauensintervall 146
Vollständigkeit 36, 37, 47
Vorgänger 44, 156
Vorgängerklausel 44
Vorwärtsableitung 98ff, 110ff
Vorverarbeitung 4, 6, 14

Wahrheitswert 33
Wahrscheinlichkeit
-, bedingte 149, 152

Wahrscheinlichkeitsmass 143
Wahrscheinlichkeitszuordnung
-, grundlegende 144, 150
-, dissonante 145
-, konsonante 145
WASP 122, 194
widerspruchsfrei 36, 37, 47
Wissen 2, 6, 137, 160, 166,
                172, 231, 237
-, prozedurales 72, 111, 202,
                         209ff
-, deklaratives 72, 111, 202,
                         209ff
Wissensbasis 93ff
Wissenserwerb 94, 166
-, automatisch 167, 174
-, interaktiv 167, 170
-, manuell 167, 169
Wissensnutzung 81, 83ff, 93,
                         217ff
Wissensverarbeitung 2
Wort 26, 228
Worthypothese 229
Wortkette 228

Ziel 104, 111
Zielinstanz 85
Zielkonzept 85, 203, 217ff
Zielknoten 156
Zugriffsoperation, elementare
                         113
Zustand 129, 137
Zuverlässigkeit 19, 141
Zuverlässigkeitsmass 141
Zwischenergebnis 6, 137, 139,
                         151

Leitfäden der angewandten Informatik

Fortsetzung

Meier: **Methoden der grafischen und geometrischen Datenverarbeitung**
224 Seiten. Kart. DM 34,—

Mresse: **Information Retrieval — Eine Einführung**
280 Seiten. Kart. DM 38,—

Müller: **Entscheidungsunterstützende Endbenutzersysteme**
253 Seiten. Kart. DM 28,80

Mußtopf / Winter: **Mikroprozessor-Systeme**
Trends in Hardware und Software
302 Seiten. Kart. DM 32,—

Nebel: **CAD-Entwurfskontrolle in der Mikroelektronik**
211 Seiten. Kart. DM 32,—

Retti et al.: **Artificial Intelligence — Eine Einführung**
2. Aufl. X, 228 Seiten. Kart. DM 34,—

Schicker: **Datenübertragung und Rechnernetze**
2. Aufl. 242 Seiten. Kart. DM 32,—

Schmidt et al.: **Digitalschaltungen mit Mikroprozessoren**
2. Aufl. 208 Seiten. Kart. DM 25,80

Schmidt et al.: **Mikroprogrammierbare Schnittstellen**
223 Seiten. Kart. DM 34,—

Schneider: **Problemorientierte Programmiersprachen**
226 Seiten. Kart. DM 25,80

Schreiner: **Systemprogrammierung in UNIX**
Teil 1: Werkzeuge. 315 Seiten. Kart. DM 48,—
Teil 2: Techniken. 408 Seiten. Kart. DM 58,—

Singer: **Programmieren in der Praxis**
2. Aufl. 176 Seiten. Kart. DM 28,80

Specht: **APL-Praxis**
192 Seiten. Kart. DM 24,80

Vetter: **Aufbau betrieblicher Informationssysteme**
mittels konzeptioneller Datenmodellierung
3. Aufl. 400 Seiten. Kart. DM 42,—

Weck: **Datensicherheit**
326 Seiten. Geb. DM 44,—

Wingert: **Medizinische Informatik**
272 Seiten. Kart. DM 25,80

Wißkirchen et al.: **Informationstechnik und Bürosysteme**
255 Seiten. Kart. DM 28,80

Wolf/Unkelbach: **Informationsmanagement in Chemie und Pharma**
244 Seiten. Kart. DM 34,—

Zehnder: **Informationssysteme und Datenbanken**
4., neubearbeitete und erweiterte Auflage
276 Seiten. Kart. DM 36,—

Zehnder: **Informatik-Projektentwicklung**
223 Seiten. Kart. DM 32,—

Preisänderungen vorbehalten

 B. G. Teubner Stuttgart